Führung ohne Fluktuation

Jörg Schröder

Führung ohne Fluktuation

Das Geheimnis erfolgreicher Mitarbeiterbindung

1. Auflage

Haufe Group
Freiburg · München · Stuttgart

Bibliografische Information der Deutschen Nationalbibliothek

Die Deutsche Nationalbibliothek verzeichnet diese Publikation in der Deutschen Nationalbibliografie; detaillierte bibliografische Daten sind im Internet über http://dnb.dnb.de/ abrufbar.

Print:	ISBN 978-3-648-18096-9	Bestell-Nr. 12088-0001
ePub:	ISBN 978-3-648-18097-6	Bestell-Nr. 12088-0100
ePDF:	ISBN 978-3-648-18098-3	Bestell-Nr. 12088-0150

Jörg Schröder
Führung ohne Fluktuation
1. Auflage, September 2024

Munzinger Str. 9, 79111 Freiburg
www.haufe.de | info@haufe.de

Bildnachweis (Cover): © guvendemir, iStock

Produktmanagement: Mirjam Gabler
Lektorat: Barbara Buchter, extratour, Freiburg

Inhaltsverzeichnis

Vorwort

In einer immer komplexeren Welt können nur exzellent ausgebildete und eingestimmte Teams bzw. Organisationen gewinnen. Diese Aussage ist zuerst einmal unabhängig von der Art der Aufbau- und Ablauforganisation im Unternehmen. Daher werden in diesem Buch grundsätzliche Zusammenhänge und spezifische Lösungen für die heutige und künftige Führung in der Arbeitswelt erläutert.

Die Perspektive ist primär für die Führungsebene dargestellt, lässt sich inhaltlich aber zugleich für Projektleiter, Fachexperten und auch angehende Führungskräfte anwenden, die auf ihre Art und Weise ebenfalls führen. Aus Sicht der Führungskraft bedeutet, dass die angebotenen Lösungen immer eine unternehmerische Betrachtung in Verbindung mit individuellen Komponenten aufweisen. Da Sie als Führungskraft grundsätzlich aus jeder Hierarchiestufe exzellente Führung erbringen können, gelten also die überwiegenden Prinzipien in diesem Buch für Vorstände, Geschäftsführer, Abteilungsleiter, Gruppen- und Teamleiter sowie Projektleiter gleichermaßen.

Exzellente Führung wird heute in Broschüren, auf Webseiten, in Studiengängen und in Seminaren erschöpfend angeboten, eine fassbare, also substanzielle Umsetzung findet nur in wenigen Unternehmen bzw. in einzelnen Fachbereichen wirklich durchdringend statt. Häufig besteht im obersten Management die Ansicht, dass gute Führung ohnehin bereits existiert und bei Bedarf nur etwas ausgebaut werden kann. Das vorliegende Buch vertritt hier die Sichtweise, dass exzellente Führung nur wirklich entstehen und bestehen kann, wenn zentrale Faktoren hierfür im Unternehmen bereitgestellt und angewendet werden.

In den folgenden Kapiteln werden dazu schrittweise die Voraussetzungen für gute Führung aufgezeigt, die in vielen Firmen und bei Führungskräften meist noch nicht ausgeprägt genug vorhanden sind, auch wenn das Potenzial oft bereits erkennbar ist. Herausgefordert von schwankenden Margen, veränderten Marktgrößen, massiv steigenden regulativen Anforderungen und einer in der Arbeitswelt angekommenen Generation Z (geboren 1996–2012) sind neue Führungsfaktoren zwingend nötig, um weiterhin gesamtheitlich erfolgreich zu sein. Es müssen Führungsprinzipien mit den Inhalten von Strategie, Persönlichkeit, Kommunikation und Sozialkompetenz kombiniert werden. Diese Faktoren werden zusammen ein gesamtheitliches Optimum an Innovation, Befähigung und Begeisterung bei einem überwiegenden Teil der Mitarbeitenden erzielen.

Das Buch ist chronologisch aufgebaut und die Kapitel und einzelnen Inhalte alternieren zwischen Theorie, Psychologie und Praxis, dadurch fügen sich die Faktoren für exzellente Führung schrittweise zu einem Gesamtbild zusammen.

Ziel des Buches ist es, umfangreiche Lösungsvorschläge zu vermitteln, die konkret in die Praxis umgesetzt werden können. Hierzu wird ein nahezu schlüsselfertiges System angeboten, das bei nachhaltiger Anwendung dazu führt, dass Leadership im Fachbereich (Ebene Fachbereichsleiter/Gruppenleiter/Teamleiter) oder vollumfänglich im ganzen Unternehmen (Ebene Geschäftsführer/Vorstand) erfolgreich angewendet wird. Das Credo der Mitarbeitenden wird sich durch die eingeleiteten Aktivitäten der Führungskräfte verändern. »Thank God it's Monday« wird das neue Gefühl werden, dies bedeutet, dass die Mitarbeitenden gerne montagmorgens und natürlich an allen anderen Tagen ins Unternehmen kommen. Der Grund dafür ist weniger in der Bezahlung und in den Zusatzleistungen des Unternehmens zu suchen, sondern mehr in der Erfüllung ihrer eigenen Verwirklichung, also der Sehnsüchte und Visionen in Bezug auf die bekleideten Positionen. Nur durch diese emotionale Verknüpfung können die Bindungswerte signifikant erhöht werden und das Fachkräftedefizit im Unternehmen schrittweise reduziert und langfristig behoben werden.

Beim Lesen und bei der Umsetzung wünsche ich Ihnen viel Erfolg und Vergnügen.

Ihr
Jörg Schröder

Einleitung

Gibt es eine plausible Erklärung, warum hochqualifizierte Mitarbeitende in vielen Unternehmen nicht einmal einen Kugelschreiber ohne Genehmigung ihres Vorgesetzten bestellen dürfen? Dieselben Mitarbeitenden, die im Privaten Häuser bauen, Vereine führen, Familien gründen und Weltreisen durchführen, werden im Unternehmen mit engen Regeln belegt und überwacht. Hier sind Bestellungen, Entscheidungen und Arbeitszeiten überwiegend vom Vorgesetzten zu genehmigen. Trifft die Führungskraft in wichtigen Fragestellungen zeitnah keine Entscheidung, werden Projekte und Aktivitäten, teilweise über Monate und Jahre, unnötig verzögert.

Das Unternehmen erwartet zwar einerseits von seinen Angestellten eine hohe Arbeitsleistung, intrinsische Motivation, Eigenverantwortung und unternehmerisches Denken, die hierfür nötigen Rahmenbedingungen und Gestaltungsräume dafür sind de facto jedoch oft nicht gegeben. Damit sind Verzögerungen und Demotivation vorprogrammiert. Stark hierarchische Strukturen sind im digitalen Zeitalter angesichts des immer höheren Anteils der Generation Z unter den Mitarbeitenden obsolet. Schnelle und trotzdem gut fundierte Entscheidungen sind notwendig, um auf unterschiedlichste Anforderungen der VUCA[1]- bzw. BANI[2]-Welt intelligent und flexibel zu antworten.

Laut Gallup Studie[3] 2023 ist die emotionale Bindung der Mitarbeitenden zum Unternehmen mit aktuell 14 Prozent erschreckend gering. Zudem ist die Anzahl der Beschäftigten, die bereits gedanklich gekündigt haben, auf 19 Prozent gestiegen und hat damit den höchsten Wert seit 2012 erreicht. Die verbleibende große Masse von 67 Prozent der Mitarbeitenden mit geringer Bindung machen dabei überwiegend Dienst nach Vorschrift und schwächen dadurch das Unternehmen zusätzlich. Demnach sind 45 Prozent der deutschen Arbeitnehmenden entweder aktiv auf der Suche nach einem neuen Arbeitsplatz oder offen für neue Angebote.[4]

Hauptaufgabe von Führungskräften im Unternehmen sollte es sein, Krisensituationen zu meistern, Megatrends zu erspüren und sich mit Strategien zu beschäftigen. Alle weiteren notwendigen Firmenabläufe sollten weitgehend selbstständig durch die Mitarbeitenden bearbeitet werden. Doch wie soll dies gelingen, wenn sich Führungskräfte permanent mit operativen Fragestellungen und Entscheidungen auseinandersetzen wollen bzw. müssen? Daher sollten Vorgesetzte zuerst eigene Verhaltensweisen hin-

1 VUCA = Volatility (Volatilität), Uncertainty (Ungewissheit), Complexity (Komplexität) und Ambiguity (Ambiguität)

2 BANI = Brittle (Brüchig), Anxious (Ängstlich), Non-Linear (Nicht-linear) und Incomprehensible (Unverständlich)

3 Vgl. Gallup Deutschland (2024)

4 Vgl. Nink (o. J.)

terfragen und verändern sowie eine vertrauensvolle Architektur im Unternehmen aufbauen, die alle Standardabläufe vollumfänglich in die Hände der Mitarbeitenden legt. Die Aufgaben von Führungskräften verschieben sich dann primär auf strategische Ausrichtungen des Unternehmens oder auf die Kommunikation mit und auf die vertrauensvolle Befähigung von Mitarbeitenden.

Damit dies gelingen kann, ist insbesondere ein höherer Bewusstseins- und Reifegrad von Führungskräften und Mitarbeitenden notwendig. Die Basis hierfür ist eine exzellente Prozessqualität, aufbauend auf einer fundierten und gelebten Unternehmenskultur. Um dies zu erreichen, werden schrittweise erprobte und praktische Vorgehensweisen beschrieben, die in jedem Kapitel unterschiedliche Vorschläge und Wissen anbieten, gepaart mit psychologischen Aspekten der Führung und des Menschseins.

Doch auch wenn die geeigneten Rahmenbedingungen noch nicht im gesamten Unternehmen vorhanden sind, können Sie als engagierte Führungskraft beginnen, in Ihrem Bereich relevante Veränderungen zuerst bei sich und dann in der gesamten Abteilung zu implementieren.

Im Detail werden dazu unterschiedliche Unternehmens- und Persönlichkeitsmodelle angeboten, die ich selbst als Führungskraft in zwei Unternehmen über fast zwei Jahrzehnte erfolgreich angewendet habe. Doch nur der gleichzeitige Einsatz beider Modellarten führt zum gewünschten Erfolg. Um dies vollumfänglich abzubilden, wurde von mir der Leadershipkreis (siehe Kapitel 1.9) entwickelt. Dieser betrachtet verschiedene Persönlichkeitsmerkmale und Führungskompetenzen, die bei integrierter Anwendung zu einer signifikanten Steigerung der emotionalen Bindung von Mitarbeitenden führt und damit der Fluktuation massiv entgegenwirkt. Die zwölf Persönlichkeitsanteile im mittleren Kreis zeigen die essenziellen Eigenschaften der Leader auf, die im täglichen Umgang mit Mitarbeitenden auf einem hohen Reifegrad benötigt werden. Auf Basis dieser erlernten Anteile können dann die unternehmensspezifischen Kompetenzen der äußeren Kreisebene bestmöglich unterstützt und ausgespielt werden.

Der wichtigste Faktor ist hierbei die eigene Selbstführungskompetenz, die auf Basis einer guten Reflexionsfähigkeit entsteht. Denn nur wenn ich mich selbst hinterfragen und führen kann, bin ich in der Lage, anderen Menschen als Führungskraft zu begegnen und sie zu unterstützen. In Verbindung mit praktischen Lösungsansätzen wird dies bei konsequenter Umsetzung eine höhere expressive Bindung im Unternehmen erzielen, die zudem dem Fachkräftemangel entscheidend entgegenwirkt.

Gallup-Best-Practice-Unternehmen zeigen auf, dass durchgängige oder auch nur fallweise Anwendungen dieser Prozesse und Methoden bei relativ geringem Initialaufwand und kontinuierlicher Umsetzung sehr gute Ergebnisse erreichen. Die emotionalen Bindungswerte der Mitarbeitenden erhöhen sich über die Zeit von zuerst durchschnittlichen 14 auf 40 bis maximal 60 Prozent. Zusätzlich können sich m. E. die Bindungswerte mithilfe exzellenter Führung in einzelnen Abteilungen durch die Führungskraft auf 80–90 Prozent erhöhen. Haben Sie annähernd eine Vorstellung, welche positiven Effekte sich dadurch in Ihrem Unternehmen oder in Ihrem Bereich ergeben? Mitarbeitende werden ihr Handeln wesentlich eigenverantwortlicher und proaktiver gestalten und gerne zur Arbeit kommen, um sich hier Leistung, Bestätigung und Sinnhaftigkeit zu erarbeiten und abzuholen. Denn erfolgreich sein im Beruf, gepaart mit zusätzlichem Lob von der Führungsebene, ist der stärkste Motivations- und Belohnungsfaktor eines Menschen im Berufsleben. Die positiven Folgen sind laut Gallup: 81 Prozent weniger Fehlzeiten, eine bis zu 43 Prozent geringere Fluktuation, 64 Prozent weniger Arbeitsunfälle und 41 Prozent weniger Qualitätsmängel.[5]

5 Vgl. Nink (o. J.)

1 Orientierung bekommen

1.1 Gestalten oder mitschwimmen

Sie haben prinzipiell zwei Möglichkeiten, sich in der heutigen Arbeitswelt zu verhalten. Entweder mit dem Strom treiben lassen und sich dabei reaktiv den Gegebenheiten anpassen oder selbst gestalterisch und proaktiv agieren.

Der Untertitel dieses Buches lässt bereits erahnen, dass es hier primär um proaktive Ansätze und Ideen geht, dementsprechend um das engagierte Einbringen und Gestalten.

Lösen Sie die unternehmerischen Aufgaben integrativ und zukunftsweisend. Dabei ist es egal, in welcher Position Sie sich aktuell im Unternehmen befinden, ob Geschäftsführer, Teamleiter oder Fachexperte. Mitgestalten und entwickeln können Sie aus jeder Position heraus. Damit Derartiges gelingt, sollten Sie als Führungskraft eigene Vorstellungen und Werte mitbringen und weiterentwickeln, die selbstständiges Arbeiten und Gestalten durchaus zulassen.

Da Mitarbeitende einen Großteil des Unternehmenskapitals ausmachen, greift der fundamentale Ansatz: Wenn es den Mitarbeitenden gut geht, geht es auch dem Unternehmen gut. Da extrinsische Motivation bei vorhandener leistungsgerechter Bezahlung eine sekundäre Rolle spielt, ist es wenig zielführend, den Mitarbeitenden rote Teppiche auszurollen und/oder exorbitante Gehälter zu bezahlen.

Die Erfolge intrinsischer Motivation gegenüber extrinsischer Motivation wurden in vielen Studien (z. B. Cerasoli/Nicklin/Ford, 2014)[6] für viele professionelle Bereiche nachgewiesen. Der bedeutsamste Gewinn der intrinsischen Motivation ist dabei die Fähigkeit, intensiv und über lange Zeiträume hinweg an einer Aufgabe oder an einem Projekt zu arbeiten. Intrinsische Motivation ist dabei der Königsweg zur Motivationssteigerung von Mitarbeitenden. Sie hat einen signifikanten Effekt auf die Arbeitsleistung. Insbesondere bei anspruchsvollen Aufgaben mit hohem Qualitätsanspruch sorgt intrinsische Motivation für den nötigen persönlichen Einsatz der Beteiligten. Hier ist dann hohe Eigenverantwortung und Autonomie gefordert, die nur durch die innere Steuerung der intrinsischen Motivation erzielt werden kann. Zusätzlich zeigen sich auch bei einfachen und klar definierten Aufgaben weitere eindeutige Effekte. Insgesamt empfiehlt die Forschung daher grundsätzlich, die Rahmenbedingungen für intrinsische Motivation bei Arbeitsaufgaben gezielt zu berücksichtigen.[7]

---

6 Vgl. Cerasoli/Nicklin/Ford (2014)

7 Vgl. WPGS (2024)

Unterstützt werden kann intrinsische Motivation besonders, wenn Mitarbeitende entsprechend ihren Eignungen proaktiv und sinnvoll integriert, gefördert und gefordert werden. Im Ergebnis entsteht ein florierendes Unternehmen mit Werten, Mitbestimmung, eigener Orientierung, Innovation und neuen Sichtweisen.

Natürlich können Sie als Führungskraft ausschließlich Anweisungen erteilen, die andere Menschen gegen Geld ausführen müssen. Lösen Sie sich dabei von der Illusion, dass hierdurch eine hohe Bereitschaft erzielt wird oder gute Ideen einfließen. Letztlich können Sie nur versuchen, Mitarbeitende auf der Reise mitzunehmen und zu überzeugen.

Daher fangen Veränderungen fast immer bei einem selbst an. Kompetenzen können durch Seminare schnell erlernt werden. Erfolgreiches Vorleben für Führungskräfte kann nur gelingen, wenn intrinsische Motivation und Orientierung in der eigenen Persönlichkeit vorhanden sind und sich weiterentwickeln dürfen. Dies erfordert diverse individuelle Fähigkeiten, wie beispielsweise aktives Zuhören, sein eigenes Handeln zu reflektieren und die Fähigkeit, andere begeistern zu können. Tatsächlich sind diese Eigenschaften in der heutigen schnelllebigen Welt teilweise verschwunden.

Fazit

Entscheiden Sie für sich, wo Sie mitschwimmen und wo Sie gestalten wollen. Bei der Gestaltung benötigen Sie Mut, die richtige Dosis der Überzeugung und Mitstreiter, die Sie auf dem Weg erreichen und mitnehmen dürfen. Doch nur wenn Sie zu Ihren eigenen Werten und Idealen stehen, können Sie aus meiner Sicht ein selbsterfülltes Leben führen und als exzellente Führungskraft geachtet werden.

1.2 Die Welt im Wandel

Zurzeit leben wir in den westlichen Industrienationen in einem Wohlstand und Reichtum, den es bisher so noch nie gab. Doch die aktuellen Krisen und die anstehenden Herausforderungen sind enorm: globale Marktverschiebungen, z. B. durch die BRICS-Staaten (Brasilien, die Russische Föderation, Indien, China und Südafrika sowie Ägypten, Äthiopien, Iran und die Vereinigten Arabischen Emirate), instabile Finanz- und Rentensysteme, Fachkräftemangel, Werteverfall in der Gesellschaft, Klimawandel, Epidemien, Flüchtlingskrise, Energiekrise, Fakenews, Kriege weltweit und in Europa (zum Zeitpunkt der Bucherstellung) und die scheinbar übermächtige Digitalisierung mit ihren Technologien. Verständlich scheint daher die große Unsicherheit zu sein, die in weiten Teilen der Bevölkerung vorhanden ist. Abbildung 1 zeigt, welche Ängste die Bundesbürger mit der Digitalisierung verbinden.

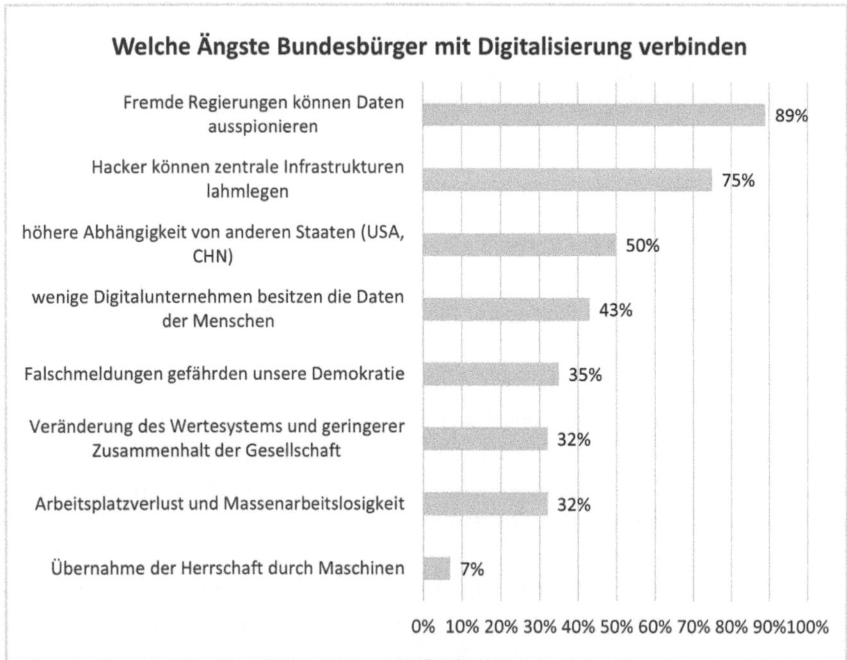

Abbildung 1: Welche Ängste Bundesbürger mit Digitalisierung verbinden (Grafik: Bitkom)[8]

Vertrauen in Politik und Fiskalsysteme sind auf einem niedrigen Stand und nehmen tendenziell weiter ab. Der Ruf nach politischer und wirtschaftlicher Stabilisierung nimmt massiv zu, ebenfalls der Wunsch nach starken politischen Köpfen, die zeitnah die Systeme wieder festigen sollen.

Rückblickend war es in den 1980er Jahren noch durchaus üblich, einen Beruf durch Ausbildung oder Studium zu erlernen und diesen bis zum Ruhestand auszuüben. Ab dem Beginn der 1990er Jahre sind dann schleichend neue signifikante digitale Veränderungen hinzugekommen, wie der Beginn des Internets, erste tragbare Mobiltelefone und eine steigende Anzahl von Personal-Computern mit E-Mail-Programmen und entsprechender Anwendersoftware. Mit der schrittweisen Festigung des Internets und der ersten Digitalisierungswelle gab es enorme Veränderungen im sozialen Verhalten in Unternehmen und in den Familien.

Teilweise wurden und werden aufgrund der Digitalisierung ganze Industriezweige oder Konzerne innerhalb weniger Jahre weggespült oder signifikant verkleinert. Als markantes Beispiel sind hier die Streamingdienste zu erwähnen, die zuerst Videorecorder und anschließend CD- und DVD-Player nahezu vollständig vom Markt verdrängt haben. Auch ehemalige Marktführer von Mobiltelefonen, die den Trend auf

8 Bitcom (2023)

Smartphones nicht erkannt hatten, sind verschwunden oder auf ein überschaubares Maß reduziert worden. Genauso wurde die Fotoindustrie massiv durch digitale Speicherkarten und hochauflösende Objektive in den Smartphones grundlegend verändert.

Auffallend dabei ist der relativ kurze Zeitraum der Umstellungen von 15 bis 20 Jahren, innerhalb derer sich die Menschheit an diese massive Transformation anpassen musste. Aktuell liegt der Anteil von Printmedien an den gesamten Informationsmedien unter 30 Prozent, Tendenz weiter fallend. Die Zeit, um in Ruhe eine Zeitung zu lesen, scheint nicht mehr vorhanden zu sein. Alternativ zu den Papierzeitungen gibt es nun Kurznachrichtendienste mit oft überschaubaren Inhalten und provokanten Einzelnachrichten, die die Sorgen der Nutzer weiter erhöhen. Hierdurch ist unser Gehirn einem gewissen Dauerstress ausgesetzt, da alle Anbieter im Netz das Interesse haben, jemanden so lange wie möglich auf ihren Seiten zu halten, was am besten durch Sensations- oder Katastrophennachrichten gelingt.

Hierfür gibt es mittlerweile performante Algorithmen, die spezifische Werbung, Berichte und Nachrichten gemäß dem Profil der Nutzer anbieten. Der Hintergrund ist mehr Werbung zu kommunizieren und letztlich die Verbraucher zu motivieren, weiter einzukaufen.[9]

Entkommt man den Blitznachrichten, Fakenews, Werbung, Spam und Fishing, wird man von sozialen Medien wie Instagramm, Snap Shot, Facebook, WhatsApp, TikTok usw. dominiert. Diese sind nicht selten ein Ersatz für die fehlenden realen Kontakte im Außen. Bestätigungen für unser Tun erhalten wir nun tendenziell über Selfies und Likes. Bei weiterer Langeweile stehen Computerspiele und Filme zur Verfügung, die es schaffen, uns bei Bedarf dauerhaft abzulenken.

Alles scheint sofort bestellbar und zeitnah verfügbar zu sein. Aktuell liefern digitale Warenhäuser vereinzelt schon am gleichen Tag aus und zukünftig werden kleinere Aufträge dann wahrscheinlich per Drohne kommen. Anfragen und Mails, die nicht schnell beantwortet werden, finden meist keine Berücksichtigung mehr und Menschen sind aktuell kaum mehr in der Lage, fünf Minuten an der Kasse eines Supermarktes zu warten, ohne dass ein mittleres Chaos ausbricht.

Partnerschaften und Ehen zerbrechen schneller denn je, Scheidungsraten liegen seit dem Jahr 2000 in Deutschland zwischen 40 und 55 Prozent, wodurch ein massives Defizit in der Kindererziehung entsteht.[10] Hinzu kommt, dass Kinder und Jugendliche im Durchschnitt von den Eltern immer früher mit elektronischen Geräten ausgerüstet

---

9 Vgl. Orlowski (2020)
10 Vgl. Statista.de (02.01.2024)

werden und der Umgang mit diesen einen Großteil der Zeit einnimmt. Tatsächlich ist jeder, der das Mobiltelefon ständig bei sich trägt und permanent verfügbar ist, in einer direkten Abhängigkeit durch soziale Medien und Kontakte.

Abbildung 2 zeigt die positiven und negativen Seiten der Digitalisierung auf.

Positiv		Negativ	
Information		Zeitverlust	
Kommunikation		Fake News	
Unterhaltung		Datenklau	
Bequemlichkeit		Abhängigkeit	

Abbildung 2: Positive und negative Seiten der Digitalisierung[11]

Die positive Hälfte der digitalen Welt gilt es demnach ebenfalls zu würdigen. Das Internet ist ein Informationsspeicher mit nahezu allen relevanten Daten auf Knopfdruck. Bei richtiger Anwendung und entsprechender Zuzahlung können Dienste ohne Werbung genutzt werden, die nahezu unendliches Wissen anbieten. Intensive Reportagen und Berichte zu Politik, Finanzen, Wirtschaft und Technik sind jederzeit und aktuell verfügbar. Individuelle Themen können schnell recherchiert werden, indem wenige komprimierte Berichte aus vertrauenswürdigen und unterschiedlichen Quellen studiert werden. Bei der Nutzung von solchen Diensten sind jüngere Menschen älteren Nutzern in der Regel deutlich überlegen, da sie mit diesen Technologien aufgewachsen sind und sie ganz selbstverständlich nutzen.

Trotz aller Vorteile der digitalen Welt ist die Veränderung der Gesellschaft in sozialer Hinsicht unverkennbar. Auch die Arbeitswelt verändert sich grundlegend, beispielsweise durch Künstliche Intelligenz (KI) und Robotereinsatz, durch den einfachere Tätigkeiten, etwa für gering qualifizierte Arbeitnehmer, kaum noch vorhanden sind. Fachkräfte mit einem hohen Bildungsstand und beispielweise kreativen Kompetenzen fehlen hingegen in vielen Branchen und Arbeitsfeldern.

11 Vgl. Palkowitsch-Kühl/Heilmann (2021)

Wichtig

Definieren Sie Ihren eigenen Umgang mit sozialen Medien und Diensten. Der Mensch ist ein Gewohnheitsindividuum. Nur durch klare selbstbestimmte Nutzung und Abgrenzung der digitalen Welt ist ein langfristiges und zufriedenes Leben möglich. Grenzen Sie sich dazu selbst ab, durch Auszeiten, nicht ständiges Mitführen des Handys oder zumindest nicht permanentes Draufschauen.

Kaufen Sie sich einen separaten Wecker und halten Sie das Mobiltelefon aus dem Schlafzimmer fern. Nutzen Sie die Medien überwiegend als Werkzeuge, zu dem Zeitpunkt, wo sie gebraucht werden, und bringen Sie sich nicht in eine unkontrollierte Abhängigkeit.

Möchten Sie sich intensiv zu einem wissenschaftlichen Thema im Internet weiterbilden, so sollten Sie sich auf ausführliche Artikel von anerkannten Fachleuten konzentrieren.

Versuchen Sie zusätzlich zur Nacht weitere handyfreie Zeiten einzurichten. Dies kann ähnlich wie eine Intervall-Diät gestaltet werden, also 16 Stunden handyfreie Zeit und ein Aktivieren in den Stoßzeiten zwischen 12 und 20 Uhr.

In der gewonnenen freien Zeit definieren Sie eigene Spielregeln, wo Sie das tun, was Ihnen guttut, etwa Wandern in der Natur, Kanu oder Mountainbike fahren, Reisen, Freunde real treffen und intensiv diskutieren.

1.3 Rahmenbedingungen für Unternehmen

Schon immer gab es Herausforderungen und Krisen für Unternehmen, zu allen Zeiten wurden Industriezweige abgebaut, ersetzt oder verlagert. Agile Firmen haben sich auch unter diesen Bedingungen weiterentwickelt und konnten expandieren, während andere Unternehmen schließen mussten. Ausdehnung wurde vor allem ermöglicht, indem verschiedene Kunden von verschiedenen Branchen bedient wurden und dies mit unterschiedlichen oder modifizierten Produkten und Gesamtpaketen.

Erschwert wird dieses Verhalten durch instabile Finanzkonstellationen auf nationalen und internationalen Märkten. Hinzu kommen permanent neue gesetzliche Verordnungen, beispielsweise für die Bereiche Umweltschutz, Nachhaltigkeit, Lieferketten, Energieversorgung, Cybersicherheit und Produktsicherheit, die von den Unternehmen berücksichtigt und abhängig von der jeweiligen Größe verpflichtend umgesetzt werden müssen. Sich auf dem globalen Markt zu behaupten, wird für europäische Unternehmen immer schwieriger. Allein China nimmt mit mittlerweile 18,7 Prozent, (USA 15,5 Prozent, Indien 7,6 Prozent) den größten Anteil am kaufkraftbereinigten globalen Bruttoinlandsprodukt (BIP) ein. Die aktuellen Herausforderungen für die Welt für die nächsten Jahrzehnte sind in Abbildung 3 dargestellt.

Herausforderungen für die nächsten Jahrzehnte					
1 Menschen u. Gesellschaft	2 Gesundheits-wesen	3 Umweltschutz u. Ressourcen	4 Wirtschaft u. Business	5 Technologie u. Innovation	6 Politik u. Regelsysteme
Bevölkerung	Pandemien	Klima	Globalisierungs-betrachtung	Technologie-werte	Zukunft der Demokratie
Migration	Krankheiten	Verschmutzung	Macht-verschiebung	KI, AI	Geopolitik
Werte	Pflegekosten	Rohstoffe	Staats-verschuldung	Mensch und Maschine	Globale Risiken
Bildung		Ökosystem			Cyperkriege

Abbildung 3: Herausforderungen für die Welt für die nächsten Jahrzehnte[12]

Zudem zeigt die Bevölkerungsstruktur in den westlichen Ländern gemäß Abbildung 4 eine massive Veränderung von einer Pyramidenform (1950) hin zu einer Hochhausstruktur (Prognose für 2070). Durch die Überalterung der Gesellschaft bei weniger Geburten ist der Fachkräftemangel auch auf Dauer vorhersehbar. Qualifiziertes Fachpersonal fehlt massiv in nahezu allen Bereichen.

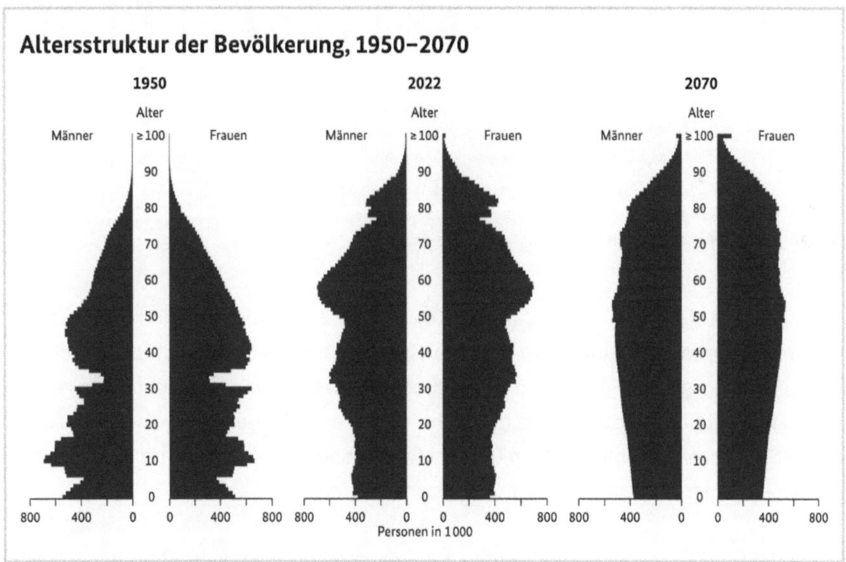

Abbildung 4: Altersstruktur der Bevölkerung[13]

12 Vgl. Roland Berger (2023)
13 Vgl. Bund-Länder, Demografie Portal (2024)

Fehlender bezahlbarer Wohnraum, besonders in deutschen Großstädten, verschärft das Problem zusätzlich. Hier stellt die Abwanderung in andere EU-Staaten oft eine Alternative für hochqualifiziertes Personal dar. Aufgrund der besseren Bedingungen wandern daher immer mehr deutsche Staatsbürger in die Schweiz, Portugal, Schweden, Dänemark und Norwegen aus. Abbildung 5 zeigt, dass seit 2005 mehr deutsche Bürger das Land verlassen haben, als Deutsche aus dem Ausland zurückgekommen sind.

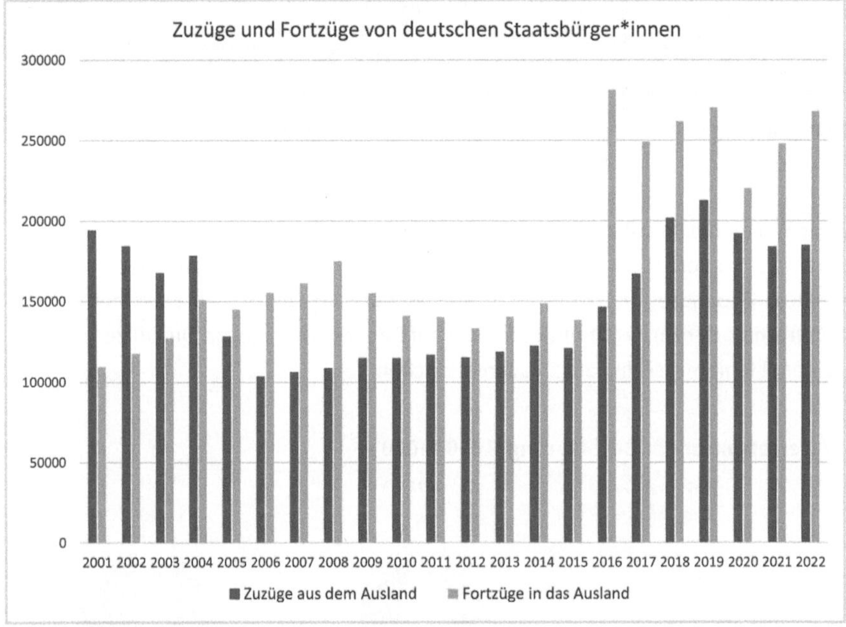

Abbildung 5: Wer kommt, wer geht?[14]

Tatsächlich hat Deutschland im Jahr 2021 ca. 70.000 Bundesbürger durch Fortzüge ins Ausland verloren. Hier kann man davon ausgehen, dass es sich meist um gut ausgebildete und integrierte Fachkräfte mit Fachschul- oder Hochschulabschlüssen gehandelt hat. Vergleichsweise hat die deutsche Bevölkerung einen akademischen Anteil von ca. 30 Prozent, wohingegen in Deutschland lebende Geflüchtete im Durchschnitt einen akademischen Anteil von ca. 21 Prozent aufweisen.[15]

Alle aufgeführten Aspekte zusammen bewirken einen massiven Mangel an Facharbeitskräften in Deutschland.

14 Vgl. Mediendienst (2023)
15 Vgl. DIW Berlin (2020)

Eine weitere Herausforderung ist der Umgang mit der Generation Z, also junge Menschen, die um das Jahr 2000 geboren wurden. Da die Generation Z in absehbarer Zeit, nämlich im Jahr 2030 über 30 Prozent der gesamtwirtschaftlichen Leistung in Deutschland erbringen muss, wird das Thema im folgenden Kapitel intensiver betrachtet.

Fazit

Zusammengefasst haben sich die Bedingungen für Unternehmen in Deutschland durch die vielen unterschiedlichen Herausforderungen massiv verschärft. Intelligente Lösungen müssen daher in den Firmen gefunden werden, um weiter wirtschaftlich erfolgreich zu sein. Eine erste mögliche Lösung ist die Verlagerung der Produktionsstätten ins Ausland. Die Frage ist nur: Wollen Sie dies tun?

Alternativ kann durch den Einsatz von mehr Technologie und Automatisierung ein Wettbewerbsvorteil erzielt werden, sofern die Mittel für solche Investitionen noch vorhanden sind.

Eine weitere Option ist eine erweiterte Kultur- und Führungsveränderung in Richtung Leadership. Ziel ist es, hierdurch gemeinsam hocheffiziente und wirksame Prozesse im gesamten Unternehmen zu implementieren, die den EBIT, also den Gewinn vor Steuern, signifikant erhöhen und das Unternehmen hierdurch sehr dynamisch und reaktionsfähig machen.

1.4 Generation Z

Das heutige Bild der Generation Z scheint bei vielen Unternehmen klar definiert zu sein: Sie sind meist verwöhnt, faul und nicht belastbar. Diese Vorurteile betreffen im Jahr 2023 rund 13 Millionen junge Menschen, die zwischen 1995 und 2012 geboren wurden – die Generation Z.

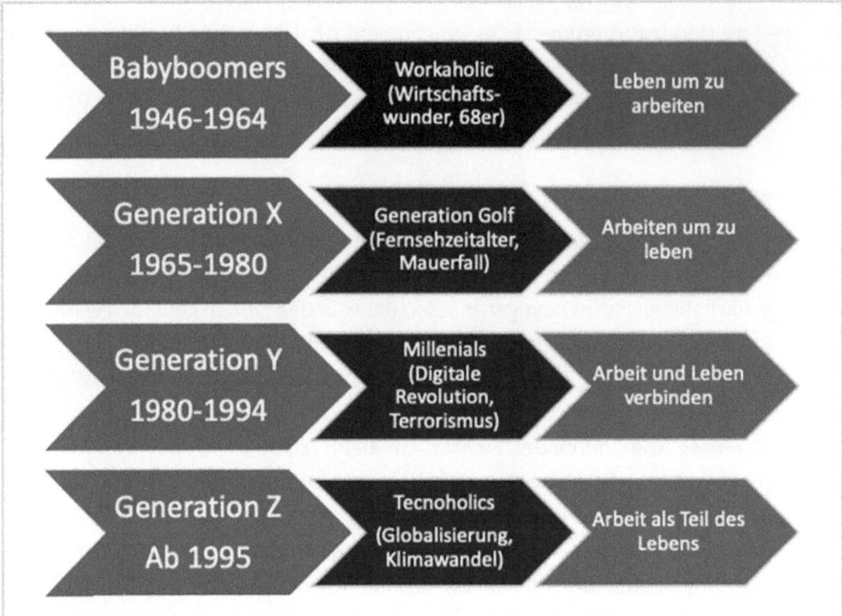

Abbildung 6: Übersicht der Generationen, Werte und Arbeitseinstellung[16]

Die Generation Z umfasst also junge Menschen, die um das Jahr 2000 geboren wurden. In Deutschland werden sie im Jahr 2030 ungefähr 30 Prozent des Bruttosozialproduktes erwirtschaften müssen. Von daher ist eine Einbindung in die Gesellschaft zwangsläufig notwendig.

Geprägt von den sozialen und technischen Einflüssen, sind sie einerseits teils destabilisiert und überbehütet, anderseits durch Krisen und zum Teil durch alleinerziehende Eltern überfordert. Sie waren stark durch die Corona-Auswirkungen betroffen und empfinden Disruption als den Normalzustand.

Sie suchen Sicherheit, Sinnhaftigkeit, Anerkennung und Einfluss, stufen den Umweltschutz sehr hoch ein und sind nahezu permanent erreichbar. Die Bewertungen von sozialen Plattformen und die Nutzung von Computerspielen erzeugen oft eine Kaskade von Abhängigkeiten. In der Arbeitswelt sind Loyalität gegenüber dem Arbeitgeber, materieller Erfolg und langfristige Planung weniger wichtig, entscheidend sind eher Flexibilität, digitale Technologien sowie Trennung von Beruf und Privatleben. Laut Shell-Studie[17] von 2019 unterscheidet man in der Generation Z vier Grundtypen, die in sich nochmal variieren:

16 Kallenbach (2019)
17 Vgl. Deutsche Shell Holding GmbH (Hrsg.)(2019): Shell Jugendstudie 2019

- **Durchstarter (ca. 32 Prozent)**: Den Durchstartern ist nahezu alles gleich wichtig. Sie möchten eine sinnvolle und erfüllende Arbeit ausführen, zusätzlich sind sie karriereorientiert, legen aber auch Wert auf eine gute Realisierung von Privatleben und Arbeit.
- **Idealisten (ca. 21 Prozent)**: Für den Idealisten steht die Erfüllung im Berufsleben an erster Stelle. Trotzdem darf die Arbeit nicht zu dominierend werden. Ihm liegen daher Verschiedenheit und Vielfältigkeit am Herzen. Wirkliche Planbarkeit und echter Nutzen sind für den Idealisten von geringerer Bedeutung.
- **Bodenständige (ca. 24 Prozent)**: Für die Bodenständigen sind der Nutzen im Beruf und eine regelmäßige Planbarkeit besonders wichtig. Der Wunsch und Wille nach eigener Erfüllung ist eher weniger ausgeprägt. Auch die Gesichtspunkte Karriere sowie Vereinbarkeit von Privatleben und Beruf sind den Bodenständigen weniger wichtig.
- **Distanzierte (ca. 23 Prozent)**: Für den Distanzierten sind Karriere und alltägliche Planbarkeit sehr wichtig. Dagegen sind Nutzen, Erfüllung und die Vereinbarkeit der Arbeit mit weiteren Lebensinhalten nicht von großer Bedeutung. Zudem tendieren die Distanzierten dazu, sich Gedanken um den Verlust der Arbeitsstelle zu machen.

Fazit

Reale und digitale Welt vermischen sich bei der Generation Z zunehmend, besonders dort, wo die digitale Welt immer sofort und meistens positiv verfügbar und austauschbar ist. Doch menschliche Faktoren wie Vertrauen, Liebe, Gelassenheit und Freude lassen sich hier nur bedingt finden oder benötigen Zeit, da sie sich erst durch positive emotionale Erfahrungen entwickeln und festigen müssen.

Oft beginnt eine Suche nach diesen Faktoren, die zu Beginn mit digitalen Medien und Konsum befriedigt wird. Da Eltern und Schule es oft nicht mehr geschafft haben, eine zukunftsfähige Erziehung unter den realen Bedingungen zu ermöglichen, liegt es nun an den Unternehmen, diese wunderbaren jungen Menschen gezielt anzunehmen, aufzunehmen und zu integrieren. Wer die Wünsche und Bedürfnisse kennt, kann sich als Arbeitgeber positiv mit der Generation Z auseinandersetzen.

Der gezielten Integration der Generation Z dienen: Kommunikation auf Augenhöhe, schnell, digital und ehrlich, sowie mehr Freiraum durch mobiles Arbeiten und eher langsames Einbinden in Projektteams, da sie oft als Einzelkämpfer unterwegs sind, stellen hierbei wichtige Faktoren dar. Beruf und Privates sollten anfänglich inhaltlich getrennt werden, es bedarf eines sicheren Technologiearbeitsplatzes sowie flexibler Arbeitszeiten und Mitbestimmung in der Abteilung oder im Unternehmen.

1.5 Menschliche Bedürfnisse und Treiber

Die Wissenschaft hat immer wieder festgestellt, dass Glück, Liebe, Zufriedenheit und Anerkennung grundlegende menschliche Bedürfnisse sind. Nur der Weg dorthin scheint unterschiedlich zu sein. Auch wenn es sich zunächst unwahrscheinlich anhört, jeder Mensch ist regelmäßig auf der Suche nach den oben genannten Merkmalen, und zwar immer auf seine eigene Art und mit seinen Möglichkeiten.

Da die meisten Menschen aufgehört haben, in ihrem Inneren, also in sich selbst danach zu suchen, wurde die Recherche in die äußere Welt verlegt. Ken Honda beschreibt in seinem Buch »Happy Money« (2021), dass sich reiche Menschen nicht als wohlhabend fühlen. Immer fehlt noch ein Haus, ein Boot oder ein Privatjet, welche das Glück dann bringen sollen.[18] Durch diese ständige Suche nach Werten im Außen sind wir gedanklich nahezu permanent in der Zukunft oder in der Vergangenheit. Wir verlieren das Sein im Hier und Jetzt und nutzen lieber das Handy, als den Moment gefühlsmäßig zu spüren.

Tatsächlich bieten ausreichend Besitz und die Sorge darum genug Ablenkung, um sich im Leben nicht mehr mit sich selbst beschäftigen zu müssen. Alles erscheint heutzutage austauschbar, Beziehungen, Freundschaften, Arbeitsstellen, Autos, Urlaub, einfach alles. Aber bringt dieser schnelle Wechsel wirklich eine Zufriedenheit und auch Glück mit sich? Ist es dafür nicht auch nötig, einmal durch eine herausfordernde Situation durchzugehen und sie zu meistern? Auch Grenzerfahrungen wie Krisen und Krankheiten können einen Wandel zu einem gelingenderen Leben einleiten.

Wie also erreichen wir nun mehr Glück, Liebe, Zufriedenheit und Anerkennung in unserem Leben?

Christiane Leicher (2020) unterscheidet in ihrem Buch die beiden Grundemotionen Angst und Liebe. Angst hatte ursprünglich eine evolutionäre Schutzfunktion, die das Überleben sicherte, in der modernen Welt sind existenzbedrohende Gefahrenquellen jedoch nur noch wenig vorhanden.

Imaginäre Ängste aus gesellschaftlichen Regeln oder Zwängen, mit denen viele groß geworden sind, bestimmen trotzdem maßgeblich unser Leben. Demut, Strenge und das Unterdrücken von Gefühlen stammen aus übertragenen Programmen unserer Vorfahren und benötigen dringend ein Update.

Aus diesen imaginären Ängsten entsteht wiederum ein Mangelgefühl, das durch Werbung stark instrumentalisiert werden kann. Werbekunst verknüpft geschickt die Produkte mit Emotionen wie Freiheit, Freundschaft und Liebe. Sie suggeriert, dass wir mit

18 Vgl. Deutsche Shell Holding GmbH (Hrsg.)(2019): Shell Jugendstudie 2019

dem Kauf des Produkts diese menschlichen Grundbedürfnisse befriedigen können. Tatsächlich versuchen wir durch mehr Erfolg, Macht, Geld und Beziehungen ein Gefühl von Befriedigung zu erzielen. Doch diese Zufriedenheit gelingt in der äußeren Welt immer nur kurzfristig und bringt uns letztlich in einen Teufelskreis der Erschöpfung. Die Gefahr von Burnout, Depression oder Suchtverhalten wird größer. Einen Ausweg aus diesem Kreislauf stellt die Stärkung des Gegenpols, nämlich des Selbstvertrauens dar. Dafür ist das Eingeständnis von eignen Ängsten oder Überlastungen ein wichtiger Schritt.

Liebe dagegen ist eine ganz andere Kraft, ein Gegenpol zur Angst. Sie ist die stärkste und mächtigste Energie überhaupt. Wir spüren dadurch die Fülle, die tiefe Liebe zu uns selbst und das Urvertrauen, dass wir alles lösen können. Wir sind uns unserer Wertigkeit und Selbstachtung bewusst. Wirkliche Liebe ist das Einzige, das sich vermehrt, wenn man es teilt.[19]

Wie kommt man nun in diesen Zustand des Selbstvertrauens und der Selbstliebe?

Hierfür sind Veränderungen im bewussten und unbewussten Teil unseres Gehirns notwendig. Die kognitive Erkenntnis ist zwar eine gute Basis dafür, dieses allein bewirkt aber noch nicht das Überschreiben der gefestigten Muster und Programme in unserem Verhalten und Empfinden.

Kleine regelmäßige Schritte im Bewussten helfen auf dem Weg, uns selbst zu stabilisieren und zu finden. Hilfreiche Unterstützer sind Dankbarkeit- und Achtsamkeitsübungen, gepaart mit tiefen emotionalen Gedanken und Imaginationen in der Meditation oder im realen Moment.

Tiefergehende Ängste, die keine offenbaren Ursachen zu haben scheinen, stammen höchstwahrscheinlich aus der Übertragung und Erziehung der ersten Kindheitsjahre. Diese Muster können heutzutage meist gut mit einer Verhaltenstherapie aufgelöst werden. Die Kinesiologie spürt zusätzlich Speicherungen in der Muskulatur von früheren Erfahrungen und sogar von vorangegangenen Generationen auf, die auf die eigenen Eltern übertragen wurden. Solche tief verankerten Thematiken lassen sich nur durch Analyse mithilfe von Muskeltests und gezieltem Ersetzen der überlieferten Programme erreichen.

Fazit

Letztlich haben wir die Wahl, uns auf die Suche nach einer echten Erfüllung zu machen oder in den Konsum oder die Sucht zu flüchten. Für beides gibt es ausreichend Möglichkeiten, ein erfülltes Leben werden wir nur erzielen, wenn wir neugierig im Hier und Jetzt bleiben und hören, was unser Körper und unsere Intuition uns rät.

19 Vgl. Leicher (2020)

1.6 Das wahre Ich und die Persönlichkeit

Um Führung und Leadership erfolgreich anwenden zu können, ist es unerlässlich, sich selbst zu kennen und zu steuern. Viele Psychologen nehmen an, dass die meisten Menschen durch das Leben laufen, ohne jemals erkannt zu haben, was ihr wahres Selbst wirklich ausmacht. Im Folgenden sind Erklärungen und Differenzierungen aufgeführt, die einen Menschen über die Ebenen Kernselbst, Vererbung, Erziehung und die eigenen Erfahrungen und Entwicklungen beschreiben.

Im Kapitel 3 gibt es dazu die Möglichkeit, mit verschiedenen komplexeren Modellen die eigene Persönlichkeit aufzuschlüsseln. Laut dem Persönlichkeitsmodell nach Marti (2018) gibt es im Zentrum ein sogenanntes Kernselbst, den Wesenskern eines Menschen, mit dem, was er ins Leben mitbringt und in der Welt zum Ausdruck bringt, wenn er ganz im Hier und Jetzt ist.[20]

Zum Kernselbst gibt es zwei verschiedene Lehren, einmal wird die These vertreten, dass unser wahres Selbst bereits zum Zeitpunkt unserer Geburt vorhanden und unzerstörbar ist und somit immer erhalten bleibt. Die zweite These stützt die Annahme, dass das Kernselbst sich ab dem 2.–3. Lebensmonat beginnt zu entwickeln. Unabhängig davon, welche Lehre hier richtig liegt, kann man festhalten, dass das Kernselbst sich im innersten Kreis unseres Persönlichkeitsmodells befindet und entweder gar nicht oder nur sehr schwer veränderbar ist.

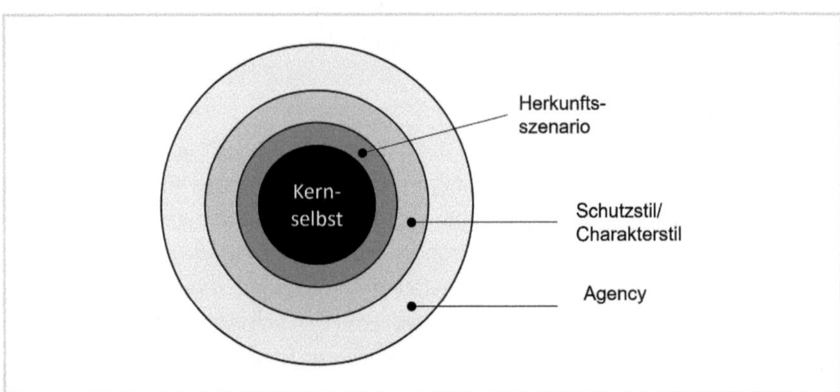

Abbildung 7: Das Schichtenmodell[21]

20 Vgl. Marti (2018)
21 Vgl. Marti (2018)

Das Kernselbst

Mögliche Erklärungen zur Entstehung des Kernselbst kann das Human-Design-Modell[22] liefern. Es ist eine Erfahrungswissenschaft, die alte Weisheiten und neue wissenschaftliche Erkenntnisse zusammenführt. Entwickelt wurde es im Jahre 1987 vom Kanadier Alan Robert Krakauer. Die Human-Design-Analyse baut auf eine Körpergrafik, die sogenannte Rave-Chart, auf.

Laut Krakauer gibt es einen ganz persönlichen energetischen Fingerabdruck, mit dem man durchs Leben geht. Dieses Chart lässt sich heutzutage einfach ermitteln, in dem man seine Geburtsdaten und Positionen in ein entsprechendes Tool, z. B. auf dem Human Design Place, einträgt. Das Diagramm zeigt dann die Einzigartigkeit eines jeden Menschen auf und ermöglicht, daraus wichtige Informationen herauszulesen. Inhaltlich funktioniert es durch die Bestimmung der akkuraten Position, wo sich der Mensch zum Zeitpunkt seiner Geburt befunden hat. Es verarbeitet hierbei Daten aus dem Sonnen- und Sternensystem, wie es zum Zeitpunkt der Geburt kräftemäßig auf die jeweilige Person ausgerichtet war.[23] Bedenkt man, welchen Einfluss alleine der Mond auf die Erde ausübt, so erscheint eine Beeinflussung des Menschen durch die Gestirne zum Zeitpunkt ihrer Geburt als durchaus möglich. Ähnliche Erkenntnisse erzielt die gekoppelte oder gemischte Astrologie, d. h. die Vermengung der zwölf chinesischen Tierkreiszeichen mit unseren zwölf westlichen Astrologie-Symbolen. Es entstehen 144 neue Kombinationen. Die Aussagen zur Persönlichkeit einer Person aus dieser neuen Kombination von z. B. Jungfrau (Abendland) mit Schlange (Chinesisch) sind bemerkenswert hoch und treffend.[24]

Das Herkunftsszenario

Glaubt man der Kinesiologie, haben wir über die Vererbung (Herkunftsszenario) in unserer Muskulatur neben den genetischen Informationen, wie z. B. Augenfarbe, auch Information und Verhaltensweisen von sieben bis neun Generationen der Vorfahren abgespeichert. Gab es also bei den Ahnen dramatische Ereignisse wie beispielsweise Krieg, Enteignung, Flucht und Hunger, spielen diese Themen unterbewusst weiterhin in den Folgegenerationen eine wichtige Rolle.

Sie spiegeln sich dann stellenweise in Form von fehlenden Energieflüssen in der Person wider, welches sich durch verschiedene Symptome wie Wut, Angst, Unruhe oder Erschöpfung zeigen kann. Muskeltests wie z. B. der Pendeltest zeigen, bei welchen Themen sich die Muskulatur nicht im freien Energiefluss befindet. Mit entsprechenden Techniken können diese Blockaden gelöst werden.

22 Vgl. Parkyn (2017)
23 Vgl. Parkyn (2017)
24 Vgl. Astro 144 (o. J.)

Als weiterer Baustein kommt die Erziehung (Herkunftsszenario und Schutzstil/ Charakterstil) durch unsere Eltern hinzu, die uns in den ersten sieben Lebensjahren massiv prägt. Auch wenn wir es nicht immer wahrhaben wollen, haben wir diverse Anteile und Gesten von unseren Eltern übernommen. Teilweise sind dies sicher auch ablehnende oder kontroverse Aspekte, doch es gehören ebenso viele Eigenschaften wie beispielsweise Fleiß und Leistungsbereitschaft, ggf. auch Unsicherheit oder Mut dazu. Bloß nicht wie die Eltern werden, ist in der Jugendzeit meistens ein festes Ziel. Doch mit der Zeit setzen sich schrittweise viele gute, aber auch weniger günstige Eigenschaften und Verhaltensweisen der Eltern durch.

In der letzten prägenden Stufe kommen nun unsere eigenen Ausbildungen, Erfahrungen und Entscheidungen (Agency) hinzu, die auf den bestehenden Ebenen aufbauen. Hieraus entwickeln sich dann Kompetenzen, die unser vollständiges Wissen abbilden. Eine Veränderung oder Erweiterung der Kompetenzen lässt sich relativ einfach durch Seminare und Fortbildungen ermöglichen. Umstrukturierungen in der Persönlichkeit hingegen sind nur mit höherem Aufwand zu erreichen.

Betrachtet man nun hierzu unser Gehirn als System, so unterteilt es sich primär in einen unbewussten und bewussten Anteil. Der bewusste Anteil beschäftigt sich mit allem Rationalen, also damit, Situationen zu analysieren, Entscheidungen zu treffen oder tägliche Aktionen strukturiert auszuführen. Das Bewusstsein ist dabei für uns als Individuum ständig erreichbar. Ein Mensch erkennt so, was er tut, und kann beschreiben, dass er etwas tut, indem er beteiligt und bewusst ist.

Im Unterbewusstsein ist der ganze emotionale Anteil unseres Lebens abgespeichert, also alle gefühlsmäßigen Erfahrungen, die wir durchlebt haben. Es sind neben den positiven Erfahrungen auch negative Kommentare, ungünstige Kindheitserlebnisse und Phobien abgelegt. Alle abgespeicherten Informationen sind hierbei zeitlos, das heißt eine emotionale Verletzung aus der Kindheit wirkt heute noch genauso schlimm wie damals, sofern sie nicht aufgelöst wurde. Laut Simon T. Bailey hat ein Kind, das 17 Jahre alt ist, 150.000 Mal »Nein« gehört und nur 5.000 Mal »Ja«. Je öfter man hört, was man nicht tun kann, wohin man nicht gehen darf und wer man nicht werden kann, desto mehr entsteht im Gehirn ein neurologischer Pfad, der dazu führt, dass man sich abschaltet.[25]

Dadurch wird das menschliche Verhalten auch im erwachsenden Alter stark beeinflusst. Das bedeutet, dass wir im normalen täglichen Tun in scheinbar kritischen Situationen mit den Erinnerungen aus der Vergangenheit konfrontiert werden. Dies kann so weit gehen, dass wir bereits unkritische Situation als unangenehm oder sogar als bedrohlich einstufen. Als Folge werden Schutzfunktionen wie Wut oder Angst

25 Vgl. Goalcast.com (2018)

aktiviert, um die schmerzhaften Gefühle aus der Vergangenheit nicht noch einmal zu durchleben.

Daher ist es wichtig, auf diesen Anteil des Gehirns, also auf den unbewussten Teil, zugreifen zu können, um spezifische Problemstellungen zu behandeln. Um die stark unterschiedlichen Verhältnisse der beiden Gehirnanteile zu verdeutlichen, dient der folgende Vergleich. Unser Unterbewusstsein kann bis zu 80.000 Daten pro Sekunde aufnehmen, verarbeiten und speichern. Es ist damit 10.000 Mal schneller (und begabter) als unser bewusster Verstand, auf den wir uns so sehr konzentrieren und verlassen.[26] Betrachten Sie nun kumuliert diverse Einschränkungen des Menschen, angefangen bei den Augen, die eine begrenzte Sichtweise in Farbgebung, Reichweite und Winkel haben, einen stark reduzierten Arbeitsspeicher des bewussten Gehirns sowie Vorprägungen durch Glaubenssätze und zusätzliche Einschränkungen in Stresssituationen (Tunnelblick). Dadurch kann uns unsere Wahrnehmung Eindrücke vermitteln, die sich echt ansehen und anfühlen, jedoch nicht der objektiven Realität entsprechen. Hier befinden wir uns dann im Bereich der selektiven Wahrnehmung, wie in Abbildung 8 dargestellt.

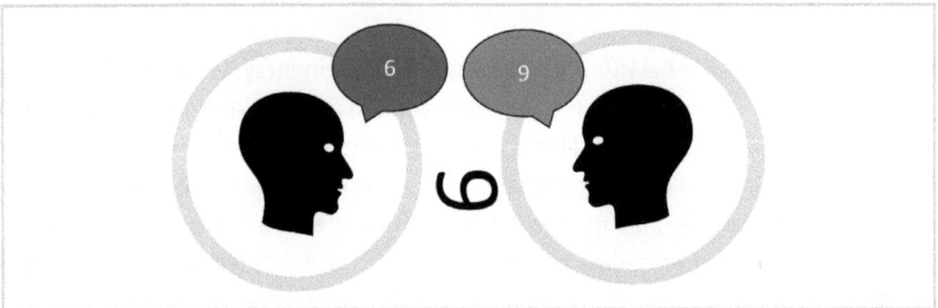

Abbildung 8: Selektive Wahrnehmung: Sechs oder Neun?

> **Fazit**
> Die überwiegenden kognitiven Prozesse laufen sehr schnell in unserem Unterbewusstsein ab und sind für uns nicht wahrnehmbar. Dies ist auch notwendig, um einfache Abläufe wie z. B. Treppensteigen nicht bewusst wahrnehmen zu müssen. Dies würde nämlich unseren bewussten Teil zu schnell erschöpfen. Doch das Unterbewusstsein kann noch mehr, es versucht uns zusätzlich vor schlechten Erfahrungen und damit negativen Gefühlen, die wir irgendwann einmal in der Vergangenheit gemacht haben, zu schützen. Doch diese an sich sinnvolle Vermeidungsstrategie ist meistens als Erwachsener nicht mehr sinnvoll, da es kaum noch reale Gefahren gibt. Zusätzlich

26 Vgl. LifeCoach (2018)

müssen wir als selbstständige Personen und besonders auch als Führungskräfte lernen, mit negativen Gefühlen wie Kritik besser umzugehen.

1.7 Führungskraft im Sandwich

Zuerst die gute Nachricht: Sie können als Führungskraft viel bewegen, sofern Sie sich an einige Prinzipien halten. Grundsätzlich befinden Sie sich als klassische Führungskraft jedoch in einer Sandwichfunktion, sofern Sie nicht geschäftsführender Gesellschafter sind – wobei Ihnen dann eventuell die Bank im Nacken sitzt. Sandwichfunktion bedeutet hier, dass es Druck bzw. Aufgaben von oben und unten, ggf. sogar von der gleichen Ebene gibt.

Ein Geschäftsführer muss den Gesamtüberblick im Unternehmen behalten, um alle Anforderungen aus rechtlicher, technischer und kaufmännischer Sicht zu erkennen und dann zielorientiert handeln zu können. Risiken bestehen im betriebswirtschaftlichen Misserfolg, aber auch in rechtlichen Konsequenzen aus dem unternehmerischen Handeln, da Geschäftsführer in bestimmten Konstellationen auch persönlich haften.

Entlastend können hierbei nur entsprechende Managementsysteme mit allen Komponenten sein, die durch wirksame Geschäftsabläufe und strukturierter Aufbau- und Ablauforganisation das gesamte Managementsystem rechtssicher stützen. Hierzu gehören regelmäßige und ordnungsgemäße Überwachungen der Prozessabläufe durch entsprechende Experten, die ihrerseits jedoch auch wieder geprüft werden müssen. In der Praxis bedeutet dies, dass neben den bereits i.d.R. implementierten Managementsystemen von Qualität, Umwelt, Energie und Arbeitssicherheit eine Erweiterung von Governance, Risiko und Compliance (GRC) notwendig ist.

Die wirksame Umsetzung der gesamtheitlichen Strategien und deren Aufgaben inklusive der Überwachung von wesentlichen Businesstätigkeiten wird in einer größeren hierarchischen Organisation von den Abteilungsleitern realisiert. Auf dieser Ebene werden dann also Vorgaben, Strategien und Gesetzesanforderungen in die wirklichen Geschäftsprozesse im Unternehmen übertragen. Dies muss einerseits effektiv und effizient passieren, anderseits sollte die nächste Ebene bei der Lösung stark involviert werden.

Sofern Prozesse über mehrere Abteilungen hinweg laufen, kommt die Zusammenarbeit mit anderen Fachbereichen hinzu. Die Arbeit der mittleren Führungskräfte ist inhaltlich am herausforderndsten. Ihnen muss es gelingen, die Aufgaben von oben mitzugestalten, zu übersetzen und mit ihrem Team praktisch in die Geschäftsprozesse zu integrieren.

In der Praxis klaffen hier Einschätzung und Wirklichkeit von Führungskräften stark auseinander. Eine Studie der Onlineplattform meinestadt.de von 2019 hat 2085 Fachkräfte mit Berufsausbildung im Alter von 25 bis 65 Jahre befragt. Abbildung 9 zeigt, dass die Arbeitsleistung von Vorgesetzten zwischen Soll und Ist je nach Merkmal stark variieren.

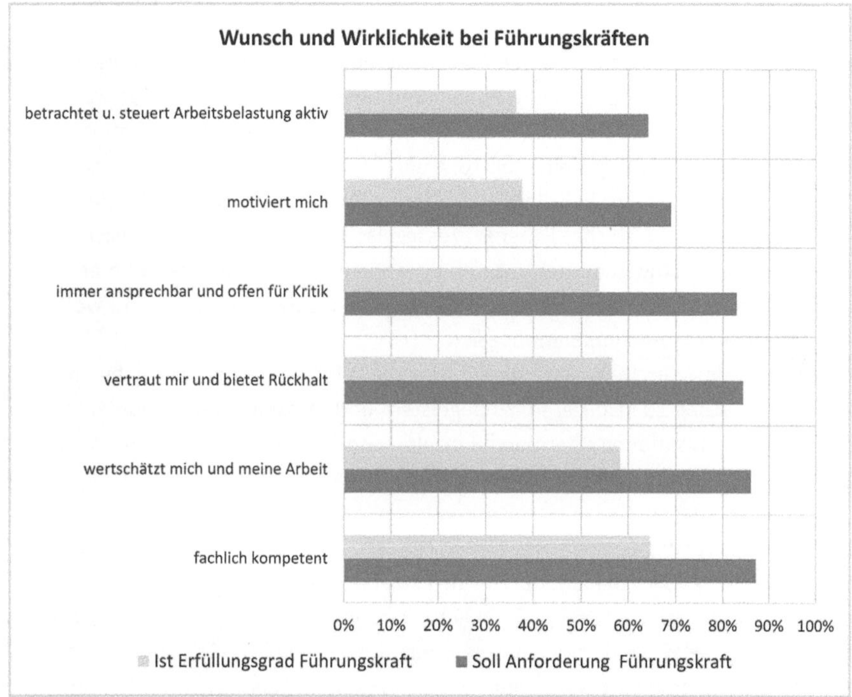

Abbildung 9: Wunsch und Wirklichkeit bei Führungskräften[27]

Besonders hohe Abweichungen von über 30 Prozent gibt es bei den sogenannten Softskills, wie »motiviert mich« oder »immer ansprechbar und offen für Kritik«. Nur eine gute fachliche Kompetenz bescheinigt zu bekommen (hier 64 Prozent), ist für eine exzellente Führungskraft nicht mehr ausreichend.

> **Fazit**
> Führungskräfte müssen sich schrittweise zusätzlich den weichen Faktoren öffnen und im Gegenzug bei den Fachthemen nicht so stark operativ einwirken und handeln.
> Relevante Eigenschaften wie Empathie, Mitgefühl, Zuhörenkönnen und Lob auszusprechen, werden immer mehr zu zusätzlichen Schlüsselqualifikationen einer Führungskraft.

27 Vgl. meinestadt.de (2019)

1.8 Der Begriff Leadership

Was versteht man nun genau unter dem Begriff Leadership?

Um den Begriff Leadership eindeutig erklären zu können, bedarf es zuerst einer Abgrenzung zwischen den Begriffen Leadership, Führung, Management und Entrepreneurship:

- **Führung** ist das Steuern einer Personengruppe im Sinne eines gemeinsamen Ziels, wodurch entsprechende Personen motiviert werden sollten und ihre Effizienz dadurch erhöht wird. Es handelt sich um einen Prozess der Beeinflussung.
- **Management** ist die gezielte Kontrolle und Organisation betriebswirtschaftlicher Abläufe und Projekte. Ziel aller Tätigkeiten im Management ist der erfolgreiche Abschluss betriebswirtschaftlicher Prozesse, also mit finanziellen Gewinnen.
- **Entrepreneurship** bedeutet Unternehmertum im Sinne von unternehmerischem Geschick mit Gründergeist. Hierzu gehören mindestens die Themen Zweck des Unternehmens und Innovationsgeist.
- **Leadership** ist im Gegensatz zur Führung die Fähigkeit, andere Menschen mit der eigenen Vision zu inspirieren, zu begeistern und mitzunehmen. Leadership kann durch Organisationen oder durch Einzelpersonen erfolgen. Wichtig ist, dass eine freiwillige Bereitschaft zum Folgen entsteht.

Im Detail: Leadership ist zunächst einmal etwas, was Sie tun, nicht was Sie sind oder sein wollen! Es kann sich nicht durch eine einzelne Geste oder eine einzelne Aktivität einstellen. Leadership bedarf einer Akkumulierung von vielen kleinen und größeren Handlungen, die jeweils darauf einzahlen, Vertrauen und Wertigkeit in der Zusammenarbeit mit anderen Menschen zu stärken. Während man klassisch unter Führung den Umgang und die Befähigung von einzelnen Mitarbeitenden versteht und Management für die Organisation, Prozesse und Systeme des Unternehmens steht, geht Leadership darüber hinaus. Es beschreibt die Gabe, andere Personen mit der eigenen Vision zu inspirieren, zu begeistern und mitzunehmen. Leadership kann durch Organisationen oder durch Einzelpersonen erfolgen, wichtig ist, dass eine freiwillige Bereitschaft zum Folgen der Vision entsteht. Durch Autorität und Anweisungen kann sich Leadership nicht einstellen.

Leadership kann ausschließlich durch praktisches Vorleben, Ehrlichkeit, Glaubwürdigkeit und besonders durch Einbindung von Mitarbeitenden erfolgen. Nur inspirierende Worte allein reichen jedoch dafür nicht aus, denn Leader müssen bei der Umsetzung ihrer Vision und Überzeugung in vorderster Reihe stehen. Leader verfügen über visionäre Vorstellungen, Werte und Grundsätze und leben diese mit ihrem eigenen Handeln verständlich vor. Erfolgreiches Leadership zeigt sich dann durch freiwillige Follower, die kongruent mit den Überzeugungen sind und diese mit entwickeln und unterstützen wollen. Leadership kann sich durchaus auch in kleineren

Unternehmen zeigen, wo der Eigentümer seine Tugenden vorlebt, also sich für seine Mitarbeitenden verantwortlich zeigt und für eine gewisse Sinnhaftigkeit sorgt und Fürsorge übernimmt.

Als große Leader kann man Howard Schultz, Jack Welch und Aenne Burda bezeichnen. Das Verhalten von hervorragenden Leadern zeichnet sich dadurch aus, dass sie zuerst anderen Menschen zuhören, ihre Meinung verstehen und sich dadurch ein Bild der Gesamtsituation verschaffen können. Hierzu bedarf es der Geduld des Zuhörens und ggf. der Fragestellung, um alle relevanten Informationen zu erhalten. Leader reden erst am Schluss oder gehen in die Diskussion, wenn sie den Kontext, die Meinungen und ihr eigenes Lösungsbild verstanden haben. Hierzu gehört es auch, dass nicht immer sofort eine Lösung gefunden werden muss. Das Verständnis für komplexere Systematiken erfordert zeitweilig eine umfangreiche Analyse von zugehörigen Prozessen, Zielen und Anforderungen.

Howard Schultz von Starbucks wird zusätzlich als Servant Leader bezeichnet. Diese Führer sind in der Lage, mit Mitarbeitenden zu kollaborieren, den Menschen an sich zu priorisieren und sich an ethische Prinzipien und Werte zu halten. Bei dieser Art von Führung wird primär menschenzentriert und nicht ergebnisorientiert gearbeitet, was sich auch in den Grundprinzipien des Unternehmers widerspiegelt. Denn der Leader der Zukunft benutzt keine Menschen, um eine Firma zu entwickeln, er nutzt eine Firma, um Menschen aufzubauen.[28]

Im Kontext Unternehmen muss jede Führungskraft die Unterscheidung und Anwendung von Leadership, Führung und Management kennen. Die drei W-Fragen können hierbei hilfreich sein: Was macht Ihr Unternehmen? Wie macht es Ihr Unternehmen? Warum gibt es Ihr Unternehmen? Nur wenige Firmen haben sich wirklich mit der »Warum«-Frage auseinandergesetzt. Warum ist Ihr Unternehmen so einzigartig? Was passiert, wenn es Ihr Unternehmen morgen nicht mehr gibt? Dabei gehört die Warum-Frage zu einem der wichtigsten Aussagen, um Mitarbeitende emotional zu begeistern.[29]

Apple (siehe Abbildung 10) fordert täglichen den Status quo heraus, beschäftigt sich also permanent mit Innovation und Verbesserung.

28 Kirchner (2021)
29 Vgl. Sinek (2009)

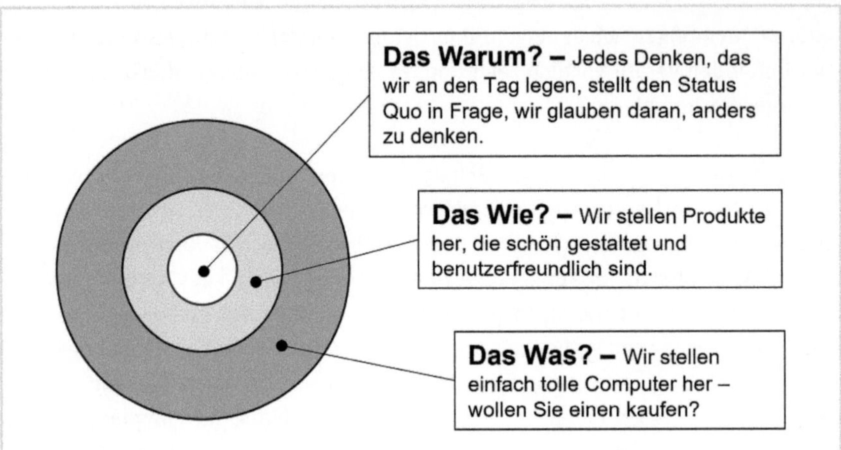

Abbildung 10: Apple Golden Circle[30]

Das »Warum« bei Apple stellt dabei den entscheidenden Unterschied dar, worauf alles Weitere aufbaut. Den Status quo regelmäßig infrage zu stellen, ist eine Anleitung und Aufforderung zur permanenter Innovation, um dadurch Dinge in sich neu zu betrachten. Hierdurch wird eine eigene Denkstruktur bei Mitarbeitenden gefördert und bewusst eingefordert. Innovation und Kreativität sind Eigenschaften, die bei Apple also bewusst verlangt, aber genauso inhaltlich gefördert werden. Im »Wie«, der Mission, kommen nun weitere Hinweise, die das Warum in sich greifbarer ausführen, im Fall von Apple heißt das, die Produkte sollen schön gestaltet und benutzerfreundlich sein. Das »Was«, also die Vision, vervollständigt dann das Bild, indem einfach tolle Computer hergestellt werden. Dass die Botschaften in sich funktionieren, zeigen die seit Jahren erfolgreichen Geschäftszahlen, aber auch die enorme Fangemeinde von Apple-Anwendern. Der Hintergrund ist einfach, es ist ansprechend und verständlich zugleich. Besonders bei einer jungen Generation Z kommt dieser Spirit extrem gut an. Laut Simon Sinek beschäftigt sich Apple auch in seiner Strategie damit, diesem Anspruch vom »Warum« gerecht zu werden.[31]

Fazit

Leadership erzeugt bei den Mitarbeitenden im Gegensatz zur klassischen Führung, eine Art von freiwillige und damit auch selbstbestimmte Unterstützung des Leaders. Der Grund dafür ist das Vorleben der Leitung, welches auf Basis von Sinnhaftigkeit, Werten und Prinzipien entsteht. Daher wird der Begriff Leadership in diesem Buch auch mit dem Begriff exzellente Führung gleichgesetzt.

30 Vgl. Patel (o. J.): How Apple change the world

31 Vgl. Sinek (2009)

1.9 Der Leadershipkreis

Der Leadershipkreis (siehe Abbildung 11) zeigt alle notwendigen Strukturen und besonders Werte für eine exzellente Führung im Unternehmen auf. Er verbindet von innen nach außen die Elemente des Selbst, der Persönlichkeit und der Führungskompetenzen miteinander. Dabei sind die Eigenschaften des Kernselbst nahezu unveränderbar, müssen aber in ihrer Handlung und Auswirkung betrachtet und ggf. auch abgeschwächt werden. Voraussetzung dafür ist, das Kernselbst zu kennen, besonders in Bezug auf den Einfluss auf die Führung anderer Menschen.

Die zwölf essenziellen Persönlichkeitsanteile in der Mitte sind im Gegensatz zum Kernselbst etwas stärker beeinflussbar, trotzdem erfordert eine Veränderung einzelner Eigenschaften ein sehr intensives und wiederholendes Training, bis neue Strukturen im Gehirn aufgebaut werden. Die ausgewählten Persönlichkeitsanteile zeigen aus meiner Sicht die relevantesten Merkmale auf, die für eine exzellente Führungskraft unabdingbar sind. Diese sind in der Folge zu berücksichtigen und je nach Reifegrad der Führungskraft auch schrittweise auszubauen.

Auf der äußeren Kreisebene sind nun die Kompetenzen dargestellt, die sich am schnellsten erlernen und verändern lassen. Die innere und äußere Kompetenz sowie die Geschäftskompetenz lassen sich mit Schulungen und Weiterbildungen, aber auch mit neuen Erfahrungen schnell anreichern und modifizieren. Die innere Führungskompetenz beinhaltet dazu Werte, um sich selber methodisch im jeweiligen Business führen zu können. Die äußere Führung offeriert zusätzlich Wissen, wie Verhaltensweisen im Außen optimal angewendet werden sollten. Die Geschäftskompetenz hingegen ist eine Prozesskompetenz, die die relevanten Businessthemen eines Leaders darlegt.

Alle Kompetenzen gemeinsam bilden die Welt zum Mitarbeitenden und Kunden ab, stehen aber massiv in Interaktion mit den beiden inneren Kreisen der Persönlichkeit und des Kernselbst.

Abbildung 11: Leadershipkreis nach Schröder

Fazit

Nur wenn die Elemente der drei Kreisebenen in sich bekannt, ausgeglichen und ausgeprägt sind, kann exzellente Führung bzw. Leadership im besonderen Maße gelingen. In den folgenden Kapiteln werden die Kreise zu den essenziellen Persönlichkeitsanteilen und den relevanten Kompetenzen schrittweise aufgeschlüsselt und verdeutlicht.

2 Grundsätze für Führungskräfte

2.1 Prüfstand für Führungskräfte

Schlechte oder auch mäßige Führungskräfte können Unternehmen ein Vermögen kosten und obwohl diese Tatsache bekannt ist, wird von der Geschäftsleitung vielfach gar nicht oder nur sehr spät auf eine schlechte oder gar destruktive Führungsleistung reagiert. 80 Prozent aller Führungskräfte behaupten, dass sie gute Arbeit machen, doch laut einer Studie der Personalberatung Rochus Mummert stufen zwei Drittel der Arbeitnehmer in Deutschland ihre Vorgesetzten als fachlich und charakterlich ungeeignet ein.[32]

Die Folgen für das Unternehmen sind gravierend, denn viele Mitarbeitende haben aufgrund ihrer Führungskraft bereits innerlich gekündigt und warten oft bloß auf eine passende Gelegenheit der Veränderung, innerhalb oder außerhalb des Unternehmens. Warum haben anscheinend 66 Prozent der Führungskräfte eine eher schlechte Performance und überschätzen sich selbst derart? Der Wissenschaftler Laurence J. Peter hat die These aufgestellt, dass viele Angestellte dazu neigen, in der Unternehmenshierarchie bis zu einer Stufe aufzusteigen, die sie nicht mehr bedienen können.[33]

Drei Aspekte erscheinen hierfür verantwortlich:

- Viele Angestellte, die auf ihren bisherigen Positionen fachlich erfolgreich sind, werden von ihren Vorgesetzten fast zwangsläufig auch für Führungspositionen berücksichtigt. Hierfür bringen sie aber häufig nicht alle wesentlichen Persönlichkeitsanteile und Kompetenzen mit.
- Ein weiterer Punkt ist die falsche Selbsteinschätzung oder falscher Ehrgeiz der potenziellen Kandidaten, der dazu führt, dass diese sich auf Leistungspositionen bewerben, die sie zum aktuellen Zeitpunkt nicht ausfüllen können.
- Der gravierendste Aspekt ist zudem die bewusste oder unbewusste Entscheidung von Vorgesetzten, nur jemanden einzustellen, dem sie als Führungskraft inhaltlich und fachlich ebenbürtig sind – also nicht den am besten für eine (Führungs-)Stelle Qualifizierten.

Jedes der drei Muster führt zu dem Umstand, dass die Anforderungen durch die Stelle von der neuen Führungskraft nicht hinreichend erfüllt werden können. Als Folge arbeiten in vielen Unternehmen Führungskräfte mit einer massiven Fehleinschätzung der eigenen Kompetenzen. Eine Selbstüberschätzung wird auch als Dunning-Kruger-

32 Vgl. Zeit Online (2016)
33 Vgl. Wikipedia: Peter-Prinzip

Effekt bezeichnet, bei einer gravierenden Unterschätzung der eigenen Fähigkeiten spricht man vom Hochstapler- oder Impostor-Syndrom (vgl. Abbildung 12).

Der Dunning-Kruger-Effekt ist benannt nach den US-Psychologen David Dunning und Justin Kruger, die 1999 Experimente dazu initiierten. Sie prüften, wie Studenten der Cornell Universität ihre kognitiven Fähigkeiten einschätzten. Das Ergebnis nach diversen Untersuchungen zeigte, dass diejenigen, die besonders schlecht abgeschnitten hatten, ihren Lernerfolg und sich selbst besser einschätzten, als sie waren. Besonders begabte Studenten dagegen unterschätzten ihre Leistungen (Hochstapler- bzw. Impostor-Syndrom) häufig.[34]

Die Folge aus beiden Fehleinschätzungen durch Führungskräfte ist bei allen Beteiligten eine schleichende Überlastung, die in eine hohe Unzufriedenheit bzw. Frustration bei Managern und Mitarbeitenden übergeht. Spannungen, Emotionen und innere Kündigungen sind dann auf beiden Seiten vorprogrammiert, der Leidensdruck ist allerdings aufgrund der hierarchischen Gegebenheit bei Mitarbeitenden in der Regel höher.

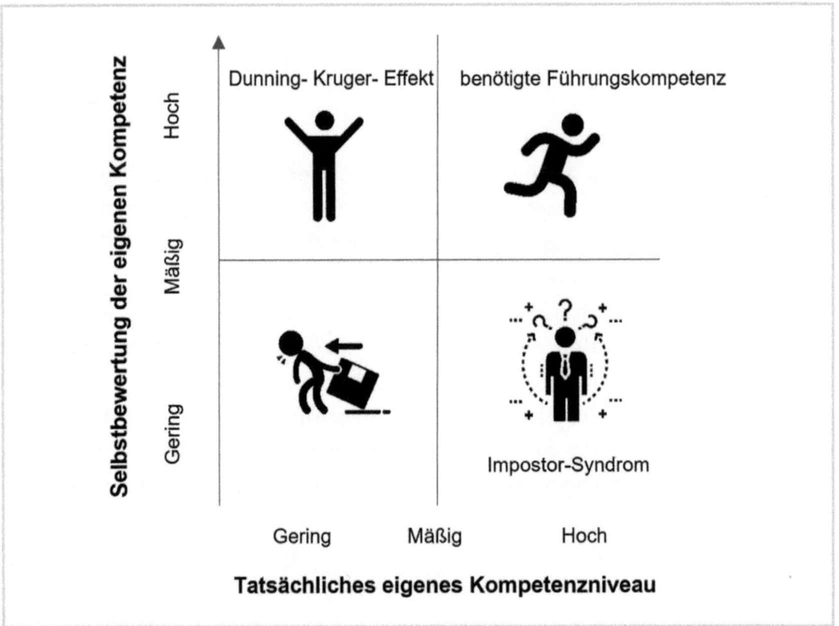

Abbildung 12: Kompetenzeinschätzung[35]

34 Vgl. Wikipedia: Dunning-Kruger-Effekt
35 Vgl. Karriere Bibel (2024)

In den Unternehmen werden primär Führungskräfte gemäß dem Quadranten oben rechts benötigt, also hohe tatsächliche Kompetenz und richtige Selbsteinschätzung des eigenen Wissens. Führungskräfte mit Impostor-Syndrom können durch Coaching-Maßnahmen in diese Richtung entwickelt werden, sind vorher aber weniger geeignet für Führungspositionen. Manager mit Dunning-Kruger-Effekt sind aus meiner Erfahrung heraus anstrengend und weniger geeignet für die Mitarbeiterführung.

Die entscheidende Frage ist dennoch: Warum bleiben schlechte Führungskräfte über Jahre in der Position? Ein Grund sind die menschlichen Faktoren Beziehung und Selbstbewertung. Der Vorgesetzte, der den Mitarbeiter befördert oder eingestellt hat, müsste sich selbst in letzter Konsequenz einen eigenen Fehler eingestehen und das ist eine hohe innere Hürde. Bei externen Kandidaten könnte man in der Probezeit kündigen, doch auch dem wirkt das fehlende Eingeständnis des eigenen Irrtums entgegen. Mit fadenscheinigen Argumenten, wie der aktuellen Mangellage auf dem Arbeitsmarkt und der Hoffnung auf Besserung, werden die externen Kandidaten in der Regel ebenfalls nicht der Position enthoben.

Als mögliche Lösung könnten hier Frühwarnsysteme und Regelgespräche dienen, die Veränderungen in den Abteilungen aufzeigen. Doch diese Systeme sind in den meisten Unternehmen nicht ansatzweise installiert. Als Parameter zum Messen bieten sich z. B. Fluktuation, Krankenstand, geringe Ausbringungsmenge und schlechte Leistungsbewertungen an. Auch Ergebnisse von 270- oder 360-Grad-Bewertungen der Führungskräfte bieten hervorragende Indizien zur Leistungsperformance.

Reagiert man von Unternehmensseite nicht, so verlagert sich die Arbeit der inkompetenten Führungskraft auf andere Schnittstellen-Abteilungen oder wird von Führungskollegen durchgeführt, die ihre individuelle Stufe der Kompetenz gefunden haben und sich in ihrer Ebene so wohlfühlen, dass ein Aufstieg aktuell nicht infrage kommt. Allerdings werden auch diese Führungsmitarbeitenden schrittweise überlastet, sofern sie sich nicht selbst abgrenzen können. Ein zusätzlicher negativer Effekt ist die Installierung von sogenannten Sub-Systemen, um das Defizit bei der eigentlich verantwortlichen Führungskraft auszugleichen.

Wichtig

Schlechte Führungskräfte erzeugen geringe Bindungswerte der Mitarbeitenden und verursachen dadurch massive emotionale und wirtschaftliche Schäden. Installieren Sie daher ein abgestimmtes und effektives System zur Beurteilung aller Ihrer Führungskräfte im Unternehmen durch den Bereich Human Resources. Validieren Sie dieses System, sodass Sie den Ergebnissen Vertrauen schenken können.

Danach sollten Bewertungen von allen Führungskräften mindestens jährlich durchgeführt werden. Ergebnisse der Beurteilungen müssen von Human Resources mit der nächsthöheren Führungsebene und der bewerteten Führungskraft besprochen werden. Gemeinsam sollten bei positiven und negativen Evaluationen geeignete Maßnahmen festgelegt und überwacht werden. Mittel- bis langfristig sollten sich hierdurch die Kennwerte der Führungskräfte erhöhen, sodass hierdurch auch die Zufriedenheit der Mitarbeitenden proportional ansteigt.

2.2 Exzellente Leader benötigt

Teilweise sind nicht die fähigsten Personen in der mittleren und oberen Hierarchie eines Unternehmens angekommen, sondern auch die, die am besten reden oder die sich am besten verkaufen oder durchsetzen können. Die Gründe hierfür sind vielseitig, die Konsequenzen allerdings auch. Inhaltlich können durch diese Charaktere anschließend oft keine fundierten Entscheidungen getroffen werden, maximal die notwendigsten. Strategien und Kultur sind zwar auf Präsentationen oder in Handbüchern zu finden, eine wirkliche Umsetzung findet hingegen eher selten statt. Teilweise arbeiten mittelständische Geschäftsführer dafür noch selbst stark operativ im Unternehmen mit und haben so zu wenig Kapazitäten, um das Geschäft zusätzlich strategisch zu führen. Dadurch werden wirkliche Innovationen und Prozessverbesserungen per se nahezu ausgeschlossen, denn wenn nicht der Geschäftsführer taktisch/strategisch handelt, wer sollte es an seiner Stelle tun?

Weiterhin verbreiten viele Topmanager mit ihrem Auftreten eine meist unbewusste bzw. ungewollte Dominanz, der gegenüber sich nur noch wenige Mitarbeitende überhaupt trauen, sich zu äußern. Diese Eigenschaft ist insoweit ungünstig, dass es hier keine Offenheit und keine geeigneten Feedbacks der Mitarbeitenden mehr gibt.

Die so entstehenden Dysbalancen im Unternehmen lassen wirkliches Wachstum durch Ideen und Erneuerungen nur bedingt zu. Erst wenn die Schwächen über die Zeit so gravierend werden, dass Umsätze einbrechen und das System scheinbar kippt, werden andere Kräfte wie Eigentümer oder Aufsichtsräte aufmerksam und entlassen dann zeitnah den Vorstand oder den Geschäftsführer. Im Durchschnitt wird jede zweite Führungskraft in ihrem Berufsleben mindestens einmal gekündigt. Tatsächlich passieren solche Kündigungen aber erst nach Jahren, wenn harte Fakten oder massive Beschwerden auf dem Tisch liegen, sodass es keine anderen Handlungsoptionen mehr gibt. Ungeachtet dieser Abberufung starten viele Führungskräfte im nächsten Unternehmen wieder mit den gleichen ungünstigen persönlichen Defiziten in die nächste Runde. So bleibt ein konstanter Pool von schlechten Führungskräften im Markt bestehen.

Etliche Topführungskräfte haben sich aus schwierigen familiären Ausgangssituationen hochgekämpft. Hierbei wird das Wort schwierig nicht mit monetären Werten gleichgesetzt, sondern eher mit emotionaler Knappheit. Durch geringere Sozialkompetenz in der Familie wird von Beginn an gelernt, sich durchzusetzen und zu kämpfen.

Dieses Verhalten entwickelt sich dann stetig weiter, zuerst vom Elternhaus zur Hochschule und später in das Berufsleben.

Durch derart motivierte Aufstiegskämpfe in Unternehmen gehen dann wichtige Werte verloren, die später an oberster Stelle dringend gebraucht würden. So manchen Geschäftsführern, deren fachliche Fähigkeiten brillant sind, fehlen die sozialen Skills. Führungsstile wie patriarchisch, narzisstisch, ambivalent bzw. widersprüchlich werden dann in Richtung Mitarbeitende ausgelebt – für die untergeordneten Ebenen eine schwierige Situation.

Wie geht man nun als mittlere Führungskraft damit richtig um? Diese Frage ist schwierig zu beantworten, da sie wiederum von einigen intrinsischen Faktoren abhängt. Sofern Sie sich in solch einer Situation befinden und es Ihnen gesundheitlich schlecht geht, sollten Sie ernsthaft über einen internen oder externen Wechsel nachdenken. Ist die Lage für Sie einigermaßen erträglich, aber nicht bereichernd, dann sollten Sie die Situation abwägen.

Was können Sie nun konkret in einer solchen angespannten Situationen tun? Auch wenn Geschäftsführer Fehlentscheidungen treffen, können Sie Feedback geben oder Rückfragen stellen. Klären Sie zuerst für sich, ob und warum es eine falsche Entscheidung war, bevor Sie sich äußern. Versetzen Sie sich dabei auch in die Situation des Geschäftsführers und versuchen Sie, die Gründe für die Entscheidung zu verstehen. Sofern Sie jetzt zu dem Schluss kommen, dass es ungünstig für die Firma läuft, gilt es, mutig, aber nicht tollkühn, zu sein.

Denn auch das zeichnet eine gute Führungskraft aus: Bleiben Sie höflich sowie wertschätzend und hinterfragen Sie unverständliche Entscheidungen. Halten Sie sich mit massiver Kritik zurück, äußern Sie sich aber insofern, dass Sie ein anderes Bild oder eine andere Meinung haben. Wichtig ist es, dass die Aussagen inhaltlich fundiert und ehrlich sind und die bessere Lösung für das Unternehmen bedeuten. Auch die Wortwahl ist hier meines Erachtens entscheidend. Verwenden Sie Wörter wie ungünstig, suboptimal und unwirtschaftlich und vermeiden Sie offene negative und persönliche Kritik. Mit einem solchen Verhalten sind Sie aus meiner Erfahrung auf der sicheren Seite. Je glaubwürdiger Sie Ihre Argumente vorbringen, desto überzeugender ist ihre Wirkung. Auch dominante Geschäftsführer werden unsicher oder kommen ins Überlegen, wenn schlüssige Argumente bei sicherem und höflichem Auftreten vorgebracht werden.

Besonders emotional belastend, aber meist zeitlich überschaubar sind Sanierungen von finanziell unwirtschaftlichen Firmen oder Außenstellen im Konzern. Meistens werden hier vom Vorstand sogenannte interne Sanierer eingesetzt, die mit hartem Besen alle direkten offensichtlichen Kostenpunkte eliminieren. Diese Manager haben in der akuten Phase eine gewisse Berechtigung, um den Erhalt der Filiale oder des Standorts zu gewährleisten. Doch das Verhalten dieser Personen ist meist nur zahlenorientiert, menschliche Faktoren werden hier oft ausgeblendet. Nach einem Zeitraum von ca. zwei Jahren neigen sich meist alle Sanierungsaufgaben dem Ende zu. Von nun an ist wiederum ein Gestalter notwendig. Da sich Sanierer und Gestalter ausschließen, gibt es dann meistens auch einen Wechsel in der obersten Leitung der Geschäftsstelle oder Filiale. Auch hier können die oben genannten Verhaltensweisen eingesetzt und erprobt werden.

Fazit

Bleiben Sie bei »Ich-Aussagen« und bei Fragen, bleiben Sie wertschätzend, weisen Sie objektiv und faktenbasiert auf Thematiken hin und vertreten Sie Ihre eigene fundierte Meinung. Diese Verhaltensweisen helfen Ihnen einerseits, mit sogenannten Alphatieren umzugehen, und sorgen zusätzlich für eine persönliche Weiterentwicklung.

2.3 Führungskräftebewertung

Holen Sie sich wiederkehrendes Feedback von Ihren Mitarbeitenden ein? Oder gehen Sie automatisch davon aus, dass Sie eine gute Führungskraft sind? Sich in festen Abständen ebenfalls Rückmeldungen von seinen Mitarbeitenden, Kollegen und auch Vorgesetzten zu holen, ist eine Herausforderung und Chance zugleich. Niemand möchte sich mit Kritik und eigenen inhaltlichen Verbesserungen auseinandersetzen. Zu groß ist die Angst vor Ablehnung der eigenen Ideen und Werte. Doch genau hier liegt der Schlüssel zum Erfolg. Da Ihre eigene Meinung stark subjektiv ist, können Sie nicht alle bedeutsamen Gesichtspunkte automatisch richtig erkennen.

Selbst bei guten Ergebnissen und Lob von der eigenen Führungskraft bedeutet betriebswirtschaftlicher Erfolg nicht automatisch, dass Sie in allen Belangen ein guter Vorgesetzter sind. Möglicherweise wären Sie mit Berücksichtigung und Umsetzung von Rückmeldungen noch gewinnbringender für das Unternehmen. Die Herausforderung dabei besteht allerdings zunächst darin, ein ehrliches und konstruktives Feedback zu bekommen.

Geeignet hierfür sind persönliche Jahresgespräche und Leistungsfeedbackrunden mit Ihren Mitarbeitenden. In Einzelgesprächen sollten Sie zuerst eine vertrauensvolle Atmosphäre für ein offenes Feedback schaffen. Dies gelingt in der Regel, indem Sie Ihrem Mitarbeiter ehrliche und wertschätzende Rückkopplungen geben. Beginnen Sie mit positiven Aspekten und zeigen Sie anschließend die möglichen Potenziale und Verbesserungen auf. Teilen Sie zu Beginn auch menschliche Aspekte oder private Ereignisse, sodass Raum für eine vertrauensvolle Stimmung gegeben ist. Bitten Sie

Ihren Mitarbeiter dann, auch eine Bewertung in Ihre Richtung zu geben. Wichtig ist es hier, dass Sie bei Kritik nicht in eine Art von Verteidigungsposition gehen. Hören Sie aufmerksam zu, stellen Sie Rückfragen bei Unklarheiten und bedanken Sie sich anschließend für das entgegengebrachte Vertrauen. Bei gleichen Rückmeldungen verschiedener Mitarbeitenden haben Sie im betreffenden Punkt wahrscheinlich hohes Potenzial für Verbesserung.

Bei Feedback-Gesprächen unterscheidet man zwischen 90-Grad-, 180-Grad-, 270-Grad- und 360-Grad-Gesprächen (vgl. Abbildung 13). In vielen Firmen wird ein 90-Grad- oder 180-Grad-Feedbackgespräch mindestens einmal im Jahr geführt.

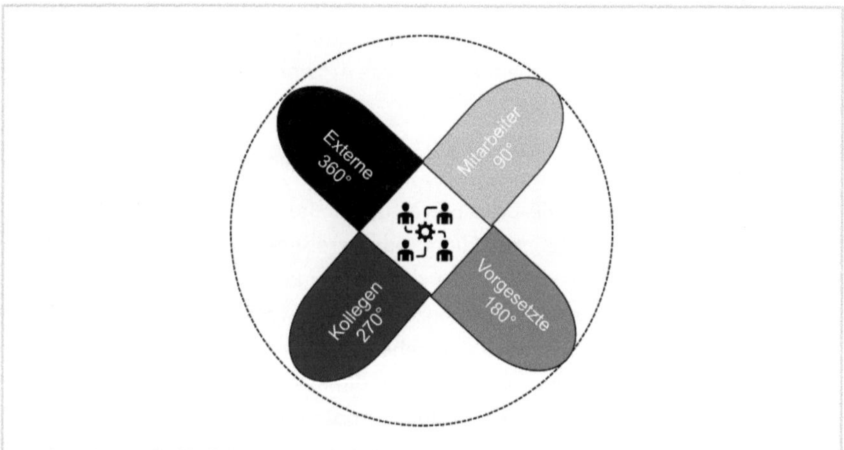

Abbildung 13: 360-Grad-Bewertung

Bei der 90-Grad-Bewertung beurteilt der Vorgesetzte seine Mitarbeitenden, diese Form der Evaluation ist in vielen Firmen etabliert. Definierte Checklisten führen hierbei durch das Gespräch und das Ergebnis hat in der Regel einen Einfluss auf das Entgelt.

Bei der 180-Grad-Bewertung erfolgt zusätzlich die Beurteilung vom Mitarbeitenden zum Vorgesetzen. Dies ist mittlerweile annähernd etabliert, es sollte dennoch vom Vorgesetzen inhaltlich und methodisch unterstützt werden und besonders auch gewollt sein.

Nur wenige Unternehmen führen zusätzlich eine 270-Grad-Bewertung, also ein Feedback-Gespräch auf gleicher Ebene durch. Hierbei geben sich Führungskräfte auf derselben Hierarchieebene entsprechende Leistungsfeedbacks.

Die 360-Grad-Bewertung schließt dann noch vertrauenswürdige Lieferanten, Kunden und Dienstleister mit ein, von denen ebenfalls wesentliche Anregungen zur Verbesserung erfolgen können. Das Ziel des 360-Grad-Feedbacks ist es, einen möglichst breiten Überblick über Führungsqualitäten aller Manager zu erhalten. Es dient nicht nur den einzelnen Führungskräften und ihrer persönlichen und beruflichen Entwicklung, sondern auch dem Unternehmen als Ganzem, um sich weiterzuentwickeln.

Durch eine vollständige 360-Grad-Beurteilung können sich Führungskräfte ihrer Stärken und Schwächen sowie ihrer Wirkung auf andere bewusst werden. Bei richtiger Reflexion leiten gute Manager für sich automatisch die richtigen Potenziale zur Weiterentwicklung ab. Wichtig dazu ist auch die erneute Rückfrage an die Mitarbeitenden, wie diese Sie mit dem geänderten Verhalten wahrnehmen. Nur wenn dieser Regelkreis in sich geschlossen ist, können Sie von einer dynamischen und regelmäßigen Veränderung ausgehen. Sofern Sie einzelne Punkte begründet *nicht* verändert haben möchten, sollten Sie dem Mitarbeiter auch diese Argumente verdeutlichen, damit er sie inhaltlich nachvollziehen kann.

Fazit

Die 270-Grad- oder 360-Grad-Bewertung sollte zum Schlüsselinstrument in der Führungskräfteentwicklung jedes größeren Unternehmens ab ca. 100 Mitarbeitenden werden. Sie dienen primär dazu, die bisher unterschätzten oder unerkannten Potenziale und Schwächen der Führungskräfte aufzuzeigen und schrittweise anzugehen. Auch unabhängig von einer systematischen Bewertung können Sie Ihren direkten Kollegen wertschätzende Rückmeldungen im positiven wie auch im optimierenden Sinne geben. Denn nur wenige Menschen erkennen ihre eigenen Schwächen, daher sind wertschätzende Anregungen von außen notwendig und sehr hilfreich.

2.4 Eindeutig delegieren

Als gute Führungspersönlichkeit sind Sie in der Lage, Aufgaben an Mitarbeitende klar zu selektieren und anschließend zu delegieren. Hierbei sind einige Grundprinzipien zu berücksichtigen, da die Mitarbeitenden nicht die Vorstellungen der Vorgesetzten erahnen können. Bei den jeweiligen Aufträgen sollte zusätzlich beachtet werden, welcher Mitarbeiter die entsprechende Kernkompetenz zu dem Thema hat. Dies gilt ganz besonders für inhaltlich anspruchsvollere Aufgaben. Die Kunst ist hierbei, die richtige und nicht überlastete Person für die jeweilige Aufgabe zu finden.

Stellen Sie sich zunächst die Frage: Was möchte ich tatsächlich von meinem Team, einem internen Dienstleister oder Lieferanten bekommen? Formulieren Sie bei komplexen Themen zuerst kurz und eindeutig Ihre Anforderungen und das benötigte Lieferdatum. Prüfen Sie anschließend, ob die andere Person die Aufgabe verstanden hat.

Bei hoher Komplexität nutzen Sie Checklisten, Lastenhefte oder Projektaufträge zur Unterstützung. Weiterhin ist die gemeinsame Absprache eines Zeitplanes notwendig.

Abhängig von anderen Projekten und Aktivitäten Ihres Mitarbeiters muss ggf. eine Re-Priorisierung durch den Mitarbeiter erfolgen und ein Fertigstellungstermin definiert werden. Nach dem parkinsonschen Gesetz dehnt sich dabei die Arbeit in dem Maße aus, wie die zur Fertigstellung vorgesehene Zeit verstreicht. Dies bedeutet, dass sich die Aufgabe strecken wird, um die bereitgestellte Zeit auszufüllen.[36] Wenn Sie dem Mitarbeiter also zwei Wochen für die Aufgabe geben, wird er auch diese Zeit dafür aufwenden.

Auch der Pareto-Ansatz kann hilfreich sein bei der Zeitplanung. Je nach Anspruchsniveau sind ihm zufolge 80 Prozent der Arbeit in 20 Prozent der festgelegten Zeit möglich. Für die restlichen 20 Prozent hin zum bestmöglichen Ergebnis benötigt man dann 80 Prozent der Gesamtzeit. Daher sollte zu Beginn eine gemeinsame Abschätzung der anvisierten Ergebnisse zum jeweiligen benötigten Zeitpunkt erfolgen.

Halten Sie an Vereinbarungen fest und fragen Sie bei Überschreitungen, spätestens aber im nächsten regelmäßigen Mitarbeitergespräch nach. Bei sehr wichtigen und dringenden Themen sollten Sie sich ausnahmsweise präventiv mehrfach erkundigen, z. B. bei erwartenden 20 Prozent und bei 50 Prozent der gesamten Tätigkeit. Bei den Zwischenständen sind dann ausschließlich die Resultate entscheidend, nicht die Herangehensweise des Mitarbeiters, sofern die geplanten Meilensteine erreicht wurden. Durch genügend Freiraum für selbstverantwortliches Handeln der Mitarbeitenden werden diese innovativer und die Ergebnisse kontinuierlich besser. Mitarbeitende können so ihre Stärken optimal einbringen und man kann selbst bei den Resultaten und Herangehensweisen dazulernen.

Falls Sie es nicht schon tun, versuchen Sie schrittweise nahezu alle operativen und teilweise auch strategischen Aufgaben an Ihre Mitarbeitenden zu delegieren. Im Prinzip sollten Sie dafür die Strukturen und das Design des Bereiches so ausrichten, dass Sie selber bis auf die Beauftragung und die wenigen Zwischenprüfungen nicht am Erfüllungsprozess beteiligt sind. Verzichten Sie also auf permanente Kontrollen und Hinweise zu möglichen Verbesserungen des Ablaufs. Ignorieren Sie weitestgehend auch erste Anlaufschwierigkeiten von erfahrenen Mitarbeitenden, indem Sie ihnen das Vertrauen aussprechen, aber keine inhaltliche Unterstützung geben. Erschaffen Sie sich hierfür die richtige Organisation und finden Sie die richtigen Mitarbeitenden, um sich selbst stärker auf die Entwicklung und strategische Ausrichtung des Unternehmens oder des Bereiches konzentrieren zu können.

36 Vgl. Asana (2024)

Fazit

Designen Sie die Architektur Ihres Bereiches so, dass alles nahezu ohne Ihr Eingreifen funktioniert. Hierfür darf man sich dann aus dem Fluss der Organisation, also aus dem Tagesgeschäft vollständig herausnehmen und den Mitarbeitenden vertrauen. Diese Herangehensweise wird langfristig beide Seiten positiv erfüllen, Sie selbst, da sich eine massive Entlastung einstellen wird, und besonders die Mitarbeitenden, da sie mit jeder erfolgreichen Aufgabe mehr Selbstvertrauen und Freude an der Arbeit bekommen werden.

2.5 Wirksam durchsetzen

Durchsetzen bedeutet nicht überreden, anweisen oder überstimmen. Es hat vielmehr mit intensiver Überzeugungsarbeit und Diskussion auf Augenhöhe zu tun. Dabei kommt es nicht nur auf die Argumente an, sondern auch auf Ausdrucksweise, praktische Darlegung und Persönlichkeit. Durchsetzungsvermögen ist nicht angeboren, sondern kann im Sinne des Unternehmens erlernt werden.

Es gibt nicht die eine Art von Durchsetzungsfähigkeit. Auch ruhige und zurückhaltende Menschen können durch ihre Art und Weise sehr durchsetzungsstark sein und im richtigen Moment die Führung übernehmen. Neben den Basiselementen wie eine feste Stimme, flüssiges Sprechen, positive Einstellung, geeignete Kleidung, respektvoller Umgang und passender Redeanteil gibt es weitere Eigenschaften, die besonders wirksam sind.

Folgende Merkmale unterstützen die Durchsetzungsfähigkeit daher besonders intensiv: Eine gründliche Vorbereitung vor wichtigen Gesprächen stärkt Ihre eigene Position und Argumentation, da die Begründungen jederzeit für Sie abrufbar sind. Überlegen Sie im Vorfeld mit welchen Gegenargumenten Ihre Gesprächspartner kommen könnten und wie Sie diese überzeugend widerlegen möchten. Gehen Sie mit einer positiven Haltung in das Gespräch, stellen Sie sich bildlich vor, dass es gut ausgehen wird. Hören Sie Ihren Gesprächspartnern intensiv zu, um auf die Sichtweisen und Emotionen eingehen zu können. Wiederlegen Sie intensiv negative und unpassende Argumente direkt.

Unterstützen Sie außerdem Kollegen mit guten Ideen, indem Sie ihnen Recht geben. Um Durchsetzungsvermögen zu erlangen, muss man nicht automatisch gegen Gesprächspartner argumentieren. Stärke bedeutet auch, dem anderen beizupflichten und den positiven Beitrag zusätzlich mit eigenen Kenntnissen zu untermauern oder zu ergänzen. Durch eine offene Diskussion ergeben sich immer neue Ideen, die aus einer positiven Gruppenintelligenz heraus immer stärker sein werden als die Einzelbetrachtungen. Verharren Sie daher nicht bei Ihrer ursprünglichen Meinung, wenn sich neue und bessere Lösungen abzeichnen. Unterscheiden Sie hierbei aber eindeutig, ob es sich um günstigere Lösungen oder um schlechte Kompromisse handelt.

Fazit

Durchsetzungsstärke basiert auf einer natürlichen Autorität und Dominanz. Diese kann sich laut oder leise, schnell oder langsam, spontan oder bedacht auswirken, das heißt, es gibt nicht die eine Art von Durchsetzungsfähigkeit. Doch die Basis dafür bildet immer eine innere bewusste Stärke, die entweder von Beginn an im Leader vorhanden ist oder die durch Erfahrungen und Reflektionen erarbeitet wird.

2.6 Positionen richtig besetzen

Positionen mit den geeigneten Menschen langfristig besetzt zu bekommen, ist ein sehr arbeitsintensives Thema. Hierfür müssen einige Grundvoraussetzungen im Unternehmen gegeben sein. Zuerst gehört dazu die objektive Betrachtung, ob eine neue Stelle im Unternehmen notwendig und organisatorisch richtig zugeordnet ist. Nicht selten ergeben sich aufgrund von ungünstigen Abteilungsstrukturen diverse Positionsverschiebungen zu anderen Disziplinen. Diese sind in sich für das Unternehmen nicht hilfreich, da sie Zusatzaufwände bedeuten. Eine weitere Bedingung ist die Festlegung, dass Unternehmen auf jeder Position ein Optimum für Mitarbeitende und Firma erzielen wollen. Beide Voraussetzungen sollten intensiv von dem Bereich Organisationsentwicklung oder Human Resources eingefordert werden. Die Vorgabe »Positionen richtig besetzen« gilt daher also für neue und bestehende Stellen.

Mit den folgenden Faktoren können Sie die Weichen stellen, um Mitarbeitende auf die richtigen Positionen zu bringen bzw. sie dort zu halten:

a) **Fähigkeiten**
   Kann der Mitarbeiter mit seinen Fähigkeiten die Position vollständig ausfüllen? Hiermit ist das erlernte Grundwissen und die bereits praktische Erfahrung gemeint. Einzelne noch notwendige überschaubare Weiterbildungen können in der Betrachtung vernachlässigt und nachgezogen werden, sofern das Grundgerüst passend ist.

b) **Haltung**
   Wird der Mitarbeiter die Stelle (weiter) mit seinen Fähigkeiten ausfüllen? Hier geht es primär um die Begeisterung des Mitarbeiters, auf der Position Leistung zu erbringen. Hinterfragen Sie, was den Menschen antreibt, um hier gut zu performen. Dabei sollte eine gewisse Leidenschaft für z. B. Technik oder Vertrieb erkennbar sein, dementsprechend der positive Umgang mit Menschen oder einer neuen Technologie.

c) **Zufriedenheit**
   Wird der Mitarbeiter gemäß seiner Performance in den nächsten (weiteren) drei Jahren auf dieser Stelle vollständig zufrieden sein? Ein Zeitraum von drei Jahren erscheint in der heutigen Zeit schon eine eher langfristige Betrachtung, trotz-

dem sollten Sie prüfen, inwieweit es Entwicklungspotenziale auf der bestehenden Position für den Mitarbeiter gibt, um dieses Potenzial mit ihm auszubauen.

d) **Spielraum**
Hat der Mitarbeiter alle Bewegungsfreiheiten und Werkzeuge, um vollständig handeln, performen und seine Begeisterung ausleben zu können?
Hier helfen teilweise schon Kleinigkeiten, wie eine Lampe, eine Pflanze, ein Kopfhörer, ein höhenverstellbarer Tisch oder ein Tablet, um ein besseres Wohlgefühl und eine Effizienzsteigerung zu erzielen.

e) **Fokussierung**
Kann der Mitarbeiter besonders bei langfristigen Projekten die Fokussierung und Motivation auf ein Thema halten und die Thematiken fach- und zeitgerecht zu Ende bringen? Einzelne Menschen mit weniger Selbstwertgefühl benötigen oft schnellere oder dauerhafte Anerkennung und suchen sich andernfalls einfache Paralleltätigkeiten mit scheinbar schnellen Erfolgen, um wieder erhöhte Aufmerksamkeit zu bekommen. Dieses parallele Handeln hat allerdings diverse Nachteile. Einerseits wird die Fokussierung vom Hauptprojekt genommen, anderseits werden neue Aufgaben begonnen, die aber in der Regel nach erstem Lob auch keinen Abschluss finden.

Während einige der oben genannten Faktoren noch bewusst oder unbewusst in Vorstellungsgesprächen abgefragt werden, erhalten sie in den internen Mitarbeitergesprächen nahezu keinen Raum oder werden nur am Rande betrachtet. Jahresgespräche bewerten meist nur festgelegte Merkmale wie Arbeitsqualität, Arbeitsquantität, Kommunikation und Sozialverhalten. Doch wie sollen sich diese Merkmale entwickeln, wenn die Basisfaktoren a) bis e) nicht stimmen? Noch ungünstiger sind vom Unternehmen finanziell unterstützte Weiterentwicklungen, wie nebenberufliches Studium oder Meisterschule ohne anschließende Perspektive für die Mitarbeitenden, eine adäquate Position im Unternehmen besetzen zu können. Daher bietet es sich an, ebenfalls in den Mitarbeitergesprächen die oben erwähnten Faktoren intensiv und offen zu betrachten und vertrauensvoll zu besprechen.

Nur durch gemeinsame wertschätzende Gespräche und Perspektiven können die wesentlichen Thematiken ermittelt werden. Dysbalancen sollten mit Offenheit und Neugierde durch Vorgesetzte und Mitarbeitende und teilweise auch mit Unterstützung von Human Ressources ermittelt und angegangen werden. Neue Lösungen können Weiterbildungen, nebenberufliches Studium, Coaching, Umschulung, Übernahme von neuen Aufgaben und Verantwortungen bedeuten. Größere Veränderungen wie interne Wechsel oder Führungsansprüche sind ebenfalls generell positiv zu betrachten und inhaltlich zeitnah zu prüfen.

Die wichtigste zu klärende Frage ist dennoch die nach der Performance. Warum performen manche Mitarbeitenden nicht wie erwartet? Angenommen der Mitarbeiter hat die fachlichen und methodischen Voraussetzungen für die Stelle, erbringt aber spürbar keine volle Leistung. Um hier Ursachen für das Verhalten zu identifizieren, bedarf es eines mehrstufigen Vorgehens. Teilen Sie dem Mitarbeiter zuerst Ihre Beobachtung mit und betonen Sie auch, dass Sie sich persönlich sicher sind, dass er wesentlich mehr erfüllen kann. Hören Sie gut zu, wenn er Ihnen dann antwortet. Durch vertrauensvolle Gespräche werden Sie auch hier die Hintergründe erfahren. Teilweise benötigen einige Menschen eine längere Einarbeitungszeit und starten erst so richtig nach einem Jahr durch. Vereinzelt sind es auch tiefergehende Probleme, die durch einen Coach aufgelöst werden können.

Grundsätzliches Ziel muss es sein, alle (potenziellen) Leistungsträger, Führungskräfte und Mitarbeitenden schrittweise weiterzuentwickeln und im Unternehmen proaktiv auf die richtigen Positionen zu bringen. Dieser Ablauf ist ein ständiger Prozess, der nie aufhören wird, da sich Menschen, Anforderungen und Interessen permanent ändern. Positive Effekte dieser beschriebenen Methodik sind dabei offensichtlich. Einerseits kommen die betroffenen Mitarbeitenden schrittweise zurück in ihre Kraft und erbringen zusätzlich noch bessere Leistungen bei höherer Zufriedenheit auf der dann richtigen Position. Als Ergebnis bewirken die Arbeitserfolge, die von Mitarbeitenden erzielt werden, eine extreme Selbstzufriedenheit. Dies wird vom Zwei-Faktoren-Modell von Herzberg bestätigt, das besagt, dass Erfolgserlebnisse und Anerkennung unter guten Hygienefaktoren wie positiven Arbeitsbedingungen, Entlohnung und Führungsstil die höchste Zufriedenheit bei den Mitarbeitenden erzielen.[37]

> **Fazit**
> Alle Positionen im Unternehmen dauerhaft mit fachlich guten und intrinsisch motivierten Mitarbeitenden zu besetzen, ist ein Schlüsselfaktor für den Erfolg des Unternehmens und die Basis für gute Bindungswerte. Denn auf dieser Basis kann die Führungskraft noch besser alle Elemente einer exzellenten Führung auf- und ausspielen.

2.7 Probleme anpacken

Wenn man mit offenen Augen durch die Unternehmen geht oder seriöse Gespräche mit anderen Führungskräften oder Kollegen führt, werden Potenziale sowie Problemstellungen schnell offensichtlich. Neben suboptimalen Produktionsprozessen können fehlende Kommunikationsprozesse, ungeeignete Führungskräfte, veraltete EDV-Systeme, nicht gewartete Betriebsmittel, fehlende Beschreibungen, falsche oder unzureichende Strategien oder demotivierte Mitarbeitende eruiert werden. Optimalerweise bietet es sich an, die Verbesserungen zuerst im eigenen Bereich abzustellen und erst anschließend mit Führungskräften anderer Fachbereiche zu verhandeln und gemeinsam im größeren Kontext zu verbessern.

37 Vgl. WPGS (o. J.): Intrinsische Motivation und extrinsische Motivation

Spricht man hierbei wichtige Themen nicht relativ zu Beginn an, dann werden aus Chancen schnell ernsthafte Probleme, die oft ins Unermessliche wachsen. Das bedeutet, dass die Aufwände um ein Vielfaches steigen werden, um diese Angelegenheiten wieder zu lösen. Ein nachvollziehbares Beispiel sind Neueinstellungen. Selbst bei noch so aufmerksamer Auswahl wird immer mal wieder ein nicht geeigneter Kandidat eingestellt. Tatsächlich passiert das auch bei noch so akribischer Vorselektion, denn Unterlagen sind jederzeit gut darstellbar und zwei Vorstellungsgespräche zu je ein bis zwei Stunden decken nicht alle Stärken und Schwächen auf. Interessant ist nun, dass viele Führungskräfte anstelle der Kündigung versuchen, den ungeeigneten Mitarbeiter zu qualifizieren. Natürlich sollten Sie zuerst ein bis zwei Gespräche führen, Ihre Bedenken äußern und der Person etwas Zeit geben, sich nachfolgend zu verbessern. Dessen ungeachtet passiert es sehr häufig, dass die letzte Entscheidung zur Kündigung bei fehlender Qualifizierung oder Passung zum Unternehmen nicht getroffen wird, obwohl Probezeiten meiner Meinung nach genau dafür vorgesehen sind.

Je nach Schweregrad bleibt die Schieflage über Jahre bestehen, erst wenn neue Führungskräfte aktuelle Bewertungen vornehmen oder übergeordnete Führungskräfte massiv reklamieren, wird versucht, die ungeeignete Person durch Kündigung oder Aufhebungsvertrag und ggf. eine Abfindung schnellstens loszuwerden. Teilweise gehen solche Arbeitsrechtsstreits vor das zuständige Arbeitsgericht.

Ein weiteres Beispiel sind veraltete EDV-Systeme, die nicht zeitnah ersetzt oder modifiziert wurden. Speziell im Zeitalter der Digitalisierung ist ein modernes ERP-System als Basissoftware, über die die gesamte Ressourcenplanung eines Unternehmens läuft und aus der wichtige Basisdaten und Kennzahlen abgeleitet werden, unabdingbar. Ist ein ERP-System veraltet, werden zunächst Insellösungen gesucht, um weiterhin die täglichen Aufgaben bedienen zu können. Dies wird dann die bereits schlechte Performance des veralteten Systems zusätzlich herunterziehen. Wird dann endlich eine Entscheidung für ein neues System gefällt, sind die Aufwände meist so hoch, dass die Projekte oft mehrere Jahre dauern und einen immensen Aufwand an Kosten und Mitarbeiterstunden in allen Abteilungen erfordern.

Von daher sollten Sie sich als Führungsmannschaft darauf einigen, schrittweise mit allen Thematiken auf Stand zu bleiben, kulturell und auch präventiv nach veralteten Systemen, Prozessen, Anlagen und ungünstig positionierten Mitarbeitenden zu suchen und sie gezielt über die Zeit zu qualifizieren, umzusetzen oder auch im Einzelfall zu ersetzen. Dies liegt im Verantwortungsbereich aller Führungskräfte. Egal ob es einen gewollten und vorgelebten Top-down-Ansatz der Geschäftsführung oder singuläre Bottom-up-Hinweise von Führungskräften gibt – Sie sollten als Manager mit Personalverantwortung vertrauensvoll und unternehmerisch denken und handeln.

Fazit
Lösen Sie Defizite im eigenen Bereich zeitnah auf, weisen Sie auf andere Unzulänglichkeiten außerhalb hin und helfen Sie mit, diese abzustellen. Nur so kann das Unternehmen dauerhaft wirtschaftlich erfolgreich bleiben.

2.8 Entscheidungen treffen

Oft fehlt noch eine letzte Information oder eine dringende Rückmeldung, Analyse oder Erhebung, um letztlich die optimale Entscheidung treffen zu können. Man sammelt und sammelt Informationen – und kommt am Ende doch nicht zur Entscheidung. Ein häufiger Fehler ist hierbei tatsächlich zu viel Recherche. Man sieht den Wald vor lauter Bäumen nicht mehr. Psychologen vermuten, dass sich hinter dem Anstoß, das Beste haben zu wollen, und der damit verbundenen Ohnmacht, sich zu entscheiden, eine Angst verbirgt, Fehler zu machen. Es wird befürchtet, von anderen komisch angeschaut oder bewertet zu werden oder massive Kritik zu ernten.

Hinzu kommt, dass Sie in dieser schnelllebigen Welt nie mehr alle Informationen bekommen, um eine vollumfängliche Entscheidung treffen zu können. Daher ist eine gute bis mittelmäßige schnelle Wahl oft besser als gar kein Votum.

Getroffene Entscheidungen, die sich dann als ungünstig erweisen, kann man meist revidieren. Laut Anja Förster sind die meisten Entscheidungen reversibel, lassen sich also im Nachgang meist noch mit relativ mäßigen Mitteln wieder korrigieren und zurückdrehen.[38] Hierzu gehören auch private Entscheidungen wie Umzüge, Jobwechsel oder auch der Weg in die Selbstständigkeit. Sollten sich diese Entscheidungen als falsch oder nicht machbar erweisen, kann ich in vielen Fällen wieder zurückziehen oder mir eine neue Stelle suchen.

Nur wenige Entscheidungen erweisen sich tatsächlich als irreversibel. Hierzu gehört beispielsweise die Entscheidung, ein Kind zu bekommen. Diesen Entschluss kann man nicht mehr rückgängig machen und man trägt hierfür viel Verantwortung. Förster vergleicht Entscheidungen mit einer Tür, die entweder mit Klinke oder Knauf belegt sind. Bei reversiblen Beschlüssen hat die Tür zwei Klinken und ich kann sie von jeder Seite wieder öffnen. Irreversible Entscheidungen haben eine Klinke und einen Knauf, wenn hier die Tür zufällt, gibt es kein Zurück mehr.

Beachten Sie also in Ihren Entscheidungen die Fragestellung der Irreversibilität sowie der Kosten für das Rückgängigmachen der Entscheidung. Günstige und reversible Fragestellungen können daher sehr schnell abgewogen und getroffen werden.

38 Vgl. Förster (2023)

Wichtig ist weiterhin die grundsätzliche Ermittlung einzelner bestimmender Faktoren, um eine Entscheidung zu treffen. Und auch hier gilt, weniger ist oft mehr. Teilweise sind Heuristiken, also sogenannte Faustformeln mit nur einem treffenden Faktor aussagefähiger als umfangreiche Berechnungen mit mehreren Größen. Wie kann das sein? Die Faustformel (Heuristik) bedient sich einer relevanten Größe, die aus der Erfahrung abgeleitet wird. Diese relevante Größe sollte selbstverständlich von einem Fachexperten vorgeschlagen werden, der beurteilen kann, ob sie eine belastbare Aussage anbietet.

Beispiel

Sie müssen Ihre Kundendatei mit 500.000 Kundeneinträgen (Kleinkunden) aus technischen Gründen sehr kurzfristig reduzieren, da sie keine Neueinträge mehr vornehmen können. Um diese Datei geschickt zu verringern, bieten sich selbstverständlich diverse Größen an. Umsatz, Kaufdaten, gekaufte Artikel, Rabatte, Kundenhistorie und vieles mehr. Bei der Anwendung einer Heuristik fokussieren Sie sich meist nur auf eine aussagefähige Größe zur gewünschten Reduzierung der Datei. Als Wert können Sie prüfen, ob der Kunde in den letzten zwölf Monaten etwas gekauft hat, und nehmen diese Selektion als Kriterium, ihre überfüllte Datei zu modifizieren. Bestätigt Ihnen Ihr interner Experte, dass die meisten aktuellen Kunden innerhalb von zwölf Monaten etwas kaufen, erscheint der Parameter als geeignet, um Ihre Dateileichen zu identifizieren und zu löschen.

Laut Gerd Gigerenzer (2014) sind die heuristischen Ansätze den umfangreichen Ansätzen, wo diverse Parameter abgewogen werden, ebenbürtig und wesentlich schneller einsetzbar.[39]

Noch herausfordernder sind Entscheidungen zu Themen, die sich über Jahre einfach weiterentwickelt haben und die man schrittweise aus den Augen verloren oder sich daran gewöhnt hat. Hier passt der Vergleich mit einem Frosch und einem Topf mit heißem Wasser. Wirft man den Frosch spontan in einen Topf mit stark erhitztem Wasser, so wird er direkt wieder herausspringen. Diese Situation stellt im Unternehmen eine signifikante Veränderung einer Situation dar, wo die Führungskraft oder das Management in relativ kurzer Zeit eine Entscheidung treffen muss. Diese Herangehensweise wurde auf den vorigen Seiten erläutert. Was passiert aber, wenn der Frosch im Topf sich erstmal im lauwarmen Wasser wohlfühlt und die Temperatur wird langsam und schrittweise erhöht?

Der Frosch hat hier wenig Möglichkeiten, weil er letztlich kein Zeitgefühl für die Vergangenheit hat und damit beschäftigt ist, sich der aktuellen Situation anzupassen,

39 Vgl. Gigerenzer (2014)

bis dies physikalisch nicht mehr möglich ist. Im Gegensatz zum Frosch haben wir als Menschen weitere Fähigkeiten mitbekommen. Wir können uns erinnern, wie die Temperatur in der Vergangenheit war und wir können uns vorstellen, wie sie in der Zukunft wieder sein soll. Diese Fähigkeiten, obwohl sie grundsätzlich da sind, werden nicht permanent abgerufen (also trainiert) und damit eingesetzt. Das bedeutet im Umkehrschluss, dass wir viel zu lange wie der Frosch versuchen, uns an ungünstige Zustände anzupassen, bis es irgendwann so unangenehm ist, dass wir abspringen müssen.

Dabei lohnt es sich, wirklich permanent Zustände zu hinterfragen. Passt die aktuelle Position im Unternehmen noch zu mir? Bin ich glücklich in meiner Partnerschaft? Sind die Mitarbeitenden auf ihren Positionen richtig eingesetzt und wie performen sie hier?

Nur weil die Situation sich früher gut angefühlt hat (lauwarmes Wasser), kann die Temperatur sich über die Zeit schrittweise erhöht haben. Hierbei ist es nun wichtig, nicht in der Vergangenheit zu verweilen und sich die angenehme Zeit zurückzuwünschen, sondern eine klare Bestandsanalyse zu machen. Bringt der jetzige Zustand mir mehr positive Energie ein, als es mir nimmt? Sofern dies nicht der Fall ist, habe ich die Verantwortung, etwas zu verändern. Dies können Gespräche, Korrekturen, aber auch massive Veränderungen sein, die mich in meinem Leben wieder mehr stärken und in meiner Kraft lassen.

Fazit

Seien Sie kein Frosch und finden Sie Entscheidungen immer relativ zeitnah, denn die meisten Dinge können im Notfall revidiert, also rückgängig gemacht werden. Beobachten Sie die ersten Ergebnisse und Konsequenzen und passen Sie einzelne Aspekte oder auch die vollständige Entscheidung an. Nutzen Sie bei komplexen Fragestellungen je nach Aufgabe entsprechende Hilfsmittel wie Heurisiken oder stochastische Modelle.

2.9 Mitarbeitende einbinden

Beim sogenannten Delegation-Poker (siehe Abbildung 14) gibt es sieben Handlungsstufen. Abhängig von der jeweiligen Aufgabe können Sie als Führungskraft bewusst eine Ebene auswählen. Die Spannweite reicht von Stufe 1 »Verkünden der Information« bis zu Stufe 7 »Vollständiges Delegieren an die Mitarbeitenden«. Natürlich sind die Klassen massiv abhängig von den anstehenden Aufgaben und der Performance der Mitarbeitenden.

Stufe 1		**Verkünden:** Sie entscheiden selbst über die Aufgabe und teilen Ihren Mitarbeitenden das Ergebnis mit.
Stufe 2		**Verkaufen:** Sie entscheiden, aber versuchen Ihre Mitarbeitenden davon zu überzeugen, dass es die richtige Entscheidung war.
Stufe 3		**Befragen:** Sie bitten zunächst Ihre Mitarbeitenden um Ihre Einschätzung und treffen dann eine Entscheidung.
Stufe 4		**Einigen:** Sie diskutieren gemeinsam und versuchen einen Konsens über die Entscheidung herzustellen.
Stufe 5		**Beraten:** Sie bieten Ihre Einschätzung und Unterstützung an, aber die befugten Personen treffen die Entscheidungen selbst.
Stufe 6		**Erkundigen:** Sie überlassen die Entscheidung den befugten Personen und lassen sich anschließend über das Ergebnis informieren.
Stufe 7		**Delegieren:** Sie überlassen die Entscheidung den befugten Personen und fragen auch nicht mehr nach.

Abbildung 14: Delegation-Poker[40]

In der Realität werden Aufgaben und Entscheidungen vom Topmanagement häufig auf Stufe 1 oder 2 getroffen und verkündet, ohne mit den relevanten Mitarbeitenden gesprochen zu haben. Dies erzeugt offenkundig hohe Frustration sowie anteilmäßige Rücknahmen oder Anpassungen der Entscheidungen, da sie sich oft als nicht tragfähig oder praktikabel erweisen. Erfahrungsgemäß bieten sich die Stufen 3–6 je nach Komplexität und Aufgabe hervorragend an, um gemeinsame Aufgaben und Projekte in hierarchischen Unternehmen zu lösen.

> **Fazit**
> Spielen Sie mit den Ebenen in dem Sinne, dass Sie die Mitarbeitenden schrittweise stärker einbinden. Dies erfordert, dass Sie sich mehr in Richtung Befragen, Einigen, Beraten und Erkundigen entwickeln. Diese Art der stärkeren Einbindung ist ein schrittweiser Prozess, der auf beiden Seiten gelernt werden muss. Mitarbeitende müssen lernen, Verantwortung zu übernehmen, und die Führungskraft muss sie schrittweise loslassen.

40 Bathen (2018)

2.10 Als Unternehmer denken und handeln

Eine positive Grundeigenschaft von guten Führungskräften ist das unternehmerische Denken und Handeln. Überlegungen wie »Was ist die beste Entscheidung für das gesamte Unternehmen?« sind wichtig, um sich bei übergreifenden Prozessen von einem Bereichsdenken zu lösen und den Blick weiter zu setzen. Selbst wenn einzelne Fachbereiche sich permanent optimieren, sich die Schnittstellen und das Gesamtsystem aber nicht verbessern oder in sich fügen, schadet dies dem Unternehmen.

Beispiel

Überlegen Sie sich folgende Situation: Sie können einen Prozess verbessern, wodurch anschließend Abteilung A und Abteilung B je einen halben Mitarbeiter mehr benötigen und Abteilung C zwei Mitarbeiter einspart, die danach vollständig für andere dringende Projekte eingesetzt werden können. Sie denken, dass der Fall eindeutig ist und die Prozessverbesserung schnell initiiert werden sollte? In der Praxis kommen schnell Fragen und Bedenken von Abteilung C auf. Niemand gibt gerne ab, selbst wenn es zum Wohle der Firma ist. Aber genau das Verhalten ist notwendig, um in die nächste Stufe der gesamtheitlichen Führungsentwicklung zu kommen.

Denken Sie als Erstes im Sinne des Unternehmers und überlegen Sie, was der Firma im Gesamten den höchsten Nutzen bringt, selbst wenn Sie Ihren eigenen Bereich dafür modifizieren müssen. Ein weiteres Beispiel ist das permanente Spiel der internen Kostenverrechnung zwischen Abteilungen im Betrieb. Treffen Sie hier schnell eine Entscheidung und nehmen Sie die Kosten im Zweifelsfall an, denn es handelt sich hier nicht um Wertschöpfung, sondern um reine interne Kostenverrechnung.

Es gibt also diverse Anwendungen, wo Sie als Unternehmer proaktiv handeln können. Laut Förster und Kreuz (2020) gibt es im Bereich der Selbstverantwortung vier Grundtypen von Menschen, die jeweils äußerst unterschiedlich handeln können.[41] Zwischen den Stufen 2 und 3 gibt es einen massiven Unterschied, da ab Stufe 3 die Selbstverantwortung für das persönliche Handeln beginnt.

- **Typ 1 »Machtlos«:**
  Dieser Charakter versucht grundsätzlich keine Verantwortung zu übernehmen und wird immer Argumente finden und mit Ausreden gewappnet sein, um dieses Verhalten beizubehalten. Wenn er keine konkrete Anweisung erhält, wartet er beharrlich, bis ihm jemand mitteilt, was er tun soll. In Positionen mit mehr Selbstverantwortung, z. B. als Führungskraft, schützt er sich selbst, indem er zum Ausreden-Weltmeister wird.

41 Vgl. Förster/Kreuz (2020)

- **Typ 2 »Umsetzer«:**
  Er ist bereit, unter bestimmten Rahmenbedingungen Verantwortung zu übernehmen. Umsetzer fragen auch vereinzelt nach, anstatt zu warten, was sie tun sollen. Aufgaben, die der Umsetzer bekommt, werden innerhalb der Regeln und Zeitvorgaben erledigt. Sie handeln in der Regel, wenn sie angesprochen oder aufgefordert werden.
- **Typ 3 »Problemlöser«:**
  Der Problemlöser wird innerhalb der festgelegten Rahmenbedingungen eigenständig so viel Leistung aufbringen, bis die meisten Probleme gelöst sind. Hierbei kümmert er sich um alle Aufgaben bis hin zum erbrachten Ergebnis oder Ziel.
  Er empfindet sich als eigenständiges Teammitglied auf Augenhöhe, entdeckt proaktive Themen und übernimmt selbstständig dafür die Verantwortung.
- **Typ 4 »Gestalter«:**
  Der Gestalter tut alles, was nötig ist, um anstehende Aufgaben zu lösen. Hierbei geht er über die Grenzen der bestehenden Strukturen hinaus und versucht im Sinne des Unternehmens volle Leistung abzuliefern. Unsinnige Regeln werden geschickt umgegangen und halten den Gestalter nicht auf. Er verfügt über eine innere Freiheit, mit der er immer ein Umfeld findet, wo er seine Kreativität ausleben kann.

Grundsätzlich kann man selbst als exzellente Führungskraft nicht in jeder Situation und mit jedem Thema ein Gestalter sein. Dies ist inhaltlich für einen selbst und für alle Beteiligten zu anstrengend. In ausgewählten Situationen lohnt es sich, immer mal wieder in diese Rolle zu schlüpfen und dann für wertvolle und begeisternde Themen durch Wände zu gehen. Viele Standardthemen allerdings müssen von der gleichen Führungskraft oft einfach nur als Problemlöser oder auch nur als Umsetzer angegangen werden. In Bezug auf das eigene Team ist eine Ersteinschätzung der eigenen Mitarbeitenden hilfreich, welchem Typus die Einzelnen angehören. Dies kann durch die Analyse vergangener Situationen und Handlungen der Teammitglieder erfolgen.

Allgemein sind Menschen auf den verschiedenen beschrieben Stufen unterwegs, und die Annahme von Selbstverantwortung kann immer nur auf einer freiwilligen Basis entstehen. Daher sollten Sie auf einen höheren Anteil von Typus 3 und 4 in Ihrem Team hinarbeiten. Weiterhin stellt sich die Frage, ob und wenn ja wie man Menschen vom Typus 1 oder 2 schrittweise hin zu einem höheren Level entwickeln kann.

Solche Transformationen sind nicht unmöglich, sollten aber gut überlegt sein, da die Führungskraft permanent eingreifen und überwachen muss. Günstig ist hingegen die Situation, wenn der Mitarbeiter selber von sich aus mehr Verantwortung übernehmen möchte.

Der beste Ansatz könnte darin bestehen, einen Mitarbeiter des Typus 2 in ein Büro mit einigen Kollegen vom Typ 3 und Typ 4 zu setzen. Durch die hohe Grunddynamik der Eigenverantwortung kann der Umsetzer dazu angeregt werden, einen Schritt weiterzugehen und dies könnte ihn schrittweise zu neuem Handeln anregen.

Fazit

Umgeben Sie sich primär mit Menschen der Kategorien 3 und 4, also mit Problemlösern und Gestaltern. Dies bildet eine gute Ausgangsbasis, um gemeinsam im Team alle anstehenden Herausforderungen exzellent zu lösen. Umsetzer, also Mitarbeitende aus der Kategorie 2, können Sie dort einsetzen, wo konstante und prozesssichere Abläufe vorhanden sind, die in sich nur abgearbeitet werden müssen. Der Typ 1 »Machtlos« sollte vermieden werden oder sehr gezielt eingesetzt und auch auf Ergebnisse überprüft werden.

3 Stützende Persönlichkeitsanteile

3.1 Überblick

Der unbewusste Teil unseres Gehirns hat einen erheblichen Einfluss auf unsere bedeutsamen Persönlichkeitsanteile, die wir für unsere Führungsaufgaben so dringend benötigen. Hierbei ist das Gehirn als Werkzeug anzusehen, denn wir sind meist *nicht* die Gedanken, die uns permanent durch den Kopf schießen. Diese permanenten Eingebungen stammen großenteils von alten Programmierungen und entstehen vor allem durch tägliche Wiederholungen, die energetisch für das Gehirn am einfachsten zu realisieren, also zu wiederholen sind.

Dabei ist das Gehirn in seiner Grundfunktion nicht als Glücksmacher, sondern als Problem-Lösungsmaschine mit Speicherfunktion aufgebaut. Dieses Design hatte früher, als es tatsächlich mehr reale Gefahren gab, eine wirkliche Notwendigkeit. In der Auswirkung kann man sich das Gehirn nun wie ein Aufnahme- und Abspielgerät vorstellen. Unser Verhalten besteht also aus Reihenfolgen und Abspielungen, die uns primär bis zum siebten Lebensjahr übertragen, also aufgespielt wurden und durch ständige Wiederabspielungen auch im Hier und Jetzt untermauert werden. Neben den positiven Anteilen der Programme begleiten uns besonders die negativen Glaubensätze, die uns meist sogar unbewusst steuern. Ein verbreiteter ungünstiger Glaubenssatz ist, dass wir vom Tun über das Haben zum Sein gelangen können. Diese Reihenfolge suggeriert, dass wir, wenn wir viel leisten und viel besitzen, automatisch glücklich sind.[42]

Hinzu kommt, dass wir ja schon jemand sind in unserem ureigenen Selbst, welches es zu entdecken gilt. Doch die negativen Glaubenssätze bestimmen unseren Selbstwert, sodass wir gar nicht an unsere eigenen Werte herankommen und sie maximal in Teilen intuitiv spüren. Versucht man nun, sich einem Thema bewusst zu stellen und es zu bearbeiten, löst es sich meist nur teilweise oder temporär, denn zu stark haben sich die Programmierungen im Unterbewusstsein über die Jahre verankert.

Eine wesentliche Ausnahme ist das Verliebtsein, wo durch die vielen Botenstoffe im Gehirn alles intensiver und vor allem positiver erlebt wird und wodurch ein geringeres Angstniveau vorhanden ist. Doch ist der Zeitraum des Verliebtseins begrenzt und die alten Programme übernehmen nach einem Zeitraum von sechs bis zwölf Monaten wieder schrittweise die Steuerung durch alte Gewohnheiten und Glaubenssätze.

Sofern Sie alte Muster durchbrechen wollen, empfehle ich zuerst eine gewisse Agilität im Handeln. Versuchen Sie also vorab einmal, gewisse Regelmäßigkeiten zu ver-

42 Vgl. Kirchner (2021)

ändern, indem Sie vorhandene Strukturen auflösen. Fahren Sie dazu einfach einmal einen anderen Weg zur Arbeit. Halten Sie an einem neuen Laden an und kaufen Sie dort etwas, fangen Sie früher oder später an zu arbeiten, joggen Sie eine andere Strecke und gehen Sie unter der Woche in ein neues Kino oder Restaurant. Sie werden merken, dass sich hierdurch schon erste Veränderungen und eine gewisse Flexibilität einstellen. Plötzlich ergeben sich neue Eindrücke, Bekanntschaften und Kontakte. Bitte behalten Sie dabei trotzdem einige Rituale bei, die Ihnen guttun, etwa jeden Morgen 30 Minuten zu meditieren oder spazieren zu gehen.

Reality Loop

Um nun Veränderungen systematisch zu verstehen und anzugehen, hilft das Modell des Reality Loop. Es zeigt ein Prinzip auf, dass unsere komplexe Realität in einem einfachen vierstufigen Regelkreis in Abbildung 15 wiedergibt. Es beschreibt einen Prozess, der vom prinzipiellen Ablauf her immer unverändert bleibt, aber an dem wir an min. zwei Stellen intensive Veränderungen bzw. Einflüsse vornehmen können.

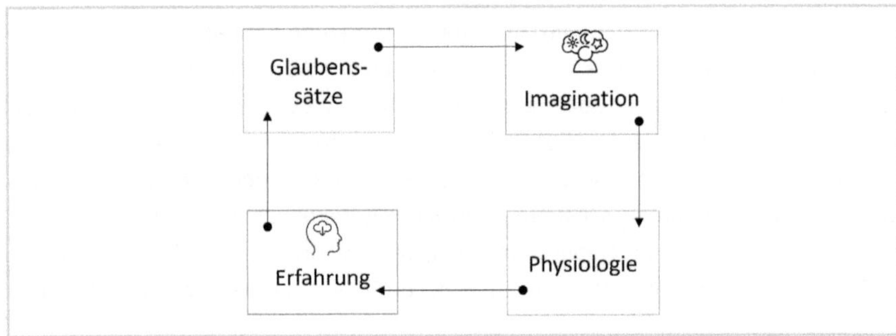

Abbildung 15: Reality Loop[43]

In Abbildung 15 kann man grundsätzlich an jeder Stelle einsteigen, chronologisch gesehen ist es am günstigsten, mit dem Bereich der Physiologie zu starten. Denn hier erleben wir zu Beginn als Baby und Kleinkind unsere ersten körperlichen Gefühle wie Hunger, Durst oder auch Schmerzen und Liebe. Je nachdem wie intensiv sich unsere Betreuungspersonen, also meist die Eltern, um uns gekümmert haben, machen wir unsere ersten Erfahrungen im Leben. Mit den Erkenntnissen speichern wir auch die ersten Glaubenssätze ab, wie z. B. »Wenn ich schreie, bekomme ich etwas zu essen«. Im Laufe der Zeit festigen sich dann diese Strukturen und aus den Glaubenssätzen erzeugen wir positive und negative Imaginationen, um ungünstige Zustände im Vorfeld zu vermeiden. Dies erklärt auch, warum wir bei gewissen Ereignissen anfangen zu grübeln und Probleme wälzen. Die geschieht, um ein schlechtes Gefühl, was in der Erfahrungsbox (Unterbewusstsein) abgespeichert ist, auf jeden Fall zu vermeiden. Die

43 Vgl. Hartmann (2015)

Krux ist nur, dass das Unterbewusstsein kein Zeitgefühl hat, und auch als Erwachsener durchleben wir weiterhin die gleichen Triggerpunkte.

Tatsächlich können wir den Regelkreis an allen Stellen beeinflussen und eine positive Veränderung vornehmen, die dadurch unsere negativen Glaubenssätze verändert. Zwei Ansätze möchte ich Ihnen dazu genauer verdeutlichen. Den ersten Punkt habe ich indirekt schon erklärt, und zwar durch die Ausführung von bewussten Veränderungen in unserem Leben (ein anderer Weg zur Arbeit, mit neuen Leuten sprechen, ein anderes Urlaubsland ...). Hierdurch werden neue Erfahrungen gesammelt, die teilweise unsere Glaubensätze infrage stellen und so auch verändern. Hierzu gehört auch, in anderen Abteilungen des Unternehmens einmal zu hospitieren, um einen wirklichen Eindruck der Arbeit und der Menschen dort zu bekommen.

Der aus meiner Sicht noch stärkere Ansatz ist der Bereich der Imagination. Anstatt zu warten, bis sich immer wieder die gleichen Bilder und Probleme im Kopf aufbauen, sollten wir unser Gehirn hier präventiv in eine andere Ausgangslage bringen. Und dies so lange und so intensiv, bis sich die neue Wirklichkeit manifestiert hat bzw. bis das Update im Kopf zu diesem Punkt vollzogen wurde.

Wie kann ich nun mit dieser neuen Agilität alte Strukturen in der Praxis durchbrechen? Hierbei bedarf es der Aktivierung beider Anteile des Gehirnes, des bewussten wie des unbewussten Teils. Das folgende einfache Beispiel durchläuft dabei die Phasen zur Veränderung.

Beispiel

Ausgangslage klären
Sie möchten mit dem Kaffeetrinken vollständig aufhören (neue Erfahrung). Entscheidend ist hier die innere Haltung. Sie wollen definitiv und ohne Wenn und Aber aufhören? Klären Sie daher die Motivation für das Beenden des Kaffeetrinkens, z. B. weil Sie schlecht einschlafen können.

Überlegen Sie anschließend, wie Sie am besten aufhören wollen, langsames Reduzieren oder direkter Entzug. Spüren Sie in sich herein, welche Methode sich hier am besten anfühlt. Das langsame Aussteigen könnte bedeuten, dass Sie noch eine Woche lang morgens eine Tasse trinken und danach erst vollständig aufhören.

Direkte mehrfache Wiederholung im Bewussten über den Tag
Wiederholen Sie mehrfach (min. 10-mal) am Tag, dass Kaffee ungünstig ist und dass Sie besser und schneller ohne einschlafen werden. Stellen Sie sich das gute Einschlafen bildlich vor (Imagination) und versuchen Sie zusätzlich, positive

Emotionen hiermit zu verbinden. Diese Sequenzen sollten Sie mehrfach am Tag durchführen und die Konzentration (auch Attention-Spam genannt) für mindestens 12 Sekunden je Periode auf dem Thema halten. Durch die ständige Wiederholung am Tag stuft das Gehirn das Thema »Verzicht auf Kaffee« als sehr wichtig ein.

Aktivierung des Unterbewussten beim Einschlafen und Aufwachen
In den Einschlafphasen und Aufwachphasen ist die Gehirnfrequenz noch relativ niederfrequent und liegt nah an den Gehirnströmen des Unterbewusstseins. Von daher sollten Sie kurz vor dem Einschlafen und direkt nach dem Aufwachen das Thema Kaffeetrinken hier mit den gleichen Botschaften, Bildern (Imagination) und Emotionen befeuern. Auch hier ist die Regelmäßigkeit wichtig, damit das Gehirn die eingeleiteten Informationen in neue strukturelle Verknüpfungen überführen kann.

Prüfen der Körperreaktionen
Beachten Sie, welche Körperreaktionen speziell in der ersten Woche des Entzuges (Erfahrung) passieren. Bei sehr tiefliegenden traumatischen Themen kann es passieren, dass Ihr Unterbewusstsein sich der Thematik entgegenstellt. Dies wird allerdings wahrscheinlich nicht beim Abgewöhnen des Kaffeetrinkens passieren, sofern Sie nicht vorher 20 Tassen am Tag getrunken haben.

Fangen Sie also an, das Gehirn als Werkzeug anzusehen und zu nutzen, sodass es Ihnen hilfreich zur Verfügung steht. Auf diese Weise können Sie nahezu alles verändern. Voraussetzung dabei ist es, dass Sie an die Umgestaltungen selbst glauben. Es passiert in letzter Konsequenz immer das, was man selbst denkt. Hierbei sollten Sie mit Imaginationen und Gefühlen arbeiten, die den Zielzustand schon bildlich zeigen und spüren lassen. Das heißt, stellen Sie sich bereits vor, dass Sie kaffeefrei und gesund leben und welche Emotionen Sie hieraus entwickeln. Gehen Sie bei der genannten Vorgehensweise immer nur sequenziell vor, d.h., bedienen Sie die Themen schrittweise und mit zeitlichem Abstand. Starten Sie mit Themen, die sich gefühlt einfacher realisieren lassen. Erste Erfolge werden Ihnen helfen, diese Methode schrittweise auszubauen.

Persönlichkeit hat, wie wir oben gesehen haben (vgl. Kap. 1.6), viel damit zu tun, was wir vererbt bekommen haben, wo wir aufgewachsen sind, wie wir erzogen wurden und was wir erlebt haben. Unser eigener Anteil ist hier besonders in den frühen Jahren sehr gering. Letztlich mussten wir uns als Kleinkind den Eltern stark anpassen, sonst hätten wir nicht überlebt. Mit dieser Erkenntnis darf man sich leichter fühlen, anstelle sich selbst zu verurteilen. Durch gezielte Reflexion und Persönlichkeitsentwicklung können wir nun beginnen, uns schrittweise zu verändern. Dies ist ein dynamischer und sehr spannender Prozess, an dem neue Personen beteiligt sind, neue Verfahren und Methoden erlernt werden und der ein Leben lang andauert. Entscheiden Sie sich für diesen Weg, werden neue Türen aufgehen, Sie werden Rückschläge erleben, aber auch überraschende Vorwärtssprünge, und das Leben wird dadurch sehr lebendig werden.

Darüber hinaus gibt es für die Rolle Führungskraft erhebliche Schätze zu heben. Sind Sie bereit? Eine erste Analyse und Reflexion der Potenziale kann durch entsprechende Persönlichkeitsmodelle ermittelt werden. Diese treffen nach der Analyse tiefergehende Aussagen, wo die Stärken und Möglichkeiten eines Menschen bzw. einer Führungskraft liegen. Diese Ergebnisse können Sie mit Ihrer eigenen Einschätzung vergleichen bzw. mit Rückmeldungen von Ihrem Partner, von Freunden oder Mitarbeitenden bewerten. Daraufhin dürfen so gewonnene Erkenntnisse erst einmal wirken, bis sie in Teilen oder auch vollumfänglich angenommen werden können.

Fazit

Das Gehirn ist als ein Werkzeug zu betrachten, welches sich bis ins hohe Alter aufgrund seiner Plastizität verändern lässt. Veränderungen sind aber herausfordernd, da viel Energie benötigt wird, um bestehende Strukturen neu zu überschreiben. Trotzdem ist es wichtig, gering ausgeprägte Persönlichkeitsanteile, die für die Führung relevant sind, zu identifizieren, weiter auszubauen und für sich dann stärker zu nutzen. Hierdurch können Sie Ihr Profil als Führungskraft und Mensch positiv verändern und damit erkennbar ausbauen und stärken.

3.2 Persönlichkeitsmodelle

Persönlichkeitsmodelle versuchen mit Ausprägungen und Kombinationen von wenigen Grundmerkmalen verschiedene Basistypen zu identifizieren. Selbstverständlich können Persönlichkeitsmodelle den Charakter eines Menschen zu keiner Zeit zu 100 Prozent erfassen, sie bieten dennoch eine gute Vorstellung von den wichtigsten Antrieben unseres Verhaltens. In dem Buch »So bin ich eben!« von Stefanie Stahl und Melanie Alt (2013) werden die Merkmale Extravertiert/Introvertiert, Sinnwahrnehmer/Intuitiv-Wahrnehmer, Fühlentscheider/Denkentscheider und Beurteilungstyp/Wahrnehmungstyp aufgeführt.[44] Vierzig Fragen stufen Sie dann in eine Klasse ein, d.h., Sie sind z.B. eher Introvertiert, Sinnwahrnehmer, Denkentscheider und Wahrnehmungstyp. Durch die Kombination von zwei Möglichkeiten kommen hierdurch 16 unterschiedliche Varianten heraus, die als unterschiedliche Minister bezeichnet werden. Gemäß ihren Merkmalen gibt es hier z.B. Zukunftsminister oder Einfühlminister. Es ist zuerst sinnvoll, bekannte Personen aus Familie, enge Freude oder Arbeitskollegen mit dieser Typenlehre einmal durchzuspielen. Hierfür vergeben Sie die vier Grundmerk-

44 Vgl. Stahl/Alt (2013)

male und schauen im Buch oder im Internet nach, welcher Minister sich ergibt und welche Eigenschaften dieser mitbringt. Aus meiner eigenen Erfahrung zeigt sich eine sehr hohe Abdeckung bezüglich der aufgeführten Charaktereigenschaften zur jeweiligen Person. Ehemalige Vorgesetzte konnte ich z. B. als Zukunftsminister einstufen, mit der Prägung Extravertiert, Intuitiv-Wahrnehmer, Denk-Entscheider und Wahrnehmungstyp. Diese Erkenntnis half mir, mit der nie versiegenden Quelle ihrer Möglichkeiten, Ideen und Veränderungen damals umzugehen.

Ein weiteres sehr umfangreiches und renommiertes Modell, ist das Big-Five-Modell (auch Fünf-Faktoren-Modell, FFM). Es ist ein Modell aus der Persönlichkeitspsychologie, im Englischen auch als OCEAN-Modell bekannt. Die Big-Five-Faktoren wurden durch eine erhebliche Anzahl von Studien belegt und sind heute international der universelle Standard in der Persönlichkeitsforschung.[45]

Als Big Five werden die folgenden Merkmale gedeutet:[46]

- *Neurotizismus* (emotionale Labilität): Ängstlichkeit, Reizbarkeit, Pessimismus, Befangenheit, Impulsivität, Verletzlichkeit
- *Extraversion*: Freundlichkeit, Geselligkeit, Durchsetzungsfähigkeit, Aktivität, Abenteuerlust, Heiterkeit
- *Offenheit für Erfahrungen*: Fantasie, Ästhetik, Emotionalität, Neugier, Intellektualismus, Liberalismus
- *Verträglichkeit*: Vertrauen, Ehrlichkeit, Altruismus, Entgegenkommen, Bescheidenheit, Mitgefühl
- *Gewissenhaftigkeit*: Kompetenz, Ordnungsliebe, Pflichtbewusstsein, Leistungsstreben, Selbstdisziplin, Sorgfalt

Sofern eine Klasse eher schwach bewertet ist, können trotzdem einzelne Teilmerkmale dieser Klasse unterschiedlich und auch positiv bewertet sein. Bei Neurotizismus kann z. B. die Ängstlichkeit stark ausgeprägt sein, der Pessimismus ist aber nicht vorhanden. Der Test zur Erhebung umfasst 120 Fragen zu den fünf Kategorien.[47]

Eine weitere etwas andere Art der Betrachtung der Persönlichkeit ergibt sich aus der Astrologie. In der Domain Doppelsternzeichen[48] wird unsere abendländische Astrologie mit der chinesischen Astrologie zusammengeführt. Durch die Kombination der beiden Welten und Sternzeichen ergeben sich 12^2 verschiedene Typen mit unterschiedlich starken Ausprägungen der Persönlichkeiten.[49] Hier können Sie beispielsweise eine Kombination von Schlange (Chinesisch 18.02.1977–06.02.1978) und

45 Vgl. Wikipedia: Big Five (Psychologie)
46 Vgl. Wikipedia: Big Five (Psychologie)
47 Vgl. Big Five Persönlichkeitstest (o. J.)
48 Vgl. Astro144.ch (o. J.)
49 Vgl. Astro144.ch (o. J.)

Jungfrau (24.08.–23.09.) herbeiführen. Die Überdeckung beider Sternzeichen erzielt meines Erachtens eine hohe Deckung von persönlichen Eigenschaften.

Probieren Sie einfach einmal ein oder zwei Modelle aus und vergleichen Sie die Ergebnisse mit Ihrer eigenen Einschätzung. Sofern Sie über die Jahre an Ihrer Persönlichkeit arbeiten, lohnt sich auch eine Wiederholung des jeweiligen Tests, da strukturelle Veränderungen zu einem positiveren Testergebnis führen werden.

Welche Persönlichkeitsanteile sollten nun bei einer exzellenten Führungskraft primär ausgeprägter vorhanden sein? Aus meiner eigenen Erfahrung halte ich die nun folgenden zwölf beschriebenen Anteile, die im Leadershipmodell aufgeführt sind, für ausschlaggebend. Abbildung 16 zeigt eine Teilmenge (nur Persönlichkeitsanteile) aus dem Leadershipmodell.

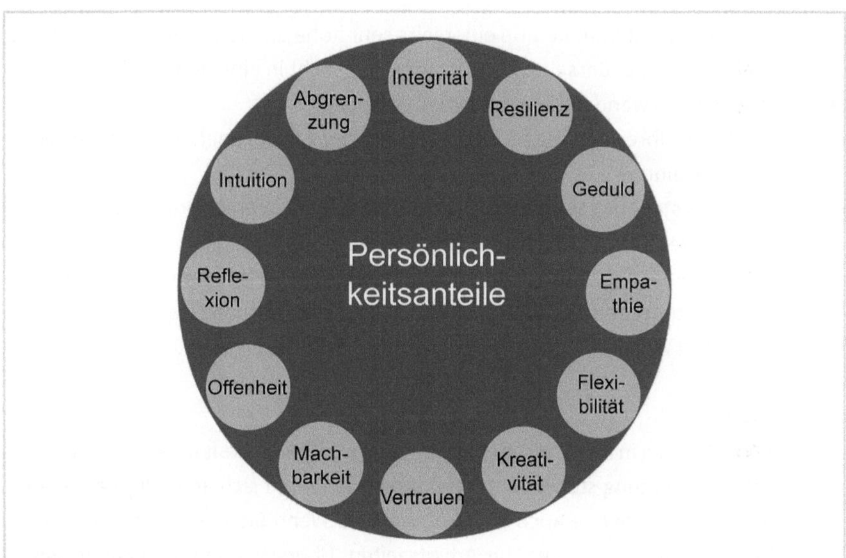

Abbildung 16: Relevante Persönlichkeitsanteile

Fazit

Um sich selbst besser kennenzulernen und die Möglichkeit zu bekommen, an seiner Persönlichkeit zu arbeiten, sind Aufschlüsselungen über ein Persönlichkeitsmodell und zusätzliche regelmäßige Feedbackgespräche mit Mitarbeitenden unabdingbar. Gleichen Sie die Ergebnisse mit Ihrer eigenen Einschätzung ab und prüfen Sie, wo Potenzialverbesserungen für einen Leader notwendig sind.

3.3 Integrität

Integrität beschreibt die Ehrlichkeit und die Moral einer Person. Hierbei verhält man sich aufrichtig, rechtschaffen, zuverlässig und vertrauenswürdig und ist nicht bestechlich. Die persönliche Integrität ist daher eine beständige und dauerhafte Deckung des persönlichen Wertesystems und der persönlichen Visionen mit den eigenen Erzählungen und Aktivitäten. Grundlage des Systems ist eine spirituelle, politisch oder humanitär fundierte und anerkannte Ethik. Dabei behält man stets seine Überzeugungen und Prinzipien bei und hält sich an diese, selbst wenn es schwer wird oder man dadurch Nachteile erlangt. Eine integre Person hat außerdem den Mut, für ihre Überzeugungen einzustehen und sich nicht unter Druck setzen zu lassen, auch wenn es schwieriger wird.

Was bedeutet das nun für die Praxis als Führungskraft?

Die oben genannten Merkmale sind einerseits sehr hohe und lobenswerte Ansprüche, die es zu leben lohnt, anderseits darf die Moral sich nicht in eine unendliche und sture Verhaltensweise verwandeln. Hierfür einige Beispiele:

- Stehen Sie zu Ihren Aussagen und wechseln Sie nie sprunghaft ohne Verdeutlichung Ihre Meinung.
- Halten Sie bestehende Vorgaben im Unternehmen ein, verändern Sie aber zeitnah die Regeln, wenn sie nicht hilfreich sind.
- Verzichten Sie auf größere Aufmerksamkeiten von Lieferanten oder Geschäftspartnern, akzeptieren Sie aber beispielsweise eine normale Flasche Wein als Anerkennung zu Weihnachten (sofern die interne Regel es erlaubt).

> **Fazit**
> Bedenken Sie in Ihrem Handeln, dass Sie als Führungskraft unter einer gewissen Beobachtung stehen. Mitarbeitende orientieren sich an Ihrem Verhalten und neigen teilweise auch zum Nachahmen. Wenn Sie bei sich höhere Leistungsmaßstäbe ansetzen, für Arbeitszeiten, Überstunden und Dienstreisen, gelten diese jedoch nicht automatisch für Ihre Mitarbeitenden. Kommunizieren Sie hier die Erwartungen und Vorgaben deutlich, auch dies gehört mit zur Integrität von Führung.

3.4 Vertrauen, Geduld, Resilienz

3.4.1 Vertrauen

Fehlendes Vertrauen zerstört erfolgreiche Firmen, stürzt Regierungen und florierende Wirtschaften. Trotz der augenscheinlich immensen Macht von Vertrauen gehört es wohl zu den am meisten unterbewerteten Größen unserer Volkswirtschaft und

Gesellschaft. Aktuell fehlen massiv spürbar in nahezu allen Branchen Fachkräfte, besonders im Handwerk, in der Dienstleistung, im Einzelhandel und der Gastronomie. Neue Arbeitskräfte, die angeworben werben, stammen überwiegend aus anderen Ländern und Kulturen. Daher treffen deutsche Führungskräfte oder Eigentümer gehäuft auf Mitarbeitende aus unterschiedlichen Kulturen und fremden Ländern. Alles was einem fremd ist, dem begegnet man eher mit Vorsicht und vereinzelt mit Unverständnis. Warum ist das eigentlich so? Auch hier haben unsere Persönlichkeit, unsere Erziehung, die Medien und die bisher gemachten Erfahrungen im Leben einen Einfluss darauf, welchen Veränderungen wir eher misstrauisch gegenüberstehen.

Vertrauen ist zuerst nach innen zu betrachten. Habe ich zu mir selber ein gewisses Urvertrauen, das mir eine grundlegende Sicherheit für mein Handeln gibt? Dieses Urvertrauen entsteht in früher Kindheit durch das Aufwachsen und die Erziehung in der Familie, primär durch die Eltern oder andere nahestehende Bezugspersonen und wird in der Regel bis zum sechsten oder siebten Lebensjahr geprägt. Fehlt dieses innere Vertrauen, entstehen Ängste, Verlustgedanken und negative Gefühle, die später oft im Zentrum unseres Handelns stehen. Sicherheiten müssen her, beschützt und erweitert werden. Dies führt unweigerlich zu Macht- oder auch Konkurrenzkämpfen im privaten Bereich und in den Unternehmen, wo oft Einfluss und Nutzen nicht mehr eindeutig getrennt werden können. Machterhalt ist ein unbewusster Treiber, für das eigene Wohlbefinden und für die Kohärenz im Kopf, das oft mit dem Nutzen für das Unternehmen gleichgesetzt wird, tatsächlich aber etwas anders ist.

Denn nur wenn die Stimmung untereinander vertrauensvoll ist, also eine psychische Sicherheit vorherrscht, kann sich Vertrauen aufbauen und wachsen. Dadurch können in der jeweiligen Gemeinschaft die besten Ideen ausgesprochen und entwickelt werden.

Sofern im eigenen Inneren diverse Unsicherheiten vorherrschen, werden sich diese im Außen, also in den Beziehungen zu anderen Menschen ebenfalls bemerkbar machen. Kontrollen von Arbeitsgängen der Mitarbeitenden und fehlende Entscheidungen von Führungskräften sind mögliche Folgen. Der Umkehrschluss ist ein Vertrauensvorschuss an die Mitarbeitenden mit dem Signal, das traue ich dir zu, was dann auch diesen stark positiv beeinflusst. Vertrauen ist die Basis für jede einzelne Beziehung, besonders in der Verbindung zu sich selbst! Nur wenn Sie sich selbst vertrauen, können Sie überhaupt anderen Menschen vertrauen. Wirkliches Vertrauen nach innen und nach außen ist ein wertvoller Schatz und überträgt sich gezielt auf andere Menschen.

Ein Teilbereich von Vertrauen ist Hoffnung, d. h., wenn man innerlich weiß oder intensiv vermutet, dass am Ende alles gut wird. Der Unterschied besteht darin, dass es sich bei der Hoffnung um eine erwünschte Situation in der Zukunft handelt. Curt Richter, ein Psychologie-Professor hat dazu in den 1960er Jahren ein makabres Experiment durchgeführt. Er packte Ratten in ein Wasserbassin, dem sie selbstständig nicht entfliehen konnten. Obwohl Ratten grundsätzlich geübte Schwimmer sind, ließen sich einige Tiere nach wenigen Minuten, sinken. Sie hatten sich aufgegeben und akzeptierten frühzeitig den Tod. In einem zweiten Versuch wurden einige Nagetiere kurz vor dem Ertrinken aus dem Wasser gezogen und aufs Trockene gesetzt. Diese Ratten warf Richter dann nochmals in das Becken. Diese Ratten bewegten sich nun bis zu 60 Stunden im Wasser. Die Wissenschaftler erklärten es damit, dass die Ratten durch das Erlebnis der Rettung darauf hofften, dass sie wieder gerettet werden. Hierdurch können wir eine Vorstellung bekommen, welche enormen Kräfte wir auch als Menschen entwickeln können, wenn wir bewusst an etwas glauben.[50]

> **Fazit**
> Vertrauensvorschüsse an die Mitarbeitenden ist eine starke emotionale Methode, welche sehr intensiv und positiv in die menschliche Beziehungsebene einzahlt. Sie kann angewendet werden, wenn Sie als Führungskraft tatsächlich die Fähigkeiten im Gegenüber sehen oder stark vermuten.

3.4.2 Geduld

> **Beispiel**
>
> Ich komme mit meinem Auto zu einem geschlossen Bahnübergang. Erfahrungsgemäß kommt der Zug hier nach zwei Minuten, die Schranken gehen wieder auf und ich kann weiterfahren. Heute dauert es etwas länger. Ich warte und mit mir auf jeder Seite ungefähr zehn Autos. Nach drei Minuten ist der Zug noch nicht vorbeigefahren, die Schranke bleibt unten. Nach vier Minuten drehen die ersten Autos um. Nach fünf Minuten fahren die ersten Autofahrer über den geschlossen Bahnübergang, indem sie das rote Warnlicht ignorieren und die Schranke diagonal umfahren. Nach sieben Minuten stehe ich alleine dort und merke, dass ich selbst ebenfalls von der Hektik angesteckt wurde. Nach acht Minuten kommt der Zug vorbei, die Schranke öffnet sich. Ich fahre irritiert weiter. Welche Lektion habe ich gelernt?

Geduld wird in der heutigen Zeit immer mehr zum Schlüsselfaktor einer Führungskraft. Einerseits leben wir in einer sich extrem schnell verändernden Welt, anderseits wird der Anspruch und die Notwendigkeit immer größer, hier mithalten zu können. Gleichzeitige Projekte, viele Termine und Probleme sind die Folge, die scheinbar alle sofort angegangen und gelöst werden sollen. Doch die Wahrheit ist: Viele Dinge, wie z. B. eine neue Produkteinführung, benötigen Zeit und lassen sich auch im digitalen Zeitalter angesichts von eher wenigen Fachkräften nicht unendlich beschleunigen. Geduld ist gefordert, wenn meine eigenen Erwartungen nicht erfüllt werden. Ansons-

50 Vgl. EFG Bretten (o. J.): Hoffnung hält uns über Wasser

ten entstehen innere Spannungen und die überschüssige Energie erzeugt z. B. Unruhe, Kopfschmerzen oder Blockaden. Das Einfachste wäre jetzt, das Anspruchsniveau zu senken, doch damit ist uns als Führungskraft nicht geholfen, da wir meist auf Hochleistung programmiert sind.

Was können Sie nun tun?
Zuerst sollten Sie sich eine gewisse spielerische Leichtigkeit angewöhnen und das Vertrauen haben, dass sich alles wieder auflösen und weitergehen wird. Keine Emotion bleibt dauerhaft bestehen. Sehen Sie die Ereignisse auf eine spielerische Art und Weise, wie vielleicht ein Monopoly-Spiel. Darüber hinaus können Sie einzelne Sachverhalte achtsam betrachten und selektieren. Liegen die Verzögerungen im Bereich Ihres Einflusses oder nicht?

Steffen Kirchner[51] unterscheidet hier zwei Welten. Den Interessenbereich, also die äußere Welt, in der sich unsere Wünsche, Erwartungen und Ziele abbilden. Im Unternehmenskontext sind das Dinge wie Marktanteil, Umsatz und Gewinn. Innerhalb des Interessenbereiches gibt es die Teilmenge des Einflussbereiches, also unsere innere Welt. Hier liegen die Punkte, die ich selbst beeinflussen kann, z. B. meine Kompetenzen oder meine Disziplin. Im Prinzip betrifft es alles, was in mir ist bzw. zu meinem Inner Game gehört. Um erfolgreich und zufrieden zu sein, ist es notwendig, den Fokus stärker auf den Einflussbereich zu legen. Hierdurch erfolgt dann automatisch eine Verschiebung der Anteile, denn wenn die Aufmerksamkeit nach innen geht, fließt dort auch die Energie hin. Damit wird der Interessenbereich automatisch kleiner. Menschen, die zu 80 Prozent im Einflussbereich leben, leben gefühlt selbstständiger und geduldiger, da sie sich den Veränderungen im Außen nicht so stark ausgeliefert fühlen.

Sofern sich ein Schiff im Suez-Kanal quergestellt hat und Ihre Lieferung verspätet eintrifft, sind Ihnen die Hände gebunden, da dieser Vorgang nicht in Ihrer Macht steht. Mit solchen Ursachen sollten Sie schnell Frieden schließen. Trotzdem können Sie überlegen, ob Sie die benötigten Baugruppen selbst oder woanders ggf. zu höheren Kosten herstellen lassen können. Solche Gedanken liegen wieder im Einflussbereich und machen Sie handlungsfähiger.

Haben Sie Schwierigkeiten oder Ausfälle in der eigenen Produktion oder Montage, liegt dies meist vollständig im Einflussbereich. Hier sollten Sie gemäß der Beurteilung »dringend oder wichtig« eine Bewertung vornehmen, ob sich ein konzentriertes Eingreifen lohnt oder nicht. Denn hier werden Sie mit den bestehenden Ressourcen nicht immer alles sofort korrigieren und gleichzeitig lösen können. Wägen Sie daher klar ab, ob es sich lohnt, spontan Ressourcen zu verschieben oder nachzusteuern.

51 Kirchner (2021)

Auch im privaten Bereich sollten Sie die Strukturen so aufbauen, dass Sie geduldig bleiben können. Familie und Freunde sind Rückzugsorte, wo eigene Batteriespeicher aufgeladen werden sollten, um im Arbeitsleben gut ausgerüstet zu sein. Dazu erweist es sich als sehr hilfreich, gewisse Arbeiten nicht selber zu machen. Klären Sie, wo Sie Hilfe benötigen und nehmen Sie diese auch an. Dies kann im Haushalt oder bei der Gartenarbeit sein, sofern Ihnen diese Tätigkeiten zu viel werden.

> **Fazit**
> Stellen Sie sich die Frage, welche Punkte Sie ungeduldig werden lassen. Dinge, die Spaß machen und leicht von der Hand gehen, können Sie selbst erledigen. Punkte, die Sie primär nicht stören, können liegen bleiben und Themen, die Sie unruhig machen, sollten Sie vergeben oder sie emotional tiefer legen. Damit werden Sie eine nahezu ausgeglichene, geduldige Führungskraft sein.

3.4.3 Resilienz

Resilienz oder psychische Widerstandsfähigkeit ist die Eigenschaft, Krisen zu bewältigen. Hierbei erfolgt ein Zugriff auf persönliche und sozial vermittelte Ressourcen, mit denen die Krise angegangen wird. Wirklich resiliente Personen haben daher besondere Fähigkeiten, sich auch in extrem schwierigen Situationen anzupassen und sie zu meistern. Hierbei gelingt es ihnen selbst unter widrigen Umständen, Freundschaften zu knüpfen, Freude zu entwickeln und den Glauben an das Gute nicht aufzugeben. Als Beispiel dienen hier Menschen, die in Kriegsgefangenschaft waren oder entführt worden sind. Diese konnten nach den traumatischen Ereignissen berichten, dass sie selbst in Extremsituationen positive Vorstellungen von ihrem Leben hatten, Pläne schmiedeten und dass sie nie aufhörten, die Welt insgesamt mit allen ihren Problemen als sinnvoll zu sehen. Resiliente Personen verhalten sich unempfindlicher auf psychische Belastungen wie Stress und Enttäuschung. Sie handeln flexibler in schwierigen und sich ändernden Konstellationen.

Was bedeutet das für die Arbeit als Führungskraft?
Im Unternehmen helfen uns hier folgende Verhaltensweisen:

- Behandeln Sie sich mit Geduld, Mitgefühl und Nachsicht, so wie Sie es mit Ihrem besten Freund oder Ihrer Freundin tun würden.
- Vertrauen Sie auf Ihr Wissen und Ihre Intuitionen.
- Konzentrieren Sie sich regelmäßig auf die positiven Aspekte des Lebens.
- Nehmen Sie sich Zeit für Erholung, Entspannung und Spaziergänge nach dem Essen.
- Halten Sie soziale Kontakte innerhalb und außerhalb des Unternehmens und pflegen Sie diese Verbindungen.

Fazit
Resilienz ist keine angeborene Eigenschaft, sondern eine Fähigkeit, die man erlernen kann. Resiliente Menschen haben oft ein starkes soziales Netzwerk, ein gutes Selbstwertgefühl und eine positive Grundeinstellung zum Leben. In ihrer Denkweise sind sie agil, flexibel und kreativ, und sie haben gelernt, mit diesen Eigenschaften den Stress und die Schwierigkeiten zu umgehen oder aufzulösen.

3.5 Reflexion, Offenheit

3.5.1 Reflexion

Reflexion ist das elementarste Schlüsselelement überhaupt, um eigene Veränderungen erkennen und damit anstoßen zu können. Erst wenn ich in der Lage bin zu reflektieren, also mich zu scannen und mitzubekommen und zu fühlen, was in meiner direkten Umgebung augenscheinlich und unterschwellig passiert, bin ich in der Lage, mein Verhalten und daraufhin meine Fähigkeiten anzupassen. Die Reflexionsfähigkeit entscheidet letztlich darüber, ob Sie die Begabung haben, notwendige Veränderungen bei sich und bei anderen Menschen oder im Unternehmen zu erkennen. Sie ist stark verbunden mit den Eigenschaften der Offenheit und der Achtsamkeit sowie der Selbstwahrnehmung.

Wenn Sie im Außen neue Erkenntnisse gewinnen, dürfen Sie diese in das eigene Innere aufnehmen. Hierbei sind eine Beobachtung und Bewertung des eigenen Denkens, der Emotionen und der Impulse zum Handeln sehr wichtig. In diesem Prozess hinterfragt man seine eigenen bisherigen Verhaltensmuster und Einstellungen und hat die Gelegenheit, diese anzupassen oder auch grundlegend zu verändern. Zusätzlich findet man in diesem Prozess mehr über seine eigene Persönlichkeit heraus. Sofern einen negative Emotionen spontan einschränken, empfiehlt es sich, eine kurze Auszeit zu nehmen und sich körperlich zu bewegen, damit eine Verarbeitung der Emotionen im Gehirn stattfinden kann.

Was bedeutet das nun in der Praxis als Führungskraft?
Ohne Reflexion im Unternehmen ist keine gravierende Veränderung möglich, da alle bedeutsamen Prozesse ebenfalls emotional betrachtet und verarbeitet werden müssen. Gute Selbstreflexion hingegen macht Sie (selbst-)bewusst, offen für Veränderungen und bringt Sie in Führung gegenüber anderen, die ihr Selbstbild nicht kontinuierlich hinterfragen.

Sie sind stets dabei, Ihr bestes Selbst zu entwickeln. Menschen erleben Sie als authentisch, inspirierend und herausfordernd. Um den Anteil Selbstreflexion bei sich zu trainieren, helfen Achtsamkeitsübungen, Meditation und Yoga.

> **Fazit**
> Betrachten und behandeln Sie das Thema Selbstreflexion als ein Schlüsselelement in Ihrer Rolle als Führungskraft. Nur wenn Sie intuitiv spüren, welche Veränderungen und auch Emotionen in Ihrem Umfeld auftreten, können Sie die notwendigen Handlungen daraus ableiten und als exzellente Führungskraft dauerhaft bestehen.

3.5.2 Offenheit

Um einem gängigen Vorurteil gleich entgegenzutreten: Offenheit für Neues ist eine Haltungsfrage und keine Frage des Alters.

Offenheit ist eine grundsätzliche Bereicherung im Leben, da sie neue Eindrücke und Erfahrungen in das eigene Dasein einbringt. Mit Offenheit ist nicht die Redseligkeit gemeint, sondern ein natürliches und ehrliches Ausdrücken von einzelnen Situationen, um beispielsweise im Kollektiv die beste Lösung zu finden. Hierbei kann man mit einigen Punkten und Werten sehr offen sein und mit anderen eher verschlossen.

Auch wenn Veränderungen schon immer zum Lauf des Lebens dazu gehört haben, ist die Geschwindigkeit durch Technik und Wissenschaft getrieben, heutzutage fast exponentiell. Daher sind in unserer modernen Zeit Veränderungen meist eher die Regel als die Ausnahme.

Doch viele Menschen tun sich mit Veränderungen schwer, da sie eine Destabilisierung des Gewohnten darstellen. Das Gefühl von Sicherheit und Stabilität gerät ins Wanken und droht zu kippen. Dadurch kommen bei vielen Menschen negative Gefühle und Ängste auf, besonders wenn die Veränderungen wesentliche Lebensbereiche betreffen oder schlecht verständlich sind. Hinzu kommt, dass häufig in einer Art Worst-Case-Szenario die schlimmstmöglichen Auswirkungen fantasiert werden, die nicht unbedingt der Realität entsprechen müssen. Dabei sind es einfach nur natürliche Reaktionen des Körpers und Geistes, die versuchen, ein stabiles System aufrechtzuhalten. Offene Menschen dagegen verhalten sich Veränderungen gegenüber eher positiv, sie sehen in der Veränderung schnell Möglichkeiten und Potenziale für sich und das Unternehmen und suchen diese auch aktiv.

Was bedeutet das nun in der Praxis als Führungskraft?
Als Führungskraft sollten Sie eine entsprechende Offenheit mit Ihrem Verhalten vorleben bzw. sich diese antrainieren. Teilen Sie, sofern inhaltlich möglich, Informationen, äußern Sie Ihre eigene Meinung zu Themen, teilen Sie Wissen und aktuelle Geschäftsinformationen im Rahmen der gegebenen und gewünschten Möglichkeiten.

Hierdurch wird sich schrittweise das Prinzip der Reziprozität einstellen. Dieses wird in den Sozialwissenschaften als ein universelles soziales Prinzip angesehen. Werden also vom Vorgesetzten Informationen zur Verfügung gestellt, wird auch der Mitarbeiter in einem nächsten Schritt sein Wissen teilen. Dieses System des gegenseitigen Vertrauens wird so lange Bestand haben, bis sich ein neuer oder bestehender Spieler anders verhält.

> **Fazit**
> Offenheit erzeugt im Positiven eine vertrauensvolle und natürliche Atmosphäre, wo unvoreingenommen über Probleme, Lösungen und Veränderungen gesprochen werden kann. Geben Sie sich dagegen bewusst oder unbewusst zurückhaltend und verschlossen, werden Sie damit auch das Verhalten bei Ihren Mitarbeitenden beeinflussen und damit auf tiefere Ebenen übertragen. Entscheiden Sie sich daher für eine gewisse Offenheit und teilen Sie auch mal Informationen von sich selbst. Dies wird Sie als Führungskraft nahbarer und greifbarer für die Menschen machen.

3.6 Machbarkeit, Intuition, Abgrenzung

3.6.1 Machbarkeit

Machbarkeit bedeutet zuerst einmal technische oder wirtschaftliche Durchführbarkeit oder Realisierbarkeit, d. h. eine Forderung etwa nach einer neuen Maschine kann nach den Vorgaben von Wissenschaft und Technik erbracht werden. Sie kann sich ebenfalls auf wirtschaftliche Aspekte beziehen, z. B. ob Finanzierungen oder ein Hausbau möglich sind. Wenn etwas machbar ist, bedeutet es auch, dass alle Rahmenbedingungen, wie vorhandene Kapazitäten und Ressourcen oder gesetzliche Rahmenbedingungen, dem Vorhaben in einem Gesamtkontext nicht entgegenstehen, also positiv geprüft wurden. Was ist damit im Detail gemeint? Nehmen Sie den Auftrag für die oben genannte Maschine an, müssen Sie in der Lage sein, diese herzustellen, und zwar neben allen bereits angenommenen anderen Aufträgen. Eine Machbarkeitsstudie oder auch Projektstudie dient der intensiven Überprüfung und Absicherung von Vorgängen oder Projekten, um die Realisierung im Vorfeld mit einem hohen Konfidenzlevel zu bestätigen.

Was bedeutet das nun in der Praxis für Sie als Führungskraft?
Machbarkeitsstudien werden im Tagesgeschäft sehr selten eingesetzt, tendenziell nur bei neuen, also unbekannten Projekten. Daher sind in jedem Unternehmen Menschen gefordert, die mit einem guten Instinkt die Machbarkeit für geringe bis mittlere Erneuerungen schnell abschätzen können, d. h., ob eine Begebenheit mit den bestehenden Bedingungen und Parametern realisiert werden kann oder eben nicht.

Bei bestehenden und bekannten Rahmenbedingungen können hier mehr und mehr KI-Funktionen eingesetzt werden. Diese funktionieren gut bei einer bestimmten Anzahl von bekannten Parametern, die durch KI-gesteuerte Tools gut verarbeitbar sind. Ausfälle oder Reduzierungen von Parametern beispielsweise errechnet die KI emotionsloser und damit eventuell besser als ein menschlicher Planer.

Sofern sich nun aber völlig neue Anforderungen ergeben, z. B. eine erweiterte Zusatzfunktion an der Maschine, die die KI bisher nicht kennt, muss der Mensch eingreifen und die Parameter abschätzen, testen und anschließend im Programm der KI erweitern.

Welche Merkmale ermöglichen es dem Menschen, eine richtige und schnelle Entscheidung zu treffen? Es handelt sich dabei um eine Gesamtfähigkeit, bei der unterschiedliche Skills miteinander verschmelzen. Diese bestehen aus harten und weichen Faktoren, die nur in der Kombination eine Aussage bzw. Entscheidung zulassen. Diese sind im Detail:

- Wissen um die technischen Details und Rahmenbedingungen
- Erfahrung mit ähnlichen Projekten
- Vorstellungskraft der finalen Lösung
- Mut, sich erweiterten Aufgaben zu stellen
- Zuversicht/Vertrauen, dass es funktionieren wird
- Entschlossenheit für die Umsetzung

> **Fazit**
> Sofern Sie sich als Führungskraft nicht immer sicher sind, ob Ihre Ideen, Prozesse und neuen Ansätze im Unternehmen funktionieren, sollten Sie Ihre ersten Prototypenergebnisse mit weiteren Fachleuten im Unternehmen durchsprechen, die ebenfalls ähnliches Wissen und Erfahrung hier mitbringen. Oft ergeben sich durch den Austausch weitere positive Aspekte, die das Ergebnis noch verbessern.

3.6.2 Intuition

Intuition und Machbarkeit sind stark miteinander verwandt, wobei Intuition noch tiefer aus der unterbewussten Ebene kommt. Machbarkeitseinschätzungen entwickeln sich mehr aus dem logischen Denken und den bewussten Erfahrungen heraus. Intuition dagegen verbindet mehrere Elemente des Unbewussten, besonders emotional erlebte Ereignisse. Woher kommt nun aber die Intuition und wie passt sie zusammen mit dem logischen Denken?

Laut Gerd Gigerenzer (2014) ist Intuition eine unbewusste Intelligenz, welche die meisten Bereiche unseres Gehirnes ausnutzt und parallel zum logischen Denken eingesetzt wird. Intuition findet ihren Einsatz in einer ungewissen Welt, während Logik dort eine Anwendung findet, wo die Risiken berechnet werden können. Die Intuition basiert auf intelligenten Faustregeln und viel Erfahrung, die im unbewussten Teil des Gehirns verborgen sind. Meistens sind beide Elemente erforderlich, um eine wesentliche Entscheidung zu treffen. Intuition ist unentbehrlich in einer komplexen, ungewissen Welt, wo Erfahrungswerte fehlen, während Logik anwendbar ist, in der alle relevanten Risiken nahezu bekannt sind.[52]

Was bedeutet das nun in der Praxis als Führungskraft?
Bei einer Umfrage von Gerd Gigerenzer gab es hierzu überraschende Aussagen, wie oft Bauchentscheidungen auf allen Führungsebenen heimlich getroffen und den rationalen Argumenten vorgezogen werden. Hierbei wurde bei einer Befragung von Topmanagern eines großen internationalen Technologiedienstleisters festgestellt, dass bei ungefähr 50 Prozent aller Fälle die Entscheidungen aus dem Bauch heraus getroffen wurden. Grundsätzlich wird in unserer Gesellschaft immer eine vernünftige Rechtfertigung für wichtige Entscheidungen eingefordert. Ein gutes oder schlechtes Bauchgefühl als Erklärung reicht nicht aus, es Bedarf nach außen immer einer kognitiven Begründung für Entscheidungen. Nicht jedes Gefühl kann aber rational erklärt werden, trotzdem ist es wichtig, diese Form der Intelligenz zu berücksichtigen, da sie ein sehr hohes Potenzial für die Entscheidungsfindung besitzt.[53]

Es ist ein großer Irrtum, zu glauben, dass gute Urteile und Entscheidungen sich ausschließlich auf Logik und Berechnung reduzieren lassen. Empfehlenswert ist es, solche Bauchentscheidungen auch bei nicht rational begründbaren Argumenten mit zu berücksichtigen bzw. mit einzubinden, da ansonsten die Gefahr besteht, eine schlechtere, aber logisch nachvollziehbare Alternative zu wählen. Die Auswirkungen von zweit- oder drittbesten Lösungen für das Unternehmen bedeuten natürlich ein hohes Risiko und sollten vermieden werden. Um also defensive Entscheidungen zu vermei-

52 Vgl. Gigerenzer (2014)
53 Vgl. Gigerenzer (2014)

den, kann die Intelligenz der Gruppe genutzt werden oder man bedient sich auch hier einer einfachen Faustregel. Ist der erfahrenste, anerkannteste Teamspieler derjenige mit dem schlechten Bauchgefühl, dann verwerfen Sie das aktuelle Projekt, ohne es weiter zu hinterfragen und suchen nach einer anderen Investitionsmöglichkeit, einer alternativen Lösung oder einer anderen Strategie.[54]

> **Fazit**
> Exzellente Entscheidungen können sich letztlich nur ergeben, wenn beide Elemente, also der rationale Verstand und die Intuition, eingesetzt werden.

3.6.3 Abgrenzung

Sie können ein noch so offenes und vertrauensvolles Verhältnis zu Ihrem Team haben, Sie bleiben in einer hierarchischen Organisation in der letzten Konsequenz immer der Vorgesetzte. Das heißt, Sie werden immer etwas auf Ihr Verhalten, Ihre Kleidung und auf die Wortwahl achten müssen, da Sie der Ranghöhere sind. Dazu gehört aus meiner Sicht ebenfalls eine gewisse Form von natürlicher Distanz.

Wie und wann ist der richtige Grad der Abgrenzung im Unternehmen gegeben?
Zuerst einmal dürfen Sie authentisch sein und wenn wichtige Aufgaben anstehen, hat die Vorbereitung eventuell Vorrang vor einem gemeinsamen Mittagessen oder Spaziergang mit Ihrem Team. Das Gleiche gilt, wenn Sie selbst erschöpft oder angespannt sind. Hier darf man sich phasenweise vom Team abkoppeln, um sich zu erholen. Handeln Sie so echt wie möglich, versuchen Sie im Team niemanden zu bevorteilen, selbst wenn es Personen gibt, die Ihnen ggf. sympathischer sind als andere.

Eine weitere Möglichkeit zur Abgrenzung ist das Nein-Sagen, sowohl innerhalb als auch außerhalb der Abteilung. Da wir alle zum Ja-Sagen erzogen wurden, werden wir so gut wie nie Anfragen ablehnen, also ein konkretes Nein erwidern. Lieber verstricken wir uns in mögliche Optionen und Voraussetzungen, um das Projekt zumindest mal theoretisch nicht ablehnen zu müssen. Dabei wäre ein klares Nein oft die beste und sinnvollste Antwort und Lösung. Laut Steffen Kirchner sollte man für maximalen Erfolg ungefähr 60 Prozent Ja-, 20 Prozent Vielleicht- und 20 Prozent Nein-Mensch sein.[55]

Es ist zu beobachten, dass negative Folgen einer Abgrenzung erfahrungsgemäß hauptsächlich dann auftreten, wenn man selbst nicht souverän hinter seiner persönlichen Entscheidung steht. Lernen Sie also zuallererst, sich von den eigenen inneren Widerständen gegen das Abgrenzen zu distanzieren. Wenn Sie denken oder empfin-

54 Vgl. Gigerenzer (2014)
55 Kirchner (2021)

den, dass Sie sich gegenüber etwas oder jemandem »eigentlich« distanzieren sollten, dann streichen Sie das »eigentlich« und grenzen Sie sich, im Rahmen der beruflichen und privaten Möglichkeiten, von dieser Person ab. Ziehen Sie erst hinterher eine Bilanz darüber, welche soziale Prämie Sie bezahlt haben und wie Sie sich im Ergebnis fühlen.[56]

Die Flucht in die Nicht-Entscheidung kann dem gegenüber ein Versuch sein, sich nicht abgrenzen zu müssen. Allerdings ist der Preis dafür die Unmündigkeit. Wir übernehmen keine Verantwortung für unsere Entscheidungen, sondern passen uns möglichst den Erwartungen an. Wir akzeptieren Anforderungen an uns, die wir eigentlich ablehnen möchten und sollten.

In diesem Fall ist eine gute Aufarbeitung der Vergangenheit vonnöten und eine klare Abgrenzung von Themen, die einem nicht gehören oder die für einen selber keinen Sinn machen. Die ungünstige Alternative dazu ist, im bestehenden Trott zu bleiben und sich gewissermaßen wegzuducken.[57]

> **Fazit**
> Lernen Sie schrittweise, auch das Nein-Sagen in Ihr Leben zu integrieren. Dies ist wichtig, um ein selbstbestimmtes und freies Leben zu führen.

3.7 Kreativität, Flexibilität

3.7.1 Kreativität

Kreativität beschreibt die Kunst, etwas Neues zu erschaffen – innovatives Denken und neue Ansätze sind dabei gefragt. Kreative Menschen gehen intrinsisch davon aus, dass es für die allermeisten Probleme eine Lösung gibt.

Sie suchen mit teilweise großem Vergnügen nach Lösungen, basierend auf Problemen oder neuen Aufgabenstellungen. Dabei ist der Weg das Ziel. Sie gehen oft von unterschiedlichen Seiten an eine Aufgabe heran und nutzen auch neue oder noch nicht vollständig erprobte Technologien und Methoden.

Im alltäglichen Handeln wird hier nochmal zwischen gebräuchlicher und außergewöhnlicher Kreativität unterschieden. Außergewöhnliche Kreativität ist dabei die hervorstechende Kreativität auf Ebene von Genies wie z. B. Leonardo da Vinci. Mit der alltäglichen Kreativität sind die vielen positiven Anpassungen gemeint, wie das Umge-

56 Vgl. Frei (2021)
57 Vgl. Förster/Kreuz (2016)

stalten eines Gartens oder das Improvisieren beim Kochen oder die neuen Lösungen zu einem Problem im Unternehmen zu finden.

Was bedeutet das nun in der Praxis für die Führungskraft?
Eine Führungskraft sollte ein gewisses Maß an Freiraum haben, um kreativ zu sein, da sich in seinem Bereich regelmäßige neue Fragestellungen und Herausforderungen melden. Einfache Lösungen ergeben sich schnell durch offene und vertrauensvolle Diskussionen innerhalb des Teams. Für tiefergehende Thematiken empfiehlt es sich, eine Auswahl an kreativen Methoden zu haben, um diese dann fallweise einsetzen zu können. Hierbei können unterschiedliche Ansätze miteinander kombiniert werden, um die besten Resultate vorzugsweise im Team zu erzielen.

Aufgrund der mittlerweile exorbitanten Anzahl von Kreativitätstechniken ist es günstig, sich zuerst auf einige wenige Methoden zu konzentrieren und diese auch regelmäßig einzusetzen. Hierzu gehören aus meiner Sicht das Brainstorming, die 5-Why, die Fehlerbaumanalyse, die Metaplantechnik (Kartenabfragen) und das Ishikawa-Diagramm. Zu empfehlen ist es, ein oder zwei Mitarbeitende für den Einsatz solcher Kreativitätstechniken als Experten auszubilden und weiterzuentwickeln.

Wichtig

Finden Sie für sich selbst mindestens ein Element im Leben, wo Sie kreativ sein können. Damit werden Sie andere Gehirnregionen befeuern und zu einer mentalen Entspannung kommen.

3.7.2 Flexibilität

Schon zu Beginn der 1990er Jahre prägte das U.S. Army War College aus der sich abzeichnenden neuen Normalität das Akronym VUCA, das für Volatility (Volatilität, Unbeständigkeit), Uncertainty (Unsicherheit), Complexity (Komplexität) und Ambiguity (Ambiguität, also Mehrdeutigkeit) steht.[58] In der heutigen Zeit erleben wir VUCA nun fast schon als Normalzustand. Faktoren wie Fachkräftemangel, Inflation und Energieknappheit erzeugen massive Veränderungen in Bezug auf unsere Arbeitsweisen und Arbeitsorte. Hierdurch fühlen sich viele Menschen überfordert, besorgt und verloren.

Zusätzlich machen Unternehmen zudem weitere Erfahrungen mit Märkten, deren Voraussetzungen nicht mehr nur fragil, sondern fast schon chaotisch sind. Hier ziehen einzelne Aktionen bereits weltweite Effekte nach sich. Demgemäß entstehen zusätzliche Ängste, dass Entscheidungen, die getroffen werden, falsch sein könnten. Eine Folgerung von Ursache und Wirkung ist nicht mehr möglich, da diese in keinem ver-

58 Vgl. Wikipedia: VUCA

trauten Verhältnis mehr stehen. Solche Unternehmen erleben: BANI. BANI steht für brüchig (**b**rittle), ängstlich (**a**nxious), nicht-linear (**n**on-linear), unbegreiflich (**i**ncomprehensible).[59]

Kann man sich trotzdem als Führungskraft gegen solche enormen Veränderungen flexibel aufstellen? Letztlich kann man nicht wissen oder kontrollieren, was der nächste Tag bringen wird. Den Punkt, den man wandeln kann, ist die Einstellung bzw. die Strategie, wie mit Veränderungen umgegangen wird. Springen wir hauptsächlich von Veränderung zu Veränderung, handeln wir aus Impulsen, nicht aus einer Strategie heraus, sind wir dauerhaft in einem getriebenen Modus. Orientieren Sie sich daher also grundsätzlich mehr an einer eigenen Strategie und einem eigenen Nordstern im Leben. Ist dieser gesetzt, können Sie untergeordnete Ziele oft anpassen, der grundsätzliche Lebenssinn, also der Zweck und die Vision bleiben aber bestehen.

Ein weiterer hilfreicher Punkt ist die aktive Ausweitung der eigenen Komfortzone. Hierzu dienen besonders neue Ansätze und Erfahrungen, die in der Lernzone intensiv trainiert werden können (siehe dazu Abbildung 17). Denn durch das Aneignen neuer Erlebnisse und Erfahrungen werden ehemals ungewohnte und unsichere Themen zur neuen Routine, d.h., die Komfortzone vergrößert sich langsam. Durch das bewusste und schrittweise Herantasten fühlt sich das Unbekannte weniger bedrohlich an. Der Weg zu neuen Kenntnissen und Kompetenzen, und damit die Fähigkeit, Angst bzw. Unsicherheit loszuwerden, führt in letzter Konsequenz immer durch das Erlernen von Neuem. Gelingt dies, muss der Vorgang nun langsam und durch Übung in die neue Routine integriert werden.

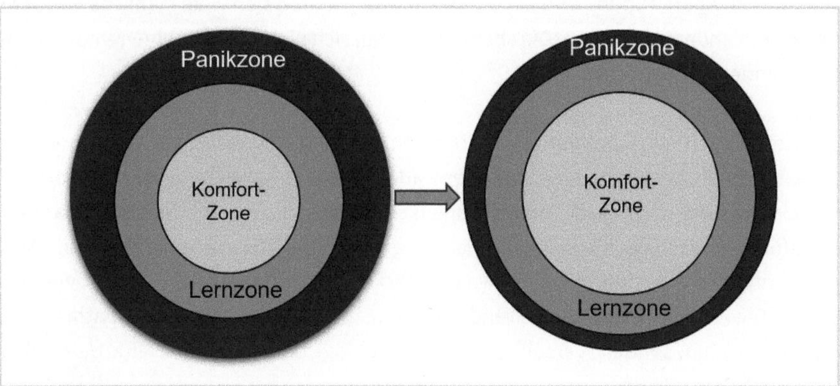

Abbildung 17: Komfortzone, Lernzone, Panikzone

In der Lernphase sollte man bereit sein, sich ehrlich und konstruktiv zu beobachten. Konzentrieren Sie sich auf die neuen Inhalte, die funktionieren, verwerfen Sie Ansät-

59 Vgl. t2informatik.de (o. J.): BANI – den Wandel begreifbar machen

ze, die nicht passen und suchen Sie laufend nach neuen Alternativen. Durch das regelmäßige Üben und die daraus erzeugten Erfolge wird man mutiger und verschiebt dadurch schrittweise die Zonen nach außen.

Feiern Sie sich und Ihre Erfolge, seien Sie stolz auf sich selbst. Jeder kleine Schritt vergrößert dabei Ihr Spielfeld. Versuchen Sie sich diesen Weg, diese Vergrößerung bildlich vorzustellen. In der Praxis vergrößert sich die Komfortzone und Punkte in der Panikzone gehen durch Synergien in die Lernzone über, sodass sie dort wieder betrachtet werden können.

> **Fazit**
> Das Ausdehnen der Komfortzone ist eine massive positive Erweiterung der eigenen Fähigkeiten und darf schrittweise trainiert werden. Denn nur wenn Sie sich permanent auch unsicheren und neuen Situationen stellen, kann sie letztlich erweitert werden.

3.8 Empathie

Empathie beginnt mit dem Zugang zu den eigenen Gefühlen. Spüre ich in mir Freude, Trauer, Wut, Mitleid, Angst, Eifersucht und Liebe und kann ich mit diesen Gefühlen umgehen? Erst wenn ich mit mir selbst eingeschwungen bin, kann ich auch wirkliche Gefühle für andere Menschen entwickeln und ihnen entsprechend begegnen. Oft ist der Zugang zu den persönlichen Gefühlen verschlossen oder intransparent. Um trotzdem für sich Anerkennung und Lob zu bekommen, helfen sich viele Menschen, indem sie sich um andere kümmern. Dies hat den Vorteil, sich nicht mit den eigenen Gefühlen auseinandersetzen zu müssen.

Doch erst wenn ich Einfühlungsvermögen für mich selbst aufbringe, bin ich in der Lage, innere Ruhe zu erlangen und diese auch in meine Umgebung zu transformieren. Eine weitere wichtige Differenzierung ist der Unterschied zwischen Anteilnahme/Mitgefühl und das Lösen von Problemen für andere Menschen. Anteilnahme und Mitgefühl sind wichtige Gefühle, die etwa bei starker Trauer oder Freude gezeigt werden dürfen. Die Probleme für Mitarbeitende zu lösen, hat jedoch nichts mit empathischem Verhalten zu tun, sondern verschiebt nur die Sachlage und erzieht die Mitarbeitenden zur Unselbstständigkeit.

Was bedeutet das nun in der Praxis als Führungskraft?
Empathie ist inzwischen eine Schlüsselfähigkeit bei Topmanagern geworden. Hier geht es einerseits um zwischenmenschliche Anteilnahme und ebenfalls um die gelungene Verbindung von verschiedenen Stakeholdern im und außerhalb des Unternehmens. Hierzu sind wesentliche Softskills, also Instrumente wie aktives Zuhören,

Rückfragen, Mitgefühl, wertvolle Ergänzungen und sinnvolle ausgleichende Vorschläge notwendig. Damit dies gelingen kann, erfordert es zuerst eine Bereitschaft, sich auf andere Menschen emotional einzulassen und ihre Standpunkte zu verstehen, um diese mit in Lösungsmöglichkeiten transformieren zu können. Wer dagegen selbst unter Druck steht oder Empathie als nicht notwendig oder ungeeignet ansieht, wird langfristig im Unternehmen nicht mehr erfolgreich sein können.

Fazit

Empathie ist eine weitere Schlüsselfähigkeit, um als exzellente Führungskraft die wichtigen Emotionen in Verhandlungen zuerst zu spüren, sie aufzunehmen und dann gezielt verbindend unter den Parteien wieder einzusetzen.

4 Substanzielle Erfahrungen

4.1 Die eigene Bewertung

Das Gehirn besitzt eine Art Energiesparmodus, der dafür sorgt, dass in gewohnten und in besonders stressigen Situationen immer wieder die gleichen Gedanken bzw. Reaktionen erzeugt werden. Daher wiederholt man im Durchschnitt jeden Tag mindestens 90 Prozent seiner kognitiven Imaginationen und Glaubensätze. Hierdurch können sich allerdings keine Veränderungen einstellen und die gelebten Tage fühlen sich langweilig und schnelllebig an, da gefühlt nichts Neues passiert. Wiederholende Gedanken erzeugen also analoge Routinen und suggerieren eine hohe Sicherheit bei einem geregelten, aber eben ggf. langweiligen Ablauf. Dies ist bei den meisten Abläufen und Ereignissen im Unternehmen nicht anders.

Erst wenn massive Veränderungen oder Problemstellungen auftreten, wird zuerst versucht, diese zu verdrängen oder abzugeben, um schnell und ohne viel Aufwand wieder in den alten Zustand zurückzukommen. Leider – oder besser zum Glück – treten manchmal gravierende Situationen auf, die ein Abtauchen oder Verdrängen nicht mehr möglich machen. Beispiele für solche Ereignisse sind: Sie bekommen einen neuen Vorgesetzten, die Firma wird verkauft, Sie werden entlassen, Sie werden für ein Jahr ins Ausland versetzt und vieles mehr. Diese abrupten Veränderungen sind für Menschen, die wenig Übung im Umgang damit haben, eine enorme Herausforderung und Sie versuchen, den vertrauten Zustand zunächst imaginär aufrechtzuerhalten. Nicht selten wird darauf auch mit Krankheit reagiert – das eigene System tilt.

Dabei haben Sie es selbst in der Hand, Ihre Bewertung und Einstellung zu Veränderungen zu überdenken und anzupassen, denn da man sein Verhalten entsprechend seinen Gedanken ausrichtet, passiert immer tatsächlich das, was man denkt. Man nennt diesen Zusammenhang auch die sich selbst erfüllende Prophezeiung.

Eine bessere Wahl ist es also, sich permanent bewusst und idealerweise lustvoll auf neue Dinge einzulassen, und zwar im Rahmen der eigenen Persönlichkeit und Möglichkeiten. Hierbei helfen aus eigener Erfahrung zwei einfache Techniken. Verändern Sie schrittweise ihre Gewohnheiten und Gedanken mit ersten kleinen Schritten. Nehmen Sie hierzu z. B. einen anderen Weg auf der Fahrt zur Arbeit, essen Sie mit anderen Menschen als üblich zu Mittag, joggen Sie eine andere Strecke, binden Sie Ihren Schuh anders, wählen Sie andere Farben für Ihr neues Hemd oder benutzen ein neues Parfüm.

Auch ein Wechsel der starken Hand zur schwächeren Seite lässt uns jeden Handgriff wieder bewusst ausführen und fühlen. Schon diese einfachen Veränderungen werden Sie im Kopf beweglicher machen.

In einem weiteren Schritt können Sie versuchen, die Grenzen des Gewohnten, das Sie einschränkt, weiter zu verschieben. Erweitern Sie dafür langsam und schrittweise Ihre Komfortzone in Richtung des Ungewohnten. Fahren Sie statt nach Mallorca oder Kopenhagen einmal mit dem Fahrrad um den Bodensee oder reisen Sie mit dem Europaticket per Zug durch europäische Länder, die Sie noch nicht kennen. Kaufen Sie sich einen Elektroscooter und rollen statt mit dem Auto damit zur Arbeit. Joggen Sie zu ungewohnten Zeiten, ggf. mit einer Stirnlampe, oder duschen Sie einmal in der Woche kalt. Versuchen Sie Kanufahren oder machen Sie einen Schnupperkurs zum Golfen, gehen Sie einen Tag alleine wandern oder überraschen Ihre Partnerin mit einem Wellness-Wochenende. Kurz: Erweitern Sie schrittweise die bestehenden Grenzen in Ihrem Kopf und finden Sie Freude und Vergnügen an diesem Handeln.

> **Fazit**
> Wir fühlen uns nur lebendig, wenn wir neue Dinge tun, alles andere ist Routine. Schaffen Sie es, in neue Gewohnheiten einzutauschen, wird sich das Leben abwechslungsreicher und interessanter anfühlen. Auch im beruflichen Alltag können diese Techniken angewendet werden. Schicken Sie einen geeigneten Mitarbeiter in das anstehende Meeting und arbeiten Sie selbst in dieser Zeit weiter an der Strategie des Bereiches. Versuchen Sie neue Lösungsansätze für bestehende Aufgabenstellungen und freuen Sie sich auf Veränderungen, denn diese sind das Einzige, was wirklich dauerhaft Bestand hat.

4.2 In umstrittenen Situationen tiefer gehen

Was auf der operativen Arbeitsebene schon meist selbstverständlich ist und durch unterschiedliche Methoden und Techniken unterstützt wird, kann in hohen Führungsetagen, die i.d.R. von starken Persönlichkeiten geprägt sind, oft noch nicht angenommen werden, nämlich die gemeinsame und tiefere Betrachtung von Aufgaben- und Problemstellungen. Tatsächlich sind die Fronten hier oft verhärtet und jeder pocht scheinbar zu Recht auf seine Sicht bzw. die eigene Meinung. Auch die Sachargumente, die ausgetauscht werden, verlassen die oberste Problemebene meist nicht. Es sind häufig Provokationen und Machtausdrücke im Spiel, was die Situation eher verhärtet oder auch einen echten Verlierer zurücklässt. Gelingt es einem der Beteiligten dennoch, einen Schritt zur Seite zu machen, um die Thematik und seine Auswirkungen grafisch darzustellen und dadurch tiefer zu gehen, ergeben sich meist neue Sichtweisen, Erkenntnisse und auch Gemeinsamkeiten. Bildlich gesprochen steigt man gemeinsam die Kellertreppe ein paar Stufen hinab und kommt tiefer an die eigentlichen Ursachen der Thematik heran. Man bewegt sich hierbei von einer Problemebene über die Analyse zur Lösungsebene. Zur Analyse gehört auch, ein gemeinsames Ziel zu definieren, denn im Grunde sind beide Parteien an einer Lösung für das Unternehmen interessiert.

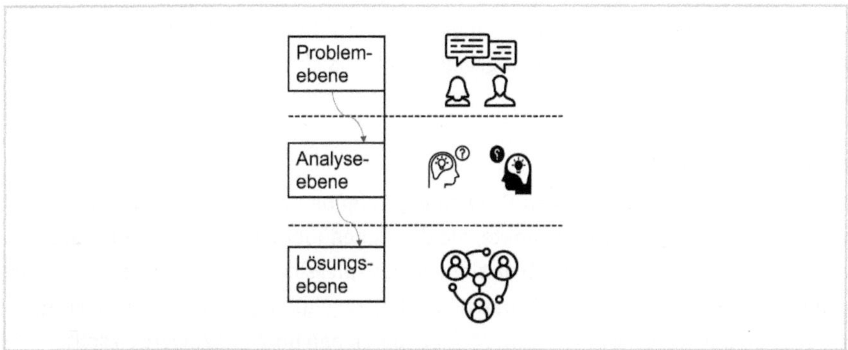

Abbildung 18: Von der Problemebene zur Lösungsebene

Es ist natürlich bei allen Beteiligten eine gewisse Bereitschaft und auch Neugier nötig, sich auf diesen Prozess einzulassen. Ist das Zielbild definiert, müssen anschließend beide Seiten den Fokus darauf ausrichten. Hier dürfen harte Interessen bestehen bleiben, aber weichere Positionen betrachtet werden, um zum gewünschten Erfolg zu kommen. Was bedeutet das?

Beim Sourcing von Produkten oder Dienstleistungen werden Zulieferer benötigt, die mindestens drei Faktoren erfüllen: gute Produkt- oder Dienstleistungsqualität, zuverlässige Lieferzeiten und günstige Preise. Doch oft kommt es vor, dass die Einkaufsabteilung stärker den Fokus auf den Preis legt, denn hier besteht das meiste Interesse aus Sicht der Beschaffung bzw. das interne Belohnungsprinzip ist meistens so ausgelegt, dass ein Kernziel die jährlichen Einsparungen aller eingekauften Waren im Unternehmen ist.

Das Interesse der Qualitätsabteilung fokussiert sich dagegen primär auf die Produktqualität und ggf. noch auf die Lieferperformance. Natürlich kann man hier einen Kompromiss zwischen Einkaufs- und Qualitätsabteilung aushandeln, sodass das Produkt etwas günstiger sowie ein bisschen hochwertiger ist. Doch damit ist in Wirklichkeit niemandem geholfen. Definieren wir dazu einmal das ideale Zielbild: günstige und hochwertige Produkte, die zur richtigen Zeit geliefert werden. Welche Positionen könnten nun darauf einwirken, dass das Zielbild erreicht wird?

Hier könnten zwei Lösungsansätze weiterhelfen, das gemeinsame Zielbild zu erfüllen. Zum einen könnte der Lieferant aus einem Land außerhalb Europas, z. B. aus Indien oder China kommen, wo das Preisniveau noch günstiger und die Qualität mittlerweile bei vielen Lieferanten sehr hoch ist. Eine weitere Alternative wäre ein Lieferant in

Europa, auch in Deutschland selbst, den man über ein gemeinsames Entwicklungsprogramm schrittweise dazu befähigt, gute Qualität und günstige Preise zu liefern. Diese Variante ist aufwendiger, aber langfristig genauso vielversprechend, da fähige Prozesse beim Lieferanten in der Regel ebenfalls zu geringeren Kosten führen. Hierdurch ergibt sich eine sogenannte Win-Win-Situation. Tatsächlich hilft schon meist das gemeinsame Engagement, um die Thematik konstruktiver und offener zu betrachten. Aus der bisher verhärteten Ausgangslage ergeben sich so schnell neue Sichtweisen und Lösungsvorschläge.

Die Vorteile für beide

Wir sind so mit unseren eigenen Problemen, Aufgaben und Zielen beschäftigt, dass wir in Verhandlungen die Pluspunkte, die das Gegenüber einbringt, oft völlig aus den Augen verlieren, obwohl sie doch da sind. Ein Beispiel sind interne oder externe Überprüfungen (Audits, Revisionen). Dabei werden regelmäßig Prozessverbesserungen aufgezeigt, die in einem oder mehreren Fachbereichen umgesetzt werden sollten. Da Manager meistens mit eigenen Themen stark ausgelastet sind, wird die Abarbeitung der Prozessverbesserung im eigenen Bereich jedoch verschoben oder nur halbherzig ausgeführt. Noch herausfordernder wird es, wenn viele Fachbereiche gleichzeitig betroffen sind und es dafür Absprachen bedarf.

Was dann oft fehlt, ist die eindeutige Darlegung der Vorteile, wenn die Punkte umgesetzt sind. Welche Gewinne ergeben sich für alle Beteiligten, wenn sich der Prozess verbessert oder sogar vollständig umgestellt wird? Versuchen Sie diese Vorteile möglichst in quantitativen Größen zu benennen, sodass ihr Gegenüber ebenfalls eine monetäre oder zeitliche Vorstellung bekommt.

Ein Beispiel aus dem privaten Bereich soll verdeutlichen, was damit gemeint ist: Stellen Sie sich vor, dass Sie eine saftige und nicht akzeptable Mieterhöhung erhalten. Natürlich können Sie wütend werden und sich mit Ihrem Vermieter lautstark auseinandersetzen. Hilfreich wird dies aber nicht sein. Welche Möglichkeiten stehen Ihnen also sonst zur Verfügung? Fokussieren Sie zunächst das Ziel, das Sie anstreben, nämlich eine moderatere oder idealerweise gar keine Mieterhöhung. Dann überlegen Sie zuerst, welche Vorteile der Vermieter hat, wenn er Sie weiter in der Wohnung behält. Sammeln Sie die Vorteile, die Sie für den Vermieter anbringen können. Vielleicht sind Sie schon seit Jahren ein zuverlässiger, ruhiger und pünktlicher Mieter, der die Wohnung zudem in einem guten Zustand hält. Dies sind in Summe schon fünf gute Argumente, die nicht selbstverständlich sind. Fassen Sie die Vorteile kurz schriftlich zusammen, in eine Art Pro-und-Kontra-Liste. Neben den fünf Argumenten auf der Positiv-Liste steht dagegen der Verlust für die zukünftig erhöhten Einnahmen auf der Negativ-Seite. Dann notieren Sie Ihre Vorteile bei einer Einigung in Ihrem Sinne, also bei einer geringeren oder keiner Mieterhöhung, dass Sie nicht umziehen bzw. nicht allzu viel finanziellen Verlust tragen müssen. Unterbreiten Sie dem Vermieter schriftlich die erarbeiteten Vor- und Nachteile und bitten Sie ihn hier abzuwägen und seine Entscheidung zu überdenken. Gegebenenfalls bekommen Sie einen Vorschlag für eine gemäßigte Erhöhung, mit der Sie eventuell besser leben können. Es kostet etwas Zeit und Energie, sich in die Vorteile für das Gegenüber hineinzudenken, doch mit etwas Übung werden Sie sehen, dass Ihnen doch mehr Vorteile einfallen, als Sie zu Beginn vermutet hatten. Letztlich können damit schwierige Situationen entschärft und konkret gelöst werden, und zwar mit Vorteilen für beide Seiten.

Fazit

Tauchen Sie bei sehr wichtigen, aber festgefahrenen Themen schnell tiefer ein. Hierbei ist es völlig unerheblich, wie Sie gemeinsam die Problemebene verlassen, solange Sie es zeitnah tun. In der tiefgehenden Verhandlung und Analyse sollten Sie dann immer auch die Vorteile des Partners erkennen und erwähnen.

4.3 Definitiv produktiv sein

Leistungsorientierte Menschen können heute kaum noch untätig sein und passiv bleiben. Auch wenn es keine finanzielle Notwendigkeit gibt, fordert die eigene Prägung Aktivität. Müßiggang führt schnell zu Schuldgefühlen und immer muss ein neues Projekt her. Dabei sind Gewissensbisse bei Passivität kein gute Grundlage für produktives Arbeiten, entscheidend sollte nicht sein, ob man arbeitet, sondern an was, für wen und wie man produktiv ist.[60]

Ist die Sinnfrage grundsätzlich positiv beantwortet, darf nun die Art und Weise der Vorgehensweise des Schaffens geklärt werden. Neben seriellen Arbeiten und regelmäßigen Pausen helfen einige Methoden, um intensiv vorwärtszukommen. Sie wollen z. B. ein neues System oder einen neuen Prozess erstellen oder stark modifizieren, haben bisher nur erste Ideen bzw. Gedanken dazu im Kopf. Folgendes stufenweises Vorgehen kann dabei helfen:

- **Stufe 1: Thema tiefer identifizieren**
  Die eigenen Gedanken können mithilfe von externem Input, etwa kurzen Fachbeiträgen oder durch Lernvideos, ergänzt werden, um das vorhandene Wissen abzugleichen oder aufzufrischen.
- **Stufe 2: Kreatives Erfassen**
  Dann werden alle Ideen, die einem dazu einfallen, wahllos auf ein Blatt Papier, ein Whiteboard oder ein Tablet geschrieben.
  Nutzen Sie hierzu bewusst keine Computerprogramme mit vorgefertigten Strukturen, da Ordnung nicht relevant ist. Vielmehr kommt es darauf an, dass die Gedanken kurz und knapp fließen können und aus dem Kopf sind.

60 Vgl. Berzbach (2015)

Ideal sind dafür Notes, also statische Sticker, die auf einem Whiteboard anschließend verschoben werden können.

- **Stufe 3: Ergänzen**
  Gehen Sie die ganzen Ideen am nächsten Tag noch einmal durch und ergänzen, verschieben oder verwerfen Sie einzelne Gedanken.
- **Stufe 4: Ideen in Struktur gießen**
  Verfeinern Sie nun in ein bis zwei weiteren iterativen Schritten die Struktur der Aufzeichnung. Übertragen Sie die Erkenntnisse z. B. in einen Prozessablauf, in eine Matrix, in eine Checkliste oder in eine Präsentation. Sofern sie eine angemessene Struktur gefunden haben, können Sie es nun in den Computer übertragen. Dieser Ablauf erfordert etwas Übung und Routine, ist aber hoch kreativ und durchaus reproduzierbar.

> **Fazit**
> Teilen Sie komplexe Fragestellungen in mehrere unterschiedliche kreative Lösungsschritte auf. Hierbei sollten Sie zuerst eine breite Palette an Informationen sammeln, also alle potenziell möglichen Ideen aufführen und ergänzen und aus diesen Inputs iterativ eine Struktur gießen.

4.4 Entscheidungen begründen?

Beispiele

Sie stehen in einer Warteschlange an der Kasse im Supermarkt. Versuchen Sie einmal ohne Begründung an den Wartenden vorbeizukommen und sich vorzudrängeln. Dies wird Ihnen, wenn überhaupt, nur mit massivem Protest gelingen. In einem zweiten Versuch liefern Sie dazu eine Begründung. Sie bitten darum vorgelassen zu werden, weil ihre Kinder alleine zuhause sind. Damit können Sie unverzüglich passieren, weil es ein nachvollziehbarer und wichtiger emotionaler Grund ist. Versuch Nummer drei: Sie bitten darum, vorgelassen zu werden, weil Sie es eilig haben, was eigentlich kein überzeugender Grund ist, denn das gilt i. d. R. für alle. Probieren Sie es aus und Sie werden verblüfft erkennen: Auch bei weniger wichtigen oder auch unlogischen Gründen werden Sie meist durchgehen dürfen. Wichtig ist erstmal nur, dass eine Begründung abgegeben wird.

Szenenwechsel. Sie befinden sich auf dem Rückflug nach einer anstrengen Geschäftswoche. Sie freuen sich auf Ihre Familie und ein heißes Bad. Nun bemerken Sie, wie das Flugzeug seit geraumer Zeit über dem Zielflughafen kreist. Auch nach weiteren fünfzehn Minuten gibt es keine Informationen zur Situation oder zur möglichen Landung. Sie werden wütend und frustriert, da Sie nun auch mit Verspätung zu Hause ankommen werden. Endlich die erlösende Nachricht aus dem

Cockpit: Die Landebahn ist vereist und das Flugzeug muss auf einem anderen Flughafen landen. Trotz weiterer massiver Verspätung haben Sie sich beruhigt, Sicherheit geht nun mal vor, auch wenn Sie nun erst mitten in der Nacht zu Hause ankommen.

Durch die Beispiele sieht man besonders deutlich den Wert von Begründungen im Kontext von Wartezeiten. Wer als Kunde oder Kundin plötzlich warten muss, hat viel mehr Einsicht, wenn ein plausibler Grund genannt wird. Der einzige Nachteil von Begründungen ist es, dass diese angreifbar sind. Von daher empfiehlt es sich tatsächlich bei einfachen Dingen, keine komplexen Erklärungen abzugeben. Haben Sie ausnahmsweise verschlafen, reicht eine einfache Entschuldigung aus, ohne es inhaltlich zu begründen. Sagen Sie einfach, dass Sie aus persönlichen Gründen verhindert waren.

Wie verhält es sich nun im beruflichen Kontext? Man hat als Führungskraft – zusammen mit relevanten Fachexperten unter Berücksichtigung vieler Argumente – eine Entscheidung getroffen. Alle sind überzeugt, dass damit klar ist, welche Folgen dies für die Betroffenen hat und was nun zu tun ist. Als geübter Manager weiß man, Entscheidungen wirken erst, wenn sie nicht nur übermittelt, sondern außerdem verstanden werden und im Idealfall auch Einverständnis erzielen. Daher sind Führungskräfte ebenfalls sehr gut beraten, wenn Sie Begründungen anführen – nämlich genau für diese Entscheidungen. Hierdurch können Sie persönlich wachsen und es erhöht die Aussicht auf Verständnis und Loyalität im Team, sogar bei unangenehmen Festlegungen.

Besonders schwere Entscheidungen müssen laut Experten sehr eindeutig kommuniziert und begründet werden. Als Leiter müssen Sie dennoch eine klare, konsequente Botschaft senden. Zeigen Sie eindeutig, wofür Sie stehen, und die Leute werden die Entscheidung verstehen – selbst, wenn sie ihnen missfällt. Rückblickend sollten Sie sich dann nochmal ehrlich selbst hinterfragen:

- War ich mir gegenüber ausnahmslos ehrlich, was meine Werte angeht?
- Welche Größen sind für mich wichtiger, warum und zu welchem Preis?
- Muss ich mein Selbstbild oder künftige Entscheidungsprozesse korrigieren?

Fazit

Die inhaltliche Tiefe der Begründung für eine Entscheidung ist direkt proportional zur Bedeutung derselben.

4.5 Mitarbeitende sowie Teams befähigen und begeistern

Es ist die primäre Führungsaufgabe eines Leaders, Mitarbeitende sowie Arbeitsgruppen und Projektteams emotional zu befähigen und zu begeistern. Hierfür müssen Mitarbeitende und Gruppen zuerst dort abgeholt werden, wo Sie tatsächlich inhaltlich stehen. Der unerfahrene Mitarbeiter braucht einen Mentor, der vorgeht und von dem er lernen kann. Der erfahrenere Mitarbeiter benötigt eher einen Coach, der punktuell eingreift und einzelne Punkte verdeutlicht. Der Experte bedarf eines Supervisors, der bloß vereinzelt Feedback gibt.

Wichtig dabei ist, dass der Leader sieht, wann er welche Rolle einnehmen muss. Um dies zu erkennen, sollte sich die Führungskraft einen festen Zeitanteil für Regeltermine mit Mitarbeitenden vorhalten, um einen kontinuierlichen Austausch zu realisieren. Mitarbeitende sollten als Ziel nicht nur am Montagmorgen, sondern an allen Tagen der Woche gerne und mit vollem Elan in das Unternehmen kommen, um in ihrem Rahmen zu gestalten und Probleme zu lösen. Sie halten diese Darstellung für übertreiben oder für unmöglich?

Ein Weg dorthin geht über die externe Bestätigung. Wenn wir doch alle auf dem Weg nach Zufriedenheit und Anerkennung sind, warum tun wir uns dann im täglichen miteinander so schwer mit Komplimenten und Lob? Ursächlich gesehen können wir uns nicht einmal selbst ein Lob aussprechen, weil wir es nie gelernt haben oder weil es uns in der Erziehung oder Schule ausgetrieben wurde. Hinzu kommt die Tatsache, dass Führungskräfte, die unterhalb des Vorstands bzw. der Geschäftsführung agieren, also in der oberen Sandwichposition sind, am wenigsten Lob erhalten. Warum sollen sie nun Lob und Anerkennung weitergeben können, wenn man selbst am schlechtesten dran ist und es zusätzlich nie gelernt hat?

Es gibt aus meiner Sicht zwei wichtige Gründe, die dafürsprechen, Ihr Verhalten hin zu mehr Lob und Anerkennung zu modifizieren. Der erste Aspekt ist die Tatsache, dass Sie sich selber ohne Lob und Anerkennung nicht wohl fühlen, ggf. sogar unsicher sind, was Ihre eigene Leistung betrifft. Dieses Gefühl sollten Sie nicht zusätzlich auf Ihre Mitarbeitenden übertragen.

Nummer zwei ist das erhöhte Engagement, die Produktivität und Loyalität der Mitarbeitenden bei wiederkehrendem echtem Lob und wirklicher Anerkennung. Wie schaffen wir es nun, zuerst für uns selbst und dann auch für andere (wieder) Lob zu äußern?

Hier hilft ein bekannter Ratschlag, der in Zitatsammlungen gern Mark Twain zugeschrieben wird: »Wenn Ihnen bis Mittag niemand ein Kompliment gemacht hat, machen Sie sich selbst eins«. Das, was sich zuerst lustig anhört, ist es wert, kultiviert und regelmäßig wiederholt zu werden. Konkret heißt das: Loben Sie sich bei guten Leistungen regelmäßig, am besten immer wieder mal selbst und dies mehrfach am Tage. Mir ist bewusst, dass sich dies für viele leistungsgetriebene Führungskräfte ungewohnt anfühlt, doch tatsächlich erbringen Sie doch Tag für Tag enorme Leistung für Ihr Unternehmen. Belohnen Sie sich dafür doch innerlich selber. Studien belegen, dass Lob die Ausschüttung von Glückshormonen wie Oxytocin sowie Serotonin und Dopamin stark fördert. Wenn wir gelobt werden, fühlen wir uns gut und in unserer Kraft. Es erzeugt das Gefühl, dass unsere Tätigkeit und unser Einsatz einen Sinn haben.

Ein dickes Kompliment von außen lässt den Tag heller erscheinen und wir sind darüber hinaus auch gegen Kränkungen besser aufgestellt. Sofern wir die Bestätigung allerdings nur von extern erwarten, werden wir auf Dauer enttäuscht sein. Besser ist es das Lob aus unserem Inneren zu entwickeln. Stolz auf sich zu sein und sich selbst zu loben, kann entspannend wirken und das Selbstwertgefühl signifikant steigern.[61] Sie werden merken, dass es Ihnen über die Zeit damit besser gehen wird, speziell, wenn Sie hier auch innerlich Freude und Zufriedenheit mitempfinden können.

Nun ist der Weg frei, Ihre Mitarbeitenden und Ihre Teams zu loben. Auch hier ist die Basis für das Loben die eigene Freude und die Echtheit über den Erfolg der Mannschaft. Dadurch spüren Mitarbeitende, dass Sie es ehrlich meinen, denn Ihre Worte werden durch Ihre Mimik und Körpersprache authentisch wirken. Loben Sie wenn möglich direkt dann, wenn die gute Leistung erfolgt ist. Lob, Anerkennung und Bedanken sollten wesentlich mehr in das tägliche Verhalten einer Führungskraft integriert werden. Um dies zu tun, ist es notwendig, dass Sie als Vorgesetzter die Arbeiten und das Verhalten bewerten können.

Nicht immer sind die abgelieferten Arbeiten ausschließlich sehr gut und manchmal auch unzureichend. Es empfiehlt sich dann, beim Feedback mit positiven Rückmeldungen zu beginnen. Fehlen nun Inhalte oder sind Aspekte unzureichend berücksichtigt, geben Sie hier sachliche Hinweise und Erklärungen ab. Bitten Sie anschließend den Mitarbeiter, die Punkte zu ergänzen bzw. zu überarbeiten. Hierdurch kann eine positive Reaktion beim Mitarbeiter erreicht werden, da ein echtes Leistungsfeedback auch zeigt, dass man gesehen wird.

Laut Gunter Wolf (2013) ist die zentrale Ursache für mangelnde Mitarbeiterbindung das ungünstige Verhalten der direkten Führungskraft. Folgende fünf Größen haben dabei einen wesentlichen Einfluss auf die Bindung:[62]

- Lob und Anerkennung aussprechen
- Leistungsfeedback geben
- Erhalt von unternehmensrelevanten Informationen bezogen auf die Ebene
- Eindeutigkeit über Aufgaben und Handlungsspielräume
- Integrieren in Entscheidungen

Leistungsfeedback unterscheidet sich also inhaltlich stark von Lob und Anerkennung. Der Vorgesetzte sollte hier durch Analyse zu einer Einschätzung der Stärken und Schwächen des Mitarbeiters kommen. Wie bereits erwähnt, gilt es im persönli-

61 Vgl. Merkle (2023)
62 Vgl. Wolf (2013)

chen Gespräch, immer mit den starken Seiten zu beginnen. Bei den Potenzialen bzw. Schwächen, sollten einzelne Punkte gemeinsam besprochen werden. Hier ist dringend eine wertschätzende Kritik notwendig, anstatt einer pauschalen Verurteilung. Hat der Mitarbeiter die gleiche Sichtweise? Ist der Mitarbeiter bereit, sich hier zu verändern? Wie könnte eine Weiterentwicklung aussehen? Nur wenn ein gemeinsamer positiver Dialog stattfindet und eine gleiche Sichtweise erzielt werden kann, können solche Punkte gelöst werden.

Ein weiterer wichtiger Aspekt sind auf den Aufgabenbereich zugeschnittene unternehmensrelevante Informationen für die jeweiligen Mitarbeiterebenen. Jede Ebene für sich muss verstehen können, wie z. B. die finanzielle Situation im Unternehmers ist, welche Projekte geplant sind und welche Veränderungen in der Zukunft anstehen. Hierfür muss die Information ggf. entsprechend adaptiert sein, sodass sie in jeder Ebene verständlich ist.

Denn nur so kann man als Führungskraft alle Mitarbeitenden mitnehmen, Bedenken besprechen und auch Inputs des Teams integrieren. Auch über die Klarheit und Eindeutigkeit von Aufgaben und Handlungsspielräumen sollte grundsätzlich Transparenz für Mitarbeitende und Führungskraft bestehen. Dies kann über Stellenbeschreibungen erfolgen, die gemeinsam erstellt und auch modifiziert werden. Der wesentlichste Aspekt ist aus meiner Sicht das Einbeziehen in Entscheidungen. Hierdurch gibt es gleich mehrere positive Effekte. Man kann die Meinung und die Erkenntnisse des Mitarbeiters mit seinen eigenen Ideen abgleichen, wir können gemeinsam zu einer besseren Entscheidung kommen (Schwarmintelligenz) und der Mitarbeiter fühlt sich anerkannt durch das Mitgestalten.

Bei konstruktiven Rückmeldungen an Mitarbeitende sind des Weiteren folgende Grundregeln zu beachten:

- Kritisieren Sie nur unter vier Augen, offene Kritik in einer Gruppe ist Gesichtsverlust für die kritisierte Person, egal wie diplomatisch es von Ihnen verpackt wird.
- Die Kritik muss immer konkret sein, nicht »es war schlecht«, sondern »Der Bewertungsbericht war zu umfangreich mit 30 Seiten, 5 Seiten hätten für den Kunden mit den folgenden Themen genügt …«.
- Kritik ist immer zeitnah zurückzuspielen und nicht wochenlang zu sammeln.

Erhalten Sie selbst konstruktive Kritik von Ihren Mitarbeitern, nehmen Sie diese an und gehen keinesfalls in eine Verteidigungsposition, sondern bedanken Sie sich für das Geschenk. Seien Sie verbindlich in Ihren Aussagen und Zusagen, diese sind immer konkret bei den Mitarbeitenden abgespeichert. Halten Sie diese daher konsequent ein oder geben zumindest eine Erklärung ab, wieso es sich verzögert. Geben Sie gemachte Fehler offen zu, auch Sie sind nur ein Mensch und schätzen vereinzelt Situationen falsch ein. Dies wird Sie in den Augen der Mitarbeitenden eher menschlicher machen, als wenn Fehler von Ihnen heruntergespielt oder wegdiskutiert werden. Ducken Sie sich nicht weg, wenn es fordernde Situationen gibt, übernehmen Sie gerade hier die Verantwortung und stellen Sie sich der Situation.

Lassen Sie Freiraum zum Handeln für Ihre Mitarbeitenden, sodass eigene Gestaltung für die Menschen möglich ist. Befähigen Sie alle in Ihrem Team, anstehende Aufgaben selbstständig zu lösen. Lassen Sie Ihre Mitarbeitenden mit eigenen Ideen oder mit unterschiedlichen Lösungsszenarien teilhaben. Viele Vorgesetzte kommen in die Rolle eines Überprüfers oder Vorgebers, wobei ich zu bedenken gebe, dass Sie es letztlich waren, die den Mitarbeiter eingestellt oder auf die Position gesetzt hat.

Für Projektteams und Arbeitsgruppen gelten für die Führungskraft weitere Hinweise:

- Geben Sie dem ganzen Team einen gewissen positiven Vertrauensvorschuss, verdeutlichen Sie, dass Sie an das Team glauben und wissen, dass es die Aufgabe lösen wird.
- Formulieren Sie Ihre Erwartungen speziell in der Zusammenarbeit innerhalb des Teams und ermutigen Sie es, bei großen Projekten die Regeln für sich schriftlich selbst zu formulieren.
- Holen Sie sich in regelmäßigen Intervallen, z. B. monatlich, vor der gesamten Projektgruppe kurze Feedbacks von jedem einzelnen Projektteilnehmer.
- Stehen Sie als Ansprechpartner oder Projektpate zur Verfügung.
- Feiern Sie letztlich mit dem Team die Projekterfolge.

Mit Sicherheit gibt es weitere Größen, die hier einen Einfluss haben, doch sofern Sie die beschriebenen Punkte schrittweise mit integrieren bzw. ergänzen, werden Sie eine stärkere Bindung mindestens in Ihrem eigenen Fachbereich erleben.

Fazit

In letzter Konsequenz gibt es nur einige Primärmerkmale, die wirklich dazu beitragen, dass sich Mitarbeitende befähigen und begeistern lassen. Hierzu gehören: Anerkennung der geleisteten Arbeit, Fairness und Vertrauen im Team und zum Vorgesetzten, Mitbestimmung bei der Gestaltung des Bereiches und die eigenen Entwicklungsmöglichkeiten.

4.6 Umgang mit Komplexität

Der Ausgang eines Fußballspieles ist eine komplexe Angelegenheit. Es gibt sehr viele Faktoren, die hier einen Einfluss auf das Ergebnis haben und die zusätzlich noch miteinander verbunden sind und sich im laufenden Spiel ändern können. Immer wieder mal gelingt es im Fußball-DFB-Pokal einer Mannschaft aus der Amateurklasse, einen haushohen Favoriten aus der Bundesliga zu schlagen. Zu den vielen entscheidenden

Faktoren für den Ausgang des Spiels gehören die Fitness des Teams, die Stimmung im Team, das grundsätzliche Teamverständnis, der Schiedsrichter, die Beschaffenheit des Rasens, die Zuschauer, das Wetter und viele weitere Parameter. Viele Faktoren sind mathematisch nur schwer zu erfassen und bringen uns, gegenüber berechenbaren Aufgabenstellungen, in den Bereich der Unsicherheit.

Hierbei weisen folgende Eigenschaften auf erhöhte Komplexität hin:

- Es gibt eine große Anzahl unterschiedlicher Einflussfaktoren.
- Einflussfaktoren beeinflussen sich wechselseitig.
- Es fehlen Informationen zu den einzelnen Faktoren.
- Teilweise erkennt oder kennt man nicht alle Faktoren.
- Die Faktoren und die Situation ändern scheinbar grundlos ihren Zustand.
- Es gibt mehrere unterschiedliche Zielzustände.

Auch die Führung eines Unternehmens hat eine ähnliche Komplexität wie ein Fußballspiel, nur dass es hier keinen Abpfiff gibt. Die Faktoren sind hier beispielsweise neue gesetzliche Anforderungen an ein Produkt oder Unternehmen, Lieferfähigkeit von Lieferanten, neue Kundenwünsche im laufenden Projekt, Ausfall von Schlüsselpersonen, Wegfall von Aufträgen oder Übernahme des Unternehmens, Cyberangriffe und die geringe Bindung von Mitarbeitenden. Gibt es nun aus Unternehmenssicht überhaupt Möglichkeiten, das Firmenschiff gegen diese komplexen Einflüsse zu steuern?

Tatsächlich gibt es unterschiedliche Methoden, den oben genannten Faktoren entgegenzuwirken. Diese verhindern zwar nicht die Auftretenswahrscheinlichkeit, zeigen aber frühzeitig Tendenzen auf, sodass das Unternehmen sich darauf ausrichten oder die Auswirkungen besser abfedern kann. Hierbei müssen sich die Aktivitäten an den Risiken, Chancen und an den finanziellen Möglichkeiten des Unternehmens ausrichten.

Das aufgeführte Unternehmensschiff zeigt nach Scherer und Fruth (2016) hierbei alle notwendigen Elemente auf, um ein Unternehmen durch stürmische Zeiten rechtssicher und erfolgreich zu führen. Zuerst bedarf es einer Aufbau- und Ablauforganisation (6. Organisation) mit den zugehörigen Managementsystemen (19. Qualitätsmanagement) und die Aufteilung von Führungs-, Kern- und Unterstützungsprozessen. Ein integriertes Risikomanagementsystem (9.), verknüpft mit einem rechtssicheren Compliancesystem (10.), erbringt die Erfüllung von Gesetzen und die frühzeitige oder zeitnahe Einstufung von (potenziell) auftretenden Risiken.

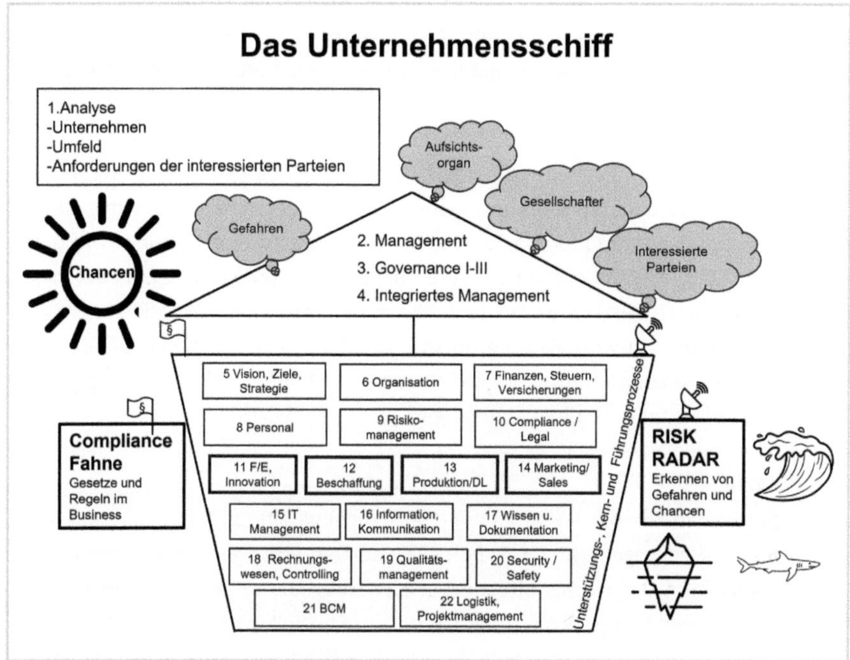

Abbildung 19: Das Unternehmensschiff[63]

Eingetretene Krisen sollten nur über die Fachabteilung Unternehmenskommunikation korrespondiert werden, hierzu müssen alle Manager auch entsprechende Informationen und Vorgaben erhalten.

Alle relevanten Disziplinen wie Finanzen, Recht, Technik und die relevanten Geschäftsprozesse benötigen wenige, aber aussagefähige Prozesskennzahlen, die als Frühindikatoren im Vorfeld dienen, um präventiv einzuschreiten, aber auch im Ernstfall das Krisenmanagement mit notwendigen Informationen zu unterstützen. Notallpläne sind zu schulen und zu trainieren, damit ihre Praktikabilität nachgewiesen ist und bleibt. Die massive Bündelung von relevantem Wissen bei einzelnen Topmanagern ist durch eine entsprechende Aufteilung zu vermeiden oder mindestens zu reduzieren. Ergänzend sind rechtlich konforme Stellenbeschreibungen inkl. Vertreterregelungen flächig sicherzustellen, um eine vollumfängliche und rechtlich einwandfreie Handlungsfähigkeit dauerhaft abbilden zu können.

Neben den oben abgesicherten prozessualen Risiken gibt es eine weitere offene Flanke am Unternehmensschiff, nämlich die Personalrisikofelder. Hierbei sind besonders die Faktoren Motivations- und Loyalitätsrisiko im Unternehmen zu bewerten. Schlechte interne und externe Kennwerte, wie die Firmenbewertung von z. B. der Plattform

63 Vgl. Scherer/Fruth (2016)

kununu oder der interne Krankenstand, geben Warnzeichen, die nicht ignoriert werden dürfen, da sie auch die Zusammenarbeit in komplexen Situationen erschweren.

Laut Natalie Knapp (2013) müssen Menschen oder Teams, die in einem komplexen System integriert sind, aufeinander eingestimmt sein. Mit Einstimmung werden Verhaltensweisen wie Zuhören und die gegenseitige Aufmerksamkeit gemeint, die niemand prozessual anordnen kann. Dies kann durch Werte und Kultur sowie durch Vorleben der Vorgesetzen entstehen, durch die sich ein gewisses Maß an Vertrauen und Offenheit im Unternehmen einstellt. Hierdurch entwickeln sich günstigere Umstände, die eine positivere Haltung im Unternehmen erzeugt. Auffälligkeiten und Risiken werden von den Mitarbeitenden früher benannt, offen diskutiert und ggf. auch schon direkt im Anfangsstadium abgefangen.

Fazit

Setzen Sie komplexen Situationen eine regelmäßige und ehrliche Kommunikation entgegen. Nutzen Sie proaktiv die Verbindungen, Erfahrungen und Fähigkeiten der jeweils integrierten Menschen als positiven Ausdruck der Risikominimierung, denn nur in einer offenen Atmosphäre trauen sich Menschen, sich zu äußern, und niemand weiß, wer auf das entscheidende Detail aufmerksam wird, das am Ende zum Gelingen und Lösen der Situation führt.[64]

4.7 Naturgesetze berücksichtigen

Es ist den meisten Menschen nicht bewusst, dass wir alle den Kräften von Naturgesetzen, auch Schicksalsgesetze genannt, unterliegen. Hierdurch unterliegt alles einer geistigen Ordnung. Diese kann man im weitesten Sinne mit der Straßenverkehrsordnung vergleichen. Einzelne Verletzungen wie zu schnelles Fahren bleiben in der Regel unbemerkt und haben meist noch keine Auswirkungen. Sind Sie aber permanent mit Ihrem Fahrzeug zu schnell unterwegs und ignorieren alle roten Ampeln und Verkehrszeichen, werden sich massive negative Konsequenzen einstellen. Bei den Naturgesetzen verhält es sich nahezu analog. Je häufiger man die Regeln bricht, desto wahrscheinlicher sind gravierende Folgen, die sich auf den Körper oder die Psyche ausweiten. Daher sind also relevante Bestimmungen zu beachten, die in gewisser Weise auch miteinander verknüpft sind bzw. aufeinander aufbauen.

Beginnen wir mit dem Gesetz von Ursache und Wirkung. Die meisten Punkte, die betrachtet werden sollten, sind direkte Auswirkungen auf unsere Lebensqualität wie z. B. Schlafstörungen, Rauchen, Alkoholprobleme, Drogen, Kopfschmerzen oder Verdauungsthematiken. Schauen Sie anstelle der Wirkungen, die nur schwer veränderbar

64 Vgl. Knapp (2013)

sind, genauer in Richtung Ursachen. Was sind emotionale Punkte, die Sie z.B. nicht schlafen lassen? Seien Sie hierbei ehrlich mit sich selber und identifizieren zuerst die relevanten Punkte. Anschließend überlegen Sie sich dazu erste Lösungsansätze, um die Ursache(n) zu reduzieren oder besser noch aufzulösen

Ein weiteres (Natur-)Gesetz ist das Gesetz vom Anfang. Dieses besagt, dass alles Wunderbare im Anfang liegt. Wir sollten daher dem Anfang viel mehr Aufmerksamkeit und Bedeutung schenken und wesentlich stärker auf Anfangsrituale achten. Was ist damit gemeint und wie kann das gelingen? Man kennt den Satz, dass der erste Eindruck entscheidet oder dass man nie eine zweite Chance bekommt für eine erste Begegnung. Dabei vertritt das Gesetz des Anfangs wesentlich mehr, als sich nur selbst bestmöglich zu präsentieren.

Stellen Sie sich dazu bitte ein Bewerbungsgespräch vor: Ein Kandidat verspätet sich zum Bewerbungsgespräch und kommt zwanzig Minuten später an. Es gelingt ihm aber, durch ausreichend Charme und Ausstrahlung dieses erste Manko auszugleichen, sodass er eingestellt wird. Im Berufsleben hat er dann weiterhin diese Zeitprobleme, kann diese Thematik aber ebenfalls, zu Ungunsten der Firma, durch seine entspannte und freundliche Art überspielen und weiterhin kompensieren. Hier ist im Anfang, also im Bewerbungsgespräch, bereits enthalten, was sich später im Beruf entfalten wird und zur Geltung kommt. Leider muss das Unternehmen einen erheblichen Aufwand betreiben, mit dem Mitarbeiter das Zeitthema zu lösen.

Auch technische Problemstellungen eines neuen Produktes, die am Anfang bekannt waren, allerdings nicht als hohes Risiko eingestuft wurden, müssen in einer Serienherstellung unter ungünstigen und teureren Bedingungen gelöst werden. Hierdurch entstehen bis zum überarbeiteten Design hohe Nacharbeits- und Verschrottungskosten.

Wurden am Anfang also die Anzeichen übersehen, greift schnell das zweite Naturgesetz, das Gesetz der Resonanz. Das Mitschwingen kann man direkt ausprobieren, indem man mit einem Lächeln in die Welt geht, also andere Personen bei der Begrüßung bewusst anlächelt. Versuchen Sie es einmal, zu 95 Prozent werden Sie ein Lächeln zurückbekommen. Das Resonanzgesetz, auch Gesetz der Anziehung genannt, geht von der Grundannahme aus, dass Gleiches immer Gleiches heranzieht. Energetisch gesehen, zieht Energie immer die Energie an, die auf der gleichen Wellenlänge schwingt. Hinter den ganzen positiven Merkmalen, die ich in meinem Gegenüber, etwa in der Phase der ersten Verliebtheit, erkenne, stecken positive eigene Entwicklungsbedürfnisse, die ich auf ihn oder sie projiziere. Das bedeutet, dass ich auch so charmant, fleißig, kommunikationsstark, erfolgreich und schön sein möchte, wie der Partner. Umgekehrt ist es beim Gegenüber genauso, damit flattern wir zusammen in die ersten Phase des Verliebtseins.

Analoges gilt auch für die Zusammensetzung von Projektteams. Sofern man glaubt, immer nur die besten Fachleute in ein Team berufen zu können, ohne das Resonanzprinzip zu beachten, wird schnell Schwierigkeiten in der Gruppe entdecken. Stellen Sie sich hierbei zwei Gruppen vor. Die erste Gruppe hat in sich eine hohe Resonanz, Gruppenmitglieder beachten, respektieren und unterstützen sich und jeder verhält sich intrinsisch bei den Aufgaben gemäß seiner Fähigkeit. Alles schwingt also in der Gruppe und jeder ist bereit, seinen Anteil zu leisten. In der zweiten Gruppe gibt es unterschiedliche Auffassungen über die Verteilung der Aufgaben und wer wem zuarbeiten soll. Hierdurch entstehen schnell tiefere Diskussionen und Untergruppen, die den Fortschritt des Projektes massiv behindern.

Ein weiteres Gesetz ist das Polaritätsgesetz oder auch Schattengesetz genannt. Es ist eine besonders wichtige Spielregel des Lebens, denn wer immer nur die eine Seite versucht zu bedienen, wird nicht erfolgreich sein. Es besteht hierbei die Gefahr das man Opfer des Schattens wird, denn wenn Menschen das Polaritätsgesetz ignorieren, bekommt eine Art dunkle Seite der eigenen Persönlichkeit mehr Macht. Denn die Gefühle, die wir unterdrücken, lassen sich nicht permanent verdrängen und belasten uns in Situationen, wo wir sie am wenigsten gebrauchen können (z.B. ein Migräneanfall vor einer Prüfung).[65] Unterdrückte Gefühle können unterschiedliche Ängste sein, aber auch dauerhafte Überlastungen im Beruf oder im Sport, ein falscher Studiengang, ein fehlendes Bekenntnis zur richtigen Sexualität, falsche Freunde oder nervige Familienmitglieder, die Sie nicht begrenzen können. Versuchen Sie einmal gedanklich etwas zu finden, wozu es keinen Gegenpol auf unserem Planeten gibt. Auch nach intensiver Suche werden Sie hier nicht fündig werden! Nichts kann hell sein, wenn es keine Dunkelheit gibt. Alles Positive kann nur existieren, weil es auch Negatives gibt.

Eine Integration des Schattens führt zuerst immer nach innen. Natürlich können wir andere für unseren eigenen Zustand verantwortlich machen, doch wem man die Schuld gibt, dem gibt man auch die Macht. Nur wenn ich mich selbst als Ursache (mit-) identifiziere, kann ich mein Verhalten verändern und die Situationen drehen. Dies gilt auch für den Topmanager, bei denen massive Überstunden zum Burnout führen oder zur Trennung von der Familie. Schlaganfälle oder Herzinfarkte zeigen einen überlasteten Körper und führen zu lebensbedrohlichen Zuständen bis zum potenziellen Tod. Ursachen sind nicht selten eindeutige einseitige Überlastungen, die Krankheiten als Schatten hervorrufen. Bleiben Sie daher neben dem Beruf in der Balance mit Freizeit, Auszeiten mit Familie und Freunden, aber auch mit sich alleine. Eine Balance auf allen Ebenen verdeutlicht das Work-Life-Balance-Modell (vgl. Abbildung 20). Hier werden vier Pole, nämlich körperliche Gesundheit, Leistung, soziale Kontakte und Fantasie/Zukunft aufgezeigt, die im Durchschnitt ausgeglichen, also im Gleichgewicht sein sollten. Kurze einzelne Stressphasen können bei geladenen Batterien kompensiert werden, wichtig ist, dass solche belastenden Phasen zeitlich überschaubar bleiben.

65 Vgl. Dahlke (2010)

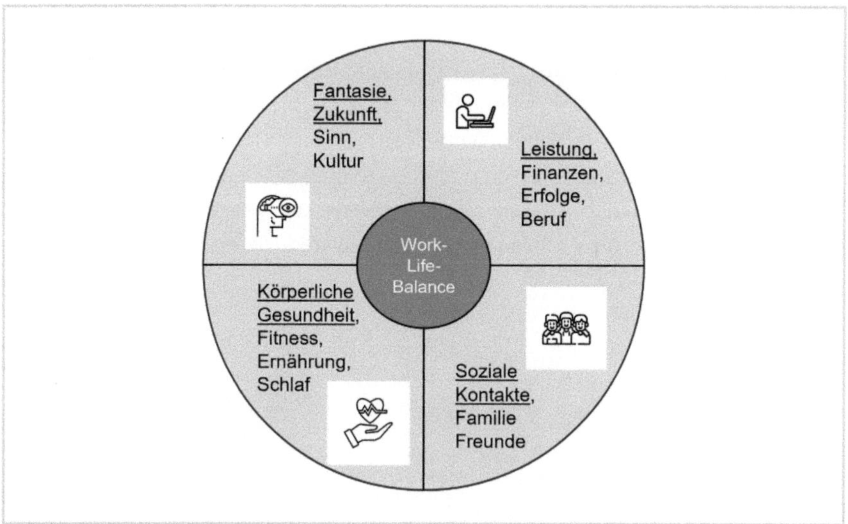

Abbildung 20: Work-Life-Balance-Modell[66]

Mit dem Schatten sind Themen und Bedürfnisse gemeint, die ich mir nicht eingestehen möchte und die ich daher ausblende oder durch eine virtuelle Maske nicht zeige. Da diese Bedürfnisse und Prägungen immer wieder auftreten werden, ist es sinnvoll, sich mit ihnen offen und ehrlich auseinanderzusetzen.

Es geht also nicht darum, die dunklen Anteile zu vernichten oder dauerhaft zu verdrängen, sondern vielmehr sie hereinzuholen und inhaltlich zu betrachten. Wie kann ich nun meine eigenen Schatten auflösen? Benennen Sie in erster Konsequenz einmal diese Punkte für sich: Welche Schattenseiten hindern Sie, in Ihre natürliche Freude zu kommen? Versuchen Sie hier ein wahrer Schattenjäger bzw. Schatzjäger zu werden, denn jedes Thema, welches Sie für sich identifizieren und auch lösen, bringt Sie stärker in die Selbstverwirklichung. Mögliche Beispiele für den eigenen Schatten können Eifersucht, Überlastung bei der Arbeit, massive Sparsamkeit, Wut, aber auch Ängste und Selbstzweifel sein. Stellen Sie sich solchen Themen bei Bedarf auch mit externer Hilfe. Denn nur, wenn wir unsere Schatten und ihre Ursachen anerkennen und lernen, mit ihnen umzugehen und sie dadurch zu heilen, können wir ein ganzheitlicher Mensch werden. Dadurch empfinden wir Zufriedenheit, innere Ausgeglichenheit und tiefes Wohlbefinden und werden wahrhaft eins mit uns selbst.

66 Vgl. Peseschkian (o. J.): Balance Modell

Fazit

Nur wenn wir uns trauen, schrittweise die Maske fallen zu lassen, werden sich dadurch auch Veränderungen in unseren Beziehungen zu anderen ergeben, da wir uns nicht mehr verstecken müssen. Es lohnt sich daher, die Gesetze des Lebens zu erlernen und anzuwenden, denn durch das Wachstum auf persönlicher Ebene stellt sich eine höhere Zufriedenheit ein, mit der wir auch die Wahrscheinlichkeit von Krankheiten reduzieren.[67]

67 Vgl. Dahlke (2010)

5 Innere Führungskompetenz

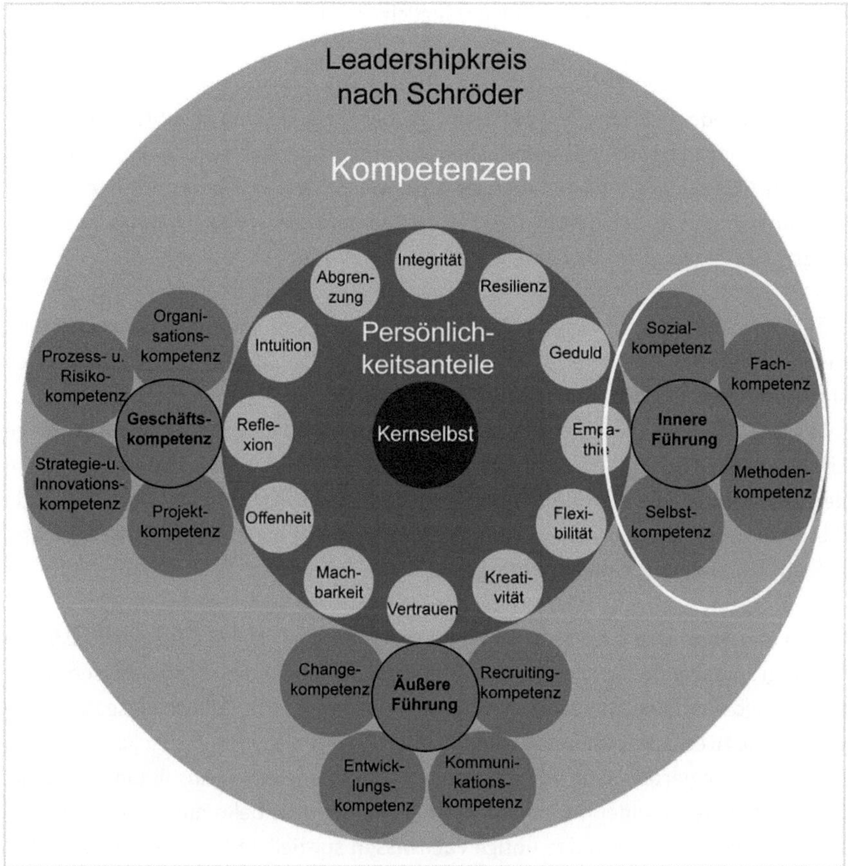

Abbildung 21: Leadershipkreis Innere Führungskompetenz

5.1 Fachkompetenz dosiert einsetzen

Früher wurde eine gute Fachkraft automatisch zur Führungskraft ernannt, wenn sie sich durch die inhaltliche Arbeit ausgezeichnet hatte. Haben sich diese Regeln nun verändert oder gelten sie noch immer? Aus meiner persönlichen Erfahrung gilt dieser Grundsatz mindestens noch so weit, dass man häufig Führungskräfte, die über die fachliche Auszeichnung aufgestiegen sind, in ihren Positionen belässt. Und dies meist über Jahre. Wie viel Fachexpertise benötigt eine gute Führungskraft also wirklich?

Dies ist stark abhängig von der ausgeübten Tätigkeit; ein Chefarzt oder Oberarzt im Krankenhaus wird immer ein medizinisches Studium mit Promotion benötigen, um der Aufgabe inhaltlich nach innen und außen gerecht zu werden. Auch weitere Berufe wie Statiker und Piloten benötigen die gesetzlich vorgeschriebenen Bildungswege. Für diese Positionen sind fundierte Kenntnisse mit entsprechenden Abschlüssen die Voraussetzung, um die Position vollumfänglich und sicher ausführen zu können.

In vielen anderen Berufen sind dagegen alle erdenklichen Ausnahmeformen möglich. Hier können ebenfalls fachfremde Personen oder Menschen mit abgebrochenem Studium oder nicht abgeschlossener Ausbildung sehr erfolgreich sein. Dies gilt für preisgekrönte CEOs in DAX-Unternehmen genauso wie für Firmengründer, z. B. Steve Jobs. Von daher gibt es in vielen Branchen keinen Standard, der wirklich für eine gute Führungskraft festgelegt werden kann.

Sofern Fachkräfte zu Führungskräften aufsteigen, besteht immer die Gefahr, sich im Detail zu verlieren. Oft gehen solche Führungskräfte dann inhaltlich bzw. thematisch stark ins Detail, wodurch den Mitarbeitenden wenig selbstverantwortliches Arbeiten möglich ist. Es fehlt diesen stark fachlich getriebenen Managern oft die notwendige Erfahrung für Planung und Strategie. Dadurch ergeben sich im Fachbereich oder in der Organisation keine großen inhaltlichen Systemsprünge und Veränderungen, da dieser Vorgesetzte außerhalb der Fachkompetenz nicht die nötigen Fähigkeiten und ggf. Charaktereigenschaften mitbringt.

Umgekehrt kann sich eine fachfremde Führungskraft mit guten Organisationsfähigkeiten grundlegende Fachkenntnisse relativ schnell aneignen, da das Wissen meist frei verfügbar ist. Entscheidend sind der Wille und eine gute Auffassungsgabe sowie der Zugang zu entsprechenden Medien. Stellen Sie sich dazu einen sehr kompetenten und hoch engagierten Mann vor, der mit einer kaufmännischen Ausbildung die Stelle als Logistikleiter in einem mittelständigen Unternehmen bekommt. Auf autodidaktischem Weg kann er sich das nötige Fachwissen speziell zu Logistikaufgaben über Lernvideos und Lektüre relativ schnell aneignen. Machen Sie einmal den Versuch: Geben Sie hierzu in YouTube den Begriff »Logistik 4.0« ein und schauen Sie sich einige Videos dazu an. Sie werden nach kurzer Zeit bereits Begriffe zuordnen können und einen Überblick über die relevanten Größen haben.

Eine weitere Möglichkeit ist natürlich, erfahrende Mitarbeitende in der Abteilung zu fragen und daraus zu lernen. Ab der Generation Y (geboren ab 1980 und bereits bestens vertraut mit dem Internet) verschwimmen die Grenzen von Wissen vollständig. Als Führungskraft müssen wir uns daher bewusst sein, dass wir uns über Wissen alleine nicht mehr abgrenzen und profilieren können. Hinzu kommt, dass sich aufgrund der heutigen Dynamik in der Wirtschaft in den Firmen mehr und mehr Projektgruppen situativ zusammenfinden, die bestens aufgestellt sind, um alle notwendigen fachlichen Themen abzudecken. Führungskräfte und Lenkungskreise können dem Projektteam in diesem Fall mehr mit sozialen Kompetenzen und Managementmethoden zur Seite stehen als mit fachlichem und inhaltlichem Input.

Weitere Fragen wie »Wo stehen wir mit den Zielwerten?«, »Sind die Risiken bekannt?«, »Ist das Team gut aufgestellt?«, »Wie agiert das Team untereinander?«, »Sind alle Ressourcen vorhanden?« entscheiden stärker über den Erfolg der Projekte als ausschließliches fachliches Wissen einer Führungskraft. Daher ist es in vielen Themenbereichen als Führungskraft ausreichend, sich auf einer Systemebene auszukennen und, wenn notwendig, punktuell in einzelne Details tiefer abtauchen zu können.

Letztlich gibt es für spezielle Fragen die Fachexperten und Projektleiter im Unternehmen, die bewusst dafür ausgewählt wurden und die einem Manager fachlich und methodisch weit voraus sind. Daher ist ein grundsätzliches Vertrauen in die Mitarbeiter unabdingbar, einzelne unklare Punkte sollten dann von der Leitung verifiziert werden.

> **Fazit**
> Als Führungskraft müssen wir also nur die jeweiligen Zusammenhänge einordnen können, um das Ganze zu verstehen, aber nicht jedes Detail in sich.

5.2 Methodenkompetenz als Toolbox

Es gibt viele Methoden und Werkzeuge, mit denen sich Aufgabenstellungen sehr gut und standardisiert lösen lassen. Ich werde Ihnen im Folgenden einige Prinzipien vorstellen, die Sie als Führungskraft gut anwenden und bei Bedarf in Ihren Werkzeugkoffer übernehmen können. Wahrscheinlich kennen Sie einen Teil davon, vielleicht nicht unbedingt immer mit der jeweiligen Aussage oder Anwendung im entsprechenden Kontext. Hierbei wirkt nicht jede Methode oder jedes Werkzeug direkt auf das Thema Mitarbeiterbindung ein. Trotzdem ist es wichtig, die vorgestellte Toolbox zu beherrschen, um in der Geschäftswelt als Leader gut bestehen zu können. Dies ist eine Grundvoraussetzung, um ausreichend Zeit bei dem Thema Mitarbeiterführung zu haben.

Versuchen Sie sich daher, über die Zeit einen imaginären, aber gefüllten Werkzeugkoffer mit unterschiedlichen Methoden anzueignen. Einige werden Sie davon im täglichen Tun mehrfach anwenden, andere werden eher selten benutzt und müssen vor Anwendung inhaltlich nochmal nachgeschlagen und aufbereitet werden. Wir brauchen diesen Werkzeugkasten mit unterschiedlichen Denkmethoden, um in den täglichen Businessrunden und Verhandlungen gut zurechtzukommen und optimal aufgestellt zu sein. Diese Tools ermöglichen uns, zuerst eine Art Selbststeuerung und anschließend einen guten und konstruktiven Umgang mit anderen Menschen zu finden. Hierbei vermeiden die schnellen Lösungen durch Methodenanwendung endlose Diskussionen und weitere sinnlose Meetings.

Selbstverständlich sind diesen Methoden auch Grenzen gesetzt, doch eine kontinuierliche Anwendung erzeugt in vielen Fällen Fortschritte und ein Weiterkommen, auch bei noch so stetigen und konservativen Partnern. Sehen Sie dabei herausfordernde Situationen als Chance an, um sich selbst zu stärken und weiterzuentwickeln. Der Werkzeugkoffer wird Ihnen hierbei über die Jahre alle wichtigen Methoden an die Hand geben, um sich zuerst selber zu beruhigen, zu sammeln und dann mit gezielten Handlungen in die Verhandlungen einzusteigen.

Einige Grundregeln vorab lauten:

- Stehen Sie auf und bewegen sich, wenn Sie innerlich geladen sind.
- Vertagen Sie, wenn Sie in der Enge sind oder sich nicht beruhigen können.
- Gewinnen Sie in kritischen Situationen Zeit, um sich neu zu positionieren.
- Entscheiden Sie nie in einem stark emotionalen positiven oder negativen Zustand.
- Entschuldigen Sie sich bei möglicher Überreaktion und gestehen Sie eigene Fehler ein.

5.2.1 Methode 1: Energieleistung voll nutzen

Um Erschöpfung zu vermeiden, ist es wichtig, die Rahmenbedingungen unserer psychischen Verfassung zu verstehen. Denn geistige Arbeit allein macht kaum müde, wissenschaftliche Untersuchungen zeigen, dass das Gehirn unter guten Bedingungen nach zwölf Stunden Anstrengung noch so gut und rasch arbeiten kann wie am Anfang. Experten erklären, dass der größte Teil unserer Müdigkeit durch unsere geistige und seelische Haltung verursacht wird. Sorgen, Anspannung und Aufregung sind die drei Hauptursachen der Ermüdung. Dies erklärt auch, warum wir bei stark intrinsisch motivierten Projekten so gut wie keine Erschöpfung erleben. Dies ist verbunden mit der Sinnhaftigkeit der jeweiligen Tätigkeit. Das bedeutet, dass es nicht darauf ankommt, wie viel wir zu tun haben, sondern mit welcher Haltung wir die Arbeit absolvieren.

Natürlich können Sie sich in einem Angestelltenverhältnis nicht jede einzelne Tätigkeit aussuchen, trotzdem kann es ggf. gelingen, mehr Aufgaben zu übernehmen, die zu Ihrem Charakter passen. Auch die eigene Bewertung von Aussagen anderer Menschen kann massiv Energie rauben, da wir als soziale Wesen, die im Kollektiv leben, auf gesellschaftliche Kontakte angewiesen sind. Zwei Argumente helfen hier dennoch, sich von anderen Aussagen etwas zu entfernen.

Zuerst können Sie die Botschaft des anderen falsch interpretiert haben, dies kommt tatsächlich relativ oft vor, da unsere Sichtweise sehr subjektiv ist. Zum anderen ist die Aussage des anderen eine Meinung, Sie selbst können über einen ganz anderen Standpunkt und über zusätzliches Wissen verfügen. Lassen Sie sich also nicht sofort durch andere Standpunkte aus der Bahn werfen. Passiert es trotzdem, sollten Sie Ihre eigene Argumentation nochmal abgleichen und eventuell nachschärfen.

Um der Erschöpfung zusätzlich entgegenzuwirken, ist die Einhaltung von Pausen und Auszeiten während der Arbeit notwendig. Planen Sie dazu alle zwei Stunden eine Pause ein, gehen Sie in der Mittagspause etwas spazieren und versuchen Sie einige kurze Entspannungs- und Gymnastikübungen in den täglichen Ablauf zu integrieren. Kurzum: Lernen Sie, sich auch während der Arbeit zu entspannen.

5.2.2 Methode 2: Serielles Bearbeiten

In unserer oft hektischen Zeit versuchen wir, den vielen anstehenden Aufgaben und der zugehörigen Geschwindigkeit mit Multitasking gerecht zu werden.

> **Beispiel**
>
> Stellen Sie hierzu doch einmal folgenden Selbstversuch an: Versuchen Sie, gleichzeitig zwei einfache Rechenaufgaben zu lösen, sagen wir 64:7 und 26 x 5, also wirklich zur gleichen Zeit und nicht nacheinander! Sie werden sehen: Das geht überhaupt nicht. Selbst wenn Sie anfangen, das zu trainieren, werden Sie erkennen, dass Sie in einen schnellen wechselnden seriellen Prozess übergehen, der für das Gehirn auf die Dauer sehr anstrengend ist.

Wer das sogenannte Multitasking dennoch gewissermaßen beherrscht, verfügt maximal über ein gut trainiertes Arbeitsgedächtnis und schafft es schnell, seinen Blickwinkel von einer Sache zur anderen zu lenken und wieder zurück. Denn genau das passiert beim angeblichen Multitasking. Unsere Aufmerksamkeit fokussiert in rasanter Abfolge erst auf die eine Aktion, dann auf die andere. Sowohl die Güte als auch die Geschwindigkeit der Arbeit leidet dabei erheblich und wir ermüden rasch, da die schnellen Wechsel viele interne Stoffwechselressourcen verbrauchen. Unser Gehirn ist gemäß dem biologischen Design nicht in der Lage, zwei Dingen gleichzeitig die volle Aufmerksamkeit zu schenken.

Planen Sie daher feste Termine, wo Sie konzentriert und mit voller Aufmerksamkeit Aufgaben lösen können. Vermeiden Sie dabei, auf das Handy zu schauen, E-Mails zu lesen oder auch Telefonate entgegenzunehmen. Alle diese Tätigkeiten können Sie nach dem festen Zeitfenster nachholen. Mir ist bewusst, dass dieses Verhalten einem viel abverlangt und auch aus der Mode gekommen ist, in der Effizienz der Arbeitsweise ist sie allerdings nach einiger Übung, besonders in Verbindung mit einem guten Zeitmanagement unschlagbar.

5.2.3 Methode 3: Die Eisenhower-Matrix

Die Eisenhower-Matrix ist eine Methode des Zeitmanagements, mit der zwei Merkmale nämlich »dringend« und »wichtig« differenziert betrachtet werden können. Hierbei ergeben sich vier Klassen, die sich in unterschiedliche Verhaltensweisen einsortieren lassen (vgl. Tabelle 1). Die beiden ersten Klassen A und B mit dem Faktor »sehr dringend« dürfen zuerst bearbeitet bzw. betrachtet werden, da diese Probleme sich ansonsten immer wiederholen und Störungen im täglichen Ablauf hervorrufen. Nur wenn Sie alle sehr dringenden Aufgaben ausgeführt haben, lässt sich wirklich strategisch arbeiten, indem auch die sehr wichtigen langfristigen Themen mitberücksichtigt werden können. Die Felder bedeuten im Einzelnen:

- **Klasse A: sehr dringend und sehr wichtig**
  Diese wenigen Punkte sind Chefsache und müssen von der Führungskraft selbst verantwortlich erledigt werden, z. B. eine ungeplante Präsentation vor dem Vorstand vorzubereiten.
- **Klasse B: sehr dringend und weniger wichtig**
  Diese Punkte sind an kompetente Mitarbeitende zu übertragen, das Nachhalten ist in den meisten Fällen nicht notwendig, da Sie Ihren Mitarbeitenden vertrauen.
- **Klasse C: weniger dringend und sehr wichtig**
  Diese Punkt sind ebenfalls von Ihnen selbst verantwortlich zu erledigen, mit allen diesen Punkten stellen Sie langfristig die Struktur und die Strategie des Bereiches sicher, z. B. Vorbereiten von Feedbackgesprächen für Mitarbeitende.
- **Klasse D: weniger dringend und weniger wichtig**
  Diese Themen können zuerst unbearbeitet bleiben und entweder in eine Art Themenspeicher fallen bzw. gleich gelöscht werden. Der Themenspeicher hat den Vorteil, dass man sich die Punkte beizeiten nochmals bezüglich ihrer Einstufung anschauen kann und ggf. zu einer höheren Einstufung aufgrund von geänderten Rahmenbedingungen kommen kann.

Eisenhower-Matrix		**Dringlichkeit**	
		sehr dringend	**weniger dringend**
Wichtigkeit	**sehr wichtig**	A Sofort selbst erledigen oder tlw. delegieren	C Terminieren und selbst erledigen
	weniger wichtig	B An Mitarbeitende delegieren	D Nicht bearbeiten (Themenspeicher oder Papierkorb)

Tabelle 1: Klassen der Eisenhower-Matrix

5.2.4 Methode 4: Rituale einsetzen

Der Einsatz von Ritualen ist vielen Menschen noch aus der Kindererziehung bekannt. Hier sorgen Rituale für Geborgenheit, denn diese entsteht ebenfalls aus Wiederholungen und Mustern, auf die das Kind vertrauen kann. Immer wiederkehrende Abläufe bringen Übersicht und Transparenz in die Welt des Kindes. Rituale haben darüber hinaus weitere Aufgaben: Durch Gemeinsamkeit stärken sie die emotionale Verbundenheit und Ordnungsstrukturen, die immer wiederkehrend und deshalb vorhersehbar sind, und geben dem Kind Sicherheit und Halt. Sie vermitteln daher Verlässlichkeit und Vorhersehbarkeit, was beim Kind hilft, Urvertrauen zu erzeugen. Beispiele von Ritualen sind z. B. abends erst Zähneputzen, dann eine Gute-Nacht-Geschichte und schließlich ein Einschlafkuss.[68]

Im Erwachsenenleben scheint zuerst kein Platz mehr für wiederkehrende Abläufe vorhanden zu sein. Alles um einen entwickelt sich rasend schnell und die Zeit für auffangende selbstschützende Gewohnheiten scheint nicht mehr gegeben.

Erst in der Phase, in der Überforderungen so groß werden, dass konkrete Störungen auftreten, wie z. B. Schafstörungen, Unruhe- oder Angstzustände, wird auf der Suche nach Ruhe und Geborgenheit auch wieder die Methode des Rituals entdeckt. Hierbei ist der Ablauf von Ritualen relativ frei in der Gestaltung und nur an einige wenige Regeln gebunden.

Zu der Gruppe der Rituale gehört aus meiner Sicht ebenfalls eine regelmäßige Praxis von Meditation, Chi-Gong und Yoga, sofern sie nahezu zu festen Zeiteinheiten durchgeführt werden. Die wenigen Regeln bei der Durchführung des Rituals sind feste Zeiten, eine ruhige und störfreie Umgebung, gleiche Abläufe und wenn möglich auch ein gleicher Ort. Das Ziel solcher Rituale ist es, wieder mehr in Balance zu kommen, negative Gefühle loszulassen oder ihnen nur zeitlich begrenzt Raum zu geben, sodass man entspannt in den Tag oder die Nacht geht.

Anmerkung: Bei erlebten traumatischen Ereignissen, also wirklichen realen Ängsten, muss natürlich ausnahmslos professionelle Hilfe in Anspruch genommen werden.

Beispiel

Wie funktioniert ein Ritual genau?
Innerhalb der beschrieben Rahmenbedingungen nehmen Sie sich ein Zeitfenster von z. B. 15 Minuten, in dem Sie die belastenden Gefühle, z. B. Angst oder Unruhe, bewusst zulassen und erscheinen lassen. Sie geben ihnen Raum und Zeit, sich zu

68 Vgl. Wichtel Akademie (o. J.): Kinder mögen Rituale

äußern. Dies ist möglicherweise eine andere Vorgehensweise als Sie sie gewohnt sind, da Sie vielleicht bisher versucht haben, die Unruhe durch Medikamente, Ablenkung oder Sport zu unterdrücken und dadurch nicht anzunehmen. In dem Zeitfenster gibt es also bewusst die Erlaubnis, diesen Teil erscheinen zu lassen und ins Licht zu holen, allerdings nur in den vereinbarten fünfzehn Minuten pro Tag. Hierbei können Sie Emotionen laut aussprechen und sie wiederholen. Spüren Sie in das Gefühl der Unsicherheit rein, nehmen Sie es an, es gehört im Moment zu Ihnen. Mit jeder täglichen Wiederholung des Rituals werden sich Unruhe und Angst mehr gesehen fühlen und dadurch auch abnehmen. Sie werden hierbei immer neue Punkte suchen und in das Ritual integrieren können.

Seien Sie forschend und suchend unterwegs und spüren Sie Ängste und Situationen auf, die für Sie unangenehm sind. Da nun die schlechten Gefühle einen Raum bekommen, können sie sich reduzieren und damit beherrschen lassen. Wichtig ist es, dass Sie aufkommende Gefühle außerhalb des Rituals auf den festgelegten Termin verweisen. Dies wird zu Beginn notwendig sein, doch wenn Sie die Routine regelmäßig durchführen, wird sich das Gehirn auf diese Vereinbarung einlassen.

Mir ist bewusst, dass die Anwendung dieser Methode zu Beginn etwas Mut einfordert, doch werden Sie nach kurzer Zeit eine Erleichterung im täglichen Leben spüren. Die Rituale werden ihnen die Unruhe oder Angstzustände nicht dauerhaft vollständig abnehmen, doch helfen sie, diese massiv abzuschwächen und beherrschbar zu machen.[69]

5.2.5 Methode 5: Wirklichkeit verstehen

Können Sie sich auf Ihre eigenen Beobachtungen und Wahrnehmungen verlassen? Entsprechen diese wirklich den wahren Ereignissen, die passieren? Stellen Sie sich dazu bitte folgende Situation vor: Zwei Menschen in Detroit befinden sich in einem engen Aufzug. Ein Nordamerikaner mit konservativen Werten, eher reserviert und mit klaren Moralvorstellungen, sowie ein Mexikaner, der eher freundlich, offen und kontaktfreudig ist. Im Aufzug verhalten sich beide nun gemäß ihrer Gewohnheiten. Das bedeutet, dass der Mexikaner versucht Kontakt aufzunehmen und auch nicht unbedingt auf Körperabstand achtet. Der Nordamerikaner ist hier eher zurückhaltend und versucht etwas Raum zu gewinnen. Was denken nun beide voneinander?

---

69 Vgl. Dahlke (2013)

Eine Möglichkeit habe ich in Abbildung 22 dargestellt. Wer von beiden hat recht? Objektiv betrachtet, sind das einfach zwei Menschen im Aufzug und sie verhalten sich gemäß ihrer Gewohnheiten und ihrer Sozialisation.

Abbildung 22: Zwei Menschen im Aufzug

Ein zweites Bespiel: Herr Müller trifft auf dem Flur Frau Schmidt, die die freundlichen Grüße von Herrn Müller nicht erwidert und ohne Reaktion schnell an ihm vorbeiläuft. Herr Müller ist verärgert und versteht ihr Verhalten nicht, er fragt sich, was Frau Schmidt gegen ihn hat, und findet sie ausgesprochen unhöflich. Soweit seine Wahrnehmung. Doch spulen wir fünf Minuten zurück, erfahren wir, dass Frau Schmidt vor der Begehung mit Herrn Müller einen Anruf bekommen hatte, dass ihre Mutter die Treppe heruntergefallen sei und dass sie gerade mit dem Notarzt ins Krankenhaus gefahren würde.

Tatsächlich können unsere Einschätzungen und Vermutungen falsch sein, unsere Perspektive ist rein subjektiv und oft verfügen wir nur über einen Teil der Informationen. Doch wir gehen in der Regel davon aus, aus den wenigen Informationen ein vollständiges für uns stimmiges Bild entwerfen zu können. Glauben Sie also nicht immer und sofort den Gedanken, die sich oft sehr schnell einstellen. Wie können wir hier aber inhaltlich weiterkommen? In einem vereinfachten Modell der drei Sichtweisen in Abbildung 23 gibt es drei Anteile:

- Kreis 1 umfasst das Selbst (1.), zeigt also, wie man wirklich ist.
- Kreis 2, das Selbstbild (2.), beschreibt, wie man sich selbst sieht.
- Kreis 3 ist das Fremdbild (3.), also die Art, wie mich andere sehen.

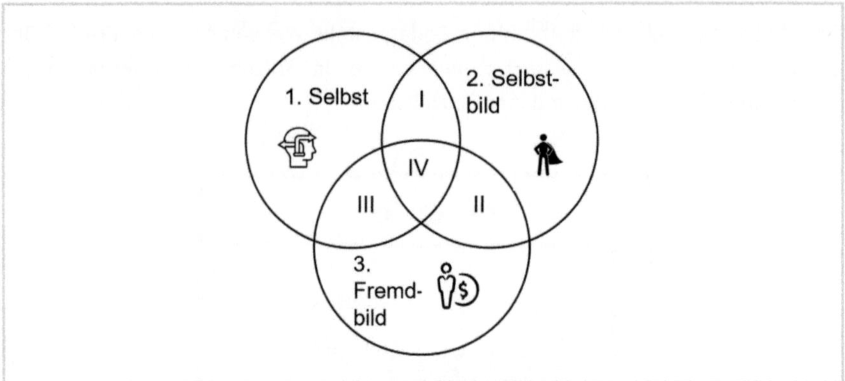

Abbildung 23: Drei Sichtweisen

Ziel in diesem Modell ist es, die Schnittmenge IV so groß wie möglich werden zu lassen, damit alle drei Kreise näher zusammenkommen. Dies erzielen nur sehr authentische Personen, die auch sehr offen und ehrlich kommunizieren.

Um sich diesem Ideal etwas zu nähern, betrachten wir zuerst die weiteren Schnittmengen. Der Bereich I ist die Privatsphäre, die keiner kennt. Bereich II ist eine Rolle, die ich anderen gegenüber spiele. Bereich III stellt den Bereich dar, den ich nicht wahrnehme, sozusagen ein blinder Fleck. Dieser Schnittmengenbereich III ist es wert, tiefer betrachtet zu werden. Allerdings kann dies nur mit externer Hilfe gelingen.

Sofern Sie hier keine ausreichenden Informationen, z.B. aus einem 270- oder 360-Grad-Feedback haben, lohnt es sich, ganz gezielt ausgewählte Personen diesbezüglich zu befragen. Suchen Sie sich bei der Beschaffung der Information bewusst Personen aus, die sich Ihnen gegenüber neutral verhalten. Denn bei stark positiv oder negativ eingestellten Menschen könnte das Feedback ebenfalls subjektiv ausfallen. Es bieten sich Mitarbeitende auf gleicher oder ähnlicher Hierarchieebene an, die Sie auch in unterschiedlichen Situationen und Projekten erlebt haben. Lassen Sie die Rückmeldungen etwas wirken und achten Sie zukünftig auf Ihre Verhaltensweise in diesem Bereich.

5.2.6 Methode 6: Dynamisches und statisches Selbstbild

Das Thema dynamisches und statisches Selbstbild ist im eigentlichen Sinne keine Methode, sondern eine Haltungsfrage. Trotzdem bilde ich es hier mit ab, um die Unterschiede deutlich herauszuarbeiten. Menschen mit statischem Selbstbild sind der Meinung, dass Intelligenz eine angeborene Eigenschaft ist, die sich nicht verändern lässt, auch wenn man in sich lernbereit oder lernfähig ist. Menschen mit dynamischem Selbstbild hingegen gegen davon aus, dass unabhängig davon, wie intelligent sie aktuell eingestuft werden können, Steigerungen durch Lernen zu jeder Zeit möglich sind. Die Steigerung kann sich von »etwas intelligenter« bis »erheblich intelligenter« ausprägen. Was stimmt nun? Und gelten diese Aussagen bei allen unterschiedlichen Fachgebieten und Interessen? Und wie sind hier zusätzlich Talent bzw. Begabung einzuordnen?

Beispiel

Versuchen wir die Fragen einmal mit eigenen Erfahrungen zu beantworten. Wo bringen Sie gute Leistungen (Talent) mit? Mir selbst gelingen immer relativ schnell Geschicklichkeit- und Ballspiele. Hier kann ich mich auf eine gewisse Begabung verlassen und musste nie besonders trainieren, um Basketball, Tischtennis, Tennis, Badminton, Handball, Fußball oder Volleyball auf einem gewissen Niveau zu spielen. Das Lernen von Fremdsprachen hingegen bereitet mir wesentlich mehr Mühe und ich zweifelte hier ab und zu an meinen Fähigkeiten und meinem Können. Doch mit einigem Aufwand ist es mir gelungen, meine englischen und französischen Sprachkenntnisse relativ weit auszubauen.

Doch wie intensiv kann man seine Intelligenz oder sein Können in solchen Gebieten steigern? Im Film »Und täglich grüßt das Murmeltier« mit Bill Murray hängt dieser in einer Zeitschleife fest und wiederholt jeden Tag aufs Neue. Das Einzige, was sich verändert, sind die erworbenen Kenntnisse, die er in den neuen Tag mitnehmen kann. Nachdem er langsam anfängt, die Situation für sich zu akzeptieren (Haltungsfrage), beschäftigt er sich mit unterschiedlichen künstlerischen Gebieten wie Klavierspielen oder Skulpturen erschaffen, für die er kein Talent oder Interesse mitbrachte. Doch über die Zeit stellen sich hier schrittweise und je nach seiner Begabung Verbesserungen ein (regelmäßiges Üben), sodass er am Ende mit den vielen neuen Fähigkeiten seine Traumfrau erobern und die Zeitschliefe verlassen kann.

Entscheidend ist hier nun zuerst die Haltungsfrage: Haben Sie überhaupt Interesse daran, sich etwas Neues anzueignen, besonders wenn Sie befürchten, dass Sie wenig oder mäßiges Talent besitzen? Betrachten wir diesen Punkt etwas genauer. Bei der Übungsfrage gibt es eine Faustformel, die besagt, dass Sie nach ungefähr 10.000 Stunden intensivem Training ein Experte auf jedem Fachgebiet sind. Dies gilt exemplarisch für Sprachen, Sportarten, Klavierspielen, Singen und vieles mehr. Hierbei ist natürlich das finale Niveau bei Sportarten vom Alter begrenzt. Beginnen Sie mit 40 Jahren für den Triathlon täglich 5 Stunden professionell zu trainieren, werden Sie nach 5 Jahren weit oben in ihrer Altersklasse sein und dies unabhängig vom Talent. Mit entsprechenden Dispositionen und Veranlagungen schaffen Sie den Sprung dann ggf. schon nach 2–3 Jahren.

Grundsätzlich werden Sie mit viel Übung und Ausdauer positive Veränderungen erzielen, die zwar länger dauern als bei jemandem mit Begabung, doch intensives Üben und Dranbleiben kompensiert dies über die Zeit. Woher nehmen Sie aber die Motivation, um regelmäßig zu üben? Hierfür sind zunächst intrinsische oder extrinsische Treiber verantwortlich. Möglicherweise möchten Sie ins Ausland ziehen (intrinsisch) oder Sie werden von Ihrem Unternehmen ins Ausland versetzt (extrinsisch), bei beiden Punkten werden Sie sich mit der Sprache auseinandersetzen müssen. Natürlich wird der Anreiz höher sein, wenn die Motivation von innen herauskommt, hier ist der freie Wille so stark, dass Sie sich über ein Scheitern gar keine Gedanken machen. Beginnt man dann mit der Veränderung, werden durch regelmäßiges Lernen schnell erste Lernerfolge auftreten, die einem helfen, sich weiter zu motivieren. Daher möchte ich Sie bitten, sich von der Aussage zu lösen, dass gewisse Dinge nicht erlernbar sind.[70]

5.2.7 Methode 7: Verringerung von Komplexität

Um den Begriff »komplex« zu bestimmen, bedarf es zuerst der Abgrenzung zur Bedeutung des Begriffs »kompliziert«. Komplizierte Abläufe sind demnach anspruchsvolle, aber in sich kalkulierbare Abläufe, die mit Übung und Vorbereitung entsprechend langsam oder schnell beherrscht werden können. Ein einfaches Beispiel sind hier schriftliche Prüfungen, wie z. B. eine Klausurprüfung oder eine theoretische Führerscheinprüfung.

Der Sachverhalt, also die Grundgesamtheit an Themen, die im Examen drankommen können, ist sehr umfangreich, dennoch in sich begrenzt. Auch die fachlich und inhaltlichen Fragen sind evtl. teilweise schwierig, aber klar umrissen und können mit guter Vorbereitung beantwortet werden. Bei komplexen Prozessen hingegen verändert sich der Ablauf, da es sich hier nicht um ein lineares Geschehen handelt, sondern um kreiskausale Abwicklungen mit mehreren Ursachen und Wirkungsfolgen. Hierbei erhöht sich der Grad der Komplexität mit der Anzahl an Menschen, die an diesem Prozess beteiligt sind.[71]

Denken Sie hierbei an die Konstruktion eines Hauses, an der mehrere Unternehmen beteiligt sind. Ausfälle durch Krankheit, Materialverzögerungen, Falschbestellung, Unfälle oder Designfehler verzögern das Projekt ungeplant. Hier spielen Anteile von Zufall und Chaos mit hinein, die ursprünglich nicht vorhersehbar sind. Auch der Ausgang eines Fußballspieles ist immer ungewiss. Welche Faktoren entscheiden über Sieg oder Niederlage? Nach intensiver Überlegung werden Sie auf nahezu unendliche Einflüsse kommen, die alle einen Einfluss auf das Spiel haben. Natürlich sind einige

70 Vgl. Dweck (2017)
71 Vgl. Knapp (2013)

stärker zu gewichten, wobei Taktik, Fitness, Begabung, Motivation, Mannschaftsgeist, Teamgedanke, Willenskraft, Schiedsrichter, Linienrichter, Windrichtung, Heimspiel oder Auswärtsspiel, Rasenzustand, schon alleine zahlreiche relevante Faktoren aufzeigen, die man wiederum unterteilen kann. Wechselwirkungen zwischen den Faktoren erhöhen zusätzlich die Komplexität.

Daher sind komplexe Abläufe nicht (vollständig) vorhersehbar und es bedarf anderer Methoden, um mit ihnen umzugehen. Hierbei sind präventive und bestimmte Verhaltensweisen in der jeweiligen Situation hilfreich, um der Komplexität Herr zu werden. Eine präventive Methode ist z. B. eine Risikoanalyse, die gewisse Faktoren wie Auftretenswahrscheinlichkeit, Entdeckung und Bedeutung bewertet. Bei hohen Risiken kann im Vorfeld eine Maßnahme definiert werden, die das Risiko ausschließt oder zumindest minimiert. Im Beispiel Hausbau könnten solche Risikoanalysen helfen, allerdings würden sie niemals alle möglichen Probleme, die auftreten könnten, aufzeigen.

Eine weitere Methode ist ein zeitlicher Projektplan mit Abhängigkeiten und kritischen Pfaden, um eine Gesamttransparenz zu erzielen und bei ungeplanten Ereignissen wie Krankheit direkt einschätzen zu können, welche Auswirkungen es auf das Gesamtprojekt hat.

Auch die Anwendung von emotionalen Faktoren sind hilfreich. Dadurch sind alle Beteiligten im Projekt nicht nur aufeinander abgestimmt, sondern auch emotional aufeinander eingestimmt. Und dies nicht nur in dem Moment, wo ungeplante Ereignisse eintreffen, sondern von Projektbeginn bis zu Projektende. Wie kann so etwas gelingen bzw. aussehen?

Hierzu ein Beispiel aus der Montanindustrie. Ein Unternehmen, für das ich zu dem Zeitpunkt arbeitete, bekam mit weiteren Fremdfirmen gemeinsam den Auftrag, einen Stahl-Hochofen zu warten. Dazu mussten die verschließenden Schamottsteine am Hochofen ausgebrochen werden, sodass anschließend neue eingemauert werden konnten. Um die Komplexität dieser Aufgabe zu reduzieren, planten wir im Vorfeld eine Kombination von zwei Methoden, um die potenziellen Risiken zu ermitteln, einzusortieren und zu bewerten. Ich hatte dabei die Aufgabe, diesen Vorgang zu moderieren und die relevanten kritischen Punkte herauszuarbeiten. Inhaltlich haben wir mit insgesamt sechs Mitarbeitenden, bestehend aus Teamleitern und Fahrzeugführern, zuerst eine Kartenabfrage (Methaplantechnik) gestartet, wobei alle ihre Bedenken und Ideen aufschreiben konnten. Die Karten wurden einzeln vorgestellt und anschließend in Themenfelder einsortiert. Diese Cluster dienten dann in der Risikoanalyse als Systemelemente mit ihren unterschiedlichen Fehlerbildern. Als Werkzeug der Risikoanalyse wurde die FMEA (Fehlermöglichkeits- und Einflussanalyse) eingesetzt. Einige Bewertungen zeigten dabei sehr hohe potenzielle Risiken.

Hierzu zwei Beispiele, bei denen anschließend auch Umsetzungsmaßnahmen zur Reduzierung des Risikos eingeleitet wurden.

Zum einem wurde die Beschädigung der Flurförderfahrzeuge (z. B. Bagger oder Radlader) durch herabfallende Schamottsteine als sehr hoch eingestuft worden, sodass wir die Fahrzeuge im Dach- und Fensterbereich mit zusätzlichen Gitterkäfigen ausrüsteten, die größere Steinbrocken abfingen. Als weiterer Punkt wurde die Zusammenarbeit zwischen den Fremdfirmen als hohes Risiko eingestuft. Als Maßnahme wurde hier im Vorfeld ein gemeinsames Abendessen mit allen beteiligten Personen organisiert, wo ein Kennenlernen, die Vorgehensweisen und die grundsätzliche Zusammenarbeit diskutiert wurden. Als positive Folge aller Maßnahmen waren wir im Vorfeld besser aufeinander eingestimmt und die Reparaturarbeiten konnten planmäßig und ohne größere Probleme erledigt werden.

Auch wenn es zunächst seltsam klingen mag, je komplexer und unüberschaubarer das Geschehen, desto höher muss das Bewusstsein für die ganz einfachen und grundlegenden Prinzipien des menschlichen und persönlichen Miteinanders sein. Dies sind Faktoren wie z. B. einander wirklich zuhören, gute Diskussionen eingehen, den Raum für Rückfragen geben sowie unterstützen und einander helfen. Damit können sich Unsicherheiten abbauen und Kreativität entwickeln. In der Summe ergibt sich also ein Raum für Vertrauen und Offenheit. Dieser wird dringend benötigt, denn niemand weiß im Voraus, wer auf das entscheidende Detail oder die relevante Idee kommt und diese auch äußert, die am Ende zum Gelingen oder eben zur Zurückhaltung und dann zum Misserfolg des Projektes führt.[72]

5.2.8 Methode 8: Indirekte Überzeugung erzielen

Die Methode Brainwashing oder Mind Control ist ursprünglich ein Konzept zur psychologischen Manipulation, die häufig in der Werbung, Politik oder auch in der Kriegsführung eingesetzt wird. In der heutigen hoch informativ verdichteten Arbeitswelt ist es meines Erachtens sehr wohl erlaubt und notwendig, mit dosierten Wiederholungen zu arbeiten, um wichtige Motive und Thematiken im obersten Management zu platzieren.

Hierbei geht es nicht um eine Beeinflussung, sondern um ein Hervorheben wichtiger und dringender Angelegenheiten im Sinne des Unternehmens. Tatsächlich strömen auf jeden von uns täglich unendliche Informationen und Daten ein. Wie sollen wir nun wichtige von unwichtigen Mitteilungen unterscheiden? Unser Gehirn mag Bekanntes, alles Neue kostet zuerst zusätzliche Energie und es wird versucht, dies zu vermeiden

72 Vgl. Knapp (2013)

bzw. zu verdrängen. Wiederholungen hingegen setzen sich beim Geschäftspartner oder Vorstand schrittweise fest, eine Aussage, die wiederkehrt, hat für das Gehirn grundsätzlich mehr Wahrheitsgehalt als beim ersten Mal und festigt sich mit der Zeit bzw. mit jeder Wiederholung. Um nun als Führungskraft relevante Themen zu platzieren, sind drei Faktoren notwendig, damit Sie beim Gegenüber inhaltlich optimal aufgenommen werden:

- Wiederholungen sollten in einer gewissen Frequenz ausgesprochen werden, zu oft oder zu selten wirkt kontraproduktiv, da es für den Partner zu anstrengend ist.
- Ein Abstand von zwei bis vier Wochen ist eine sinnvolle Größe. Sie sollten dann verteilt 3- bis 4-mal stattfinden, damit sich der Inhalt optimal festigen kann. Eine zu häufige Repetition stresst dagegen und sorgt eher für Ablehnung.
- Weiterhin sollten die gesendeten Botschaften einfach zu verstehen sein, damit das Gehirn sich an die Ereignisse schneller erinnern kann.

Optimalerweise verknüpft sich ein Thema mit einer kurzen Geschichte, da Bilder oder Bildfrequenzen besser gespeichert werden und damit auch abgerufen werden können. Ziel dieser Methode ist es, ausschließlich einzelne dringende Angelegenheiten bevorzugt ansprechen und präsentieren zu können, um sie zeitnah für das Unternehmen anzugehen.

5.2.9 Methode 9: In Lösungen denken

Grundsätzlich möchte unser Gehirn unangenehme oder ungünstige Situationen aus der Vergangenheit vermeiden. Daher macht es uns sehr schnell und immer wieder auf potenzielle Probleme aufmerksam. Dadurch haben wir das Gefühl, uns mit einer Problemthematik zu beschäftigen und ihr nicht hilflos ausgeliefert zu sein. Doch in Wahrheit landen wir mit dem permanenten Grübeln oft in einer Sackgasse. Natürlich gelingt es uns auch schon einmal, einen neuen Gedanken zu entwickeln, doch der Energieaufwand dafür ist hoch.

Dazu beinhalten unsere Verhaltensweisen oft eine gewisse Vorsicht im Handeln und bedienen sich mehrheitlich konservativer Lösungsansätze, die meist nur mehr von dem Gleichen anbieten. Einstein hat es wie folgt ausgedrückt: »Die Definition von Wahnsinn: Das Gleiche immer und immer wieder tun und ein anderes Ergebnis erwarten«. Es drückt aus, wie stark wir an unsere Gewohnheiten gebunden sind.[73]

Wie oft hören wir in unserer beruflichen Umgebung Sätze wie: »Das Problem ist ...« oder »Da müssen wir aufpassen, weil ...«? Zweifellos gibt es viele Mitmenschen, die andauernd in einer Art Problemwelt unterwegs sind. Hierdurch blockieren Sie sich zu-

73 Zitate berühmter Personen (o. J.): Einstein, A. Die Definition von Wahnsinn

erst einmal selbst und in zweiter Konsequenz verzögern sich auch Projekte und wichtige Entscheidungen.

Das bekannte Zitat von Steve de Shazer »Problem talk creates problems, solution talk creates solutions«[74] soll uns dazu anregen, nicht immer nur zu versuchen, das Problem zu finden, sondern sich mehr den Stärken und Lösungsvorstellungen zu widmen.

Bei lösungsorientiertem Denken und Handeln wird die Fokussierung auf ehemals gut funktionierende Aspekte ausgerichtet, anstatt die Ursachen von Problemen in voller Tiefe zu untersuchen oder in Problemschleifen zu verharren. Personen mit Lösungsorientierung richten dabei ihre volle Aufmerksamkeit auf alternative Möglichkeiten und testen dadurch immer wieder neue Dinge aus, bis etwas klappt.

Es zählt also mehr zu definieren, was in der Vergangenheit gut funktionierende Muster waren und wie diese helfen können, die gewünschte Zukunft zu erreichen. Das Wort Lösung oder ergebnisorientiertes Denken bringt Sie zusätzlich in eine andere, kreativere Welt, wodurch im Gehirn andere Areale geöffnet werden, die neue Ideen zulassen. Versuchen Sie daher in der Grundsatzstruktur immer lösungsorientiert an alle Themen heranzugehen. Denken Sie ausschließlich positiv und in unterschiedlichen Lösungsansätzen. Umgeben Sie sich im täglichen Leben mit Menschen, die analoge Ansätze im Unternehmen verfolgen. Kreative, hoch motivierte Menschen, die lösungsorientiert arbeiten, können bei gegenseitiger Unterstützung und Anerkennung im Betrieb bildlich gesprochen Berge versetzen und auch den einen oder anderen Bedenkenträger mitziehen und umstimmen.

5.2.10 Methode 10: Das Pareto-Prinzip

Der Pareto-Ansatz nach Vilfredo Pareto befasst sich mit dem Verhältnis zwischen Aufwand und Nutzen. In Abbildung 24 werden diese beiden Abhängigkeiten grafisch verdeutlicht. Hierbei werden mit 20 Prozent Aufwand 80 Prozent Ergebnis erzielt (grauer Pfeil). Anders ausgedrückt sind 20 Prozent des Aufwands für 80 Prozent des angepeilten Ergebnisses verantwortlich (80/20-Regel). Daraus ergibt im Umkehrschluss, dass die verbleibenden 20 Prozent der Ergebnisse ca. 80 Prozent des Aufwands benötigen. Diese Verteilung trifft in vielen Fällen im täglichen Leben zu.

74 Vgl. DeSelfie (o. J.): Ein Porträt über Steve de Shazer

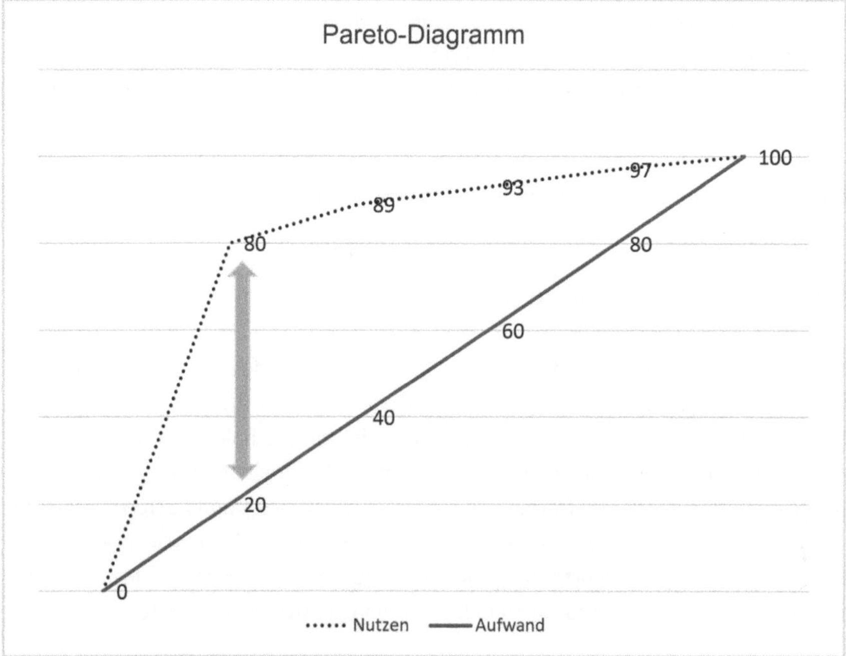

Abbildung 24: Pareto-Diagramm in Bezug zu Aufwand und Nutzen

Einige praktische Beispiele verdeutlichen das Prinzip:

- Viele Unternehmen machen 80 Prozent Gewinn mit 20 Prozent ihrer Produkte.
- 20 Prozent Vorbereitung für eine Prüfung ergibt 80 Prozent Wissen für die Prüfung.
- 80 Prozent der Anrufe werden mit 20 Prozent der gespeicherten Kontakte geführt.

Nicht immer trifft diese Zahlenverhältnis exakt ein, doch die darin ausgedrückte Gesetzmäßigkeit kann bei Definierung von Prioritäten sehr gut angewendet werden. Der höchste Nutzen des Pareto-Prinzips ist die Konzentration auf Aufgaben, die einen hohen Einfluss auf das Ergebnis haben. Hierdurch können Leistungsfähigkeit und Wirtschaftlichkeit enorm gesteigert werden. Die Berücksichtigung ist dann empfehlenswert, wenn Aufwand und Ergebnis messbar bzw. quantifizierbar sind.[75]

In der beruflichen Praxis kann das Pareto-Prinzip besonders gut bei Voruntersuchungen oder Konzepten eingesetzt werden. Hier lässt sich mit relativ wenig Aufwand eine sinnvolle Entscheidung bzw. Einschätzung erzielen. Anfragen von Kunden zu Modifikationen ihrer Produkte können z. B. schnell in einem interdisziplinären Team abgeschätzt werden. Dadurch erreichen Sie mit wenig Aufwand eine relativ verlässliche Aussage bezüglich einer möglichen Realisierung und der finanziellen Marge.

75 Vgl. Der Prozessmanager (2020)

Auch komplexere Abschätzungen (z. B. eine Produktionsverlagerung) können durch diese Methode durch ein interdisziplinäres Expertenteam erzielt werden. Hier können Sie zeitnah mit wenig Aufwand (20 Prozent) zu einem belastbaren Ergebnis (80 Prozent) kommen. Ein weiterer wichtiger Seiteneffekt ist hierbei zusätzlich die Einbindung von wichtigen Entscheidungsträgern, die sich inhaltlich abgeholt und integriert fühlen, da sie inhaltlich einen Einfluss auf das Ergebnis haben.

5.2.11 Methode 11: Primen (Vorglühen)

Primen ist im Prinzip eine Vorbereitung auf ein anstehendes herausforderndes Gespräch, z. B. mit einem Vorgesetzten, Geschäftspartner, Mitarbeitenden, Kunden oder Lieferanten. Die Notwendigkeit für das Primen ist im geschäftlichen Alltag eher die Ausnahme, kann aber je nach Konstellation einige Male im Jahr vorkommen. Die Methode ist hierbei eindeutig formuliert: Sie gehen vorbereitet und auch positiv in das anstehende Gespräch. Wie sollte nun der Ablauf sein? Sofern Sie das Gesprächsthema kennen, versuchen Sie zuerst zu definieren, warum Sie eine Vorbereitung benötigen und dies besonders aus emotionaler Sicht. Fühlen Sie sich unsicher oder ängstlich?

Beispiel

Gehen wir davon aus, dass Ihr Vorgesetzter Ihren Arbeitsvertrag als Teamleiterin der Disposition aufgrund der vielen Kundenaufträge von 35 auf 42 Stunden in der Woche erhöhen möchte. Da Sie gerade aber Nachwuchs bekommen haben, ist dies aus privaten Gründen nicht möglich. Natürlich möchten Sie dem Unternehmen helfen und haben aus diesem Grund auch ein schlechtes Gewissen. In dieser Situation sollten Sie sich beim Primen zu Beginn mit dem Gefühl des schlechten Gewissens auseinandersetzen. Woher kommt dieses Gefühl? Versuchen Sie es inhaltlich abzulegen, und gestehen Sie sich ein Privatleben zu. Prüfen Sie weiterhin, ob Sie Ihrem Vorgesetzten alternative Vorschläge unterbreiten können, die das Problem lösen könnten.

Listen Sie alle praktikablen Lösungsvorschläge auf. Klären Sie weiterhin für sich, wo die Grenzen für Sie selbst sind, sofern Ihr Vorgesetzter den potenziellen Bedarf massiv einfordert. Wie weit würden Sie gehen bzw. können Sie gehen, ohne in persönliche finanzielle Schwierigkeiten zu kommen? Als weiteren Punkt können Sie sich den Ablauf des Gespräches visuell vorstellen und durchspielen. Gehen Sie hierbei von einem positiven Verlauf aus, der zu Ihren Gunsten ausgehen wird. Spielen Sie alles auch noch einmal gedanklich kurz vor dem Gesprächsstart durch, damit werden Sie positiv energetisch geladen sein. Die Chancen auf einen positiven Verlauf des Gespräches mit Primen sind wesentlich höher, als wenn Sie unvorbereitet eintreten.

5.2.12 Methode 12: Heuristiken anwenden

Beispiel

Schätzen Sie innerhalb von drei Sekunden das Ergebnis von 17 x 24 grob ab!

Meine erste spontane Überlegung war die 400. Mithilfe von intensiver Überlegung oder einem Blatt Papier oder einem Taschenrechner kommen wir dann auf den Wert 408. Ein Schätzungsfehler von ungefähr 2 Prozent, der in den meisten Fällen aber völlig unbedeutend ist.

Was ist aber nun Heuristik? Tatsächlich befinden wir uns bereits mitten in ihr. Laut Kahnemann hat jeder Mensch zwei kognitive Systeme zur Verfügung, welche auch dauerhaft bzw. sporadisch eingesetzt werden. System 1 beruht hier auf Ausbildung, Erfahrungen und Wissen, das im Gehirn abgespeichert wurde und welches direkt auf die allermeisten Fragestellungen eine spontane und auch meist richtige Antwort oder Tendenz abgeben kann. Dies ist auch notwendig, denn wenn wir jedes Mal anfangen würden, alle Erfahrungen und Einflüsse rechnerisch ins Kalkül zu ziehen, dann wären wir evolutionär wahrscheinlich bereits vor Zehntausenden von Jahren verhungert.

System 2 bedient sich nun in einzelnen ausgewählten Fällen der komplexeren Methode und berechnet mehrere Einflussgrößen in Bezug auf das Ergebnis.[76] Dieses Verhalten kostet aber wertvolle Zeit und kann auch meist nie alle Parameter vollständig in die Berechnung einbeziehen. Und an genau dieser Stelle setzt die Heuristik an. Sie versucht mit verkürzten kognitiven Operationen und meist nur mit einem Parameter vergleichsweise komplizierte und langwierige Algorithmen zu ersetzen.

Der Vorteil von Heuristiken liegt darin, dass sie ressourcenschonend sind und zu Schlussfolgerungen führen, die in den meisten Lebenssituationen eine hinreichende Aussage besitzen, oft sogar den wissenschaftlichen Berechnungen überlegen sind.

Heuristiken sind also mentale Faustregeln, die uns helfen, mit begrenztem Wissen bei endlicher Zeit gute Entscheidungen zu treffen und Urteile zu fällen. Einige weitere Beispiele werden Ihnen helfen, sich mit den Einsatz von Heuristiken weiter zu beschäftigen.

Beispiel

Im American Baseball müssen abgeschlagene Bälle, sofern möglich, vom Werfer wieder mit dem Feldhandschuh eingefangen werden. Hierbei wird dem Ball schnell hinterhergelaufen und tatsächlich gelingt es in einigen Fällen, ihn einzu-

76 Vgl. Kahnemann (2011)

fangen und zurückzuspielen. Um die Komplexität des Spiels zu verstehen, ist es notwendig, die verschiedenen bekannten Größen zu bestimmen. Hier wirken Abschlagskraft, Drift, Abschlagswinkel und Windgeschwindigkeit auf das Flugverhalten ein, wobei sich dadurch der Ball permanent auch in der Flugbahn verändert. Der fangende Spieler ist höchstwahrscheinlich kein promovierter Mathematiker und hat in diesem Moment auch keinen Rechner zur Verfügung, der ihm die Flugbahn wie in Abbildung 25 dargestellt berechnet.

Abbildung 25: Das Augenintegral als Heuristik im American Baseball

Hier hilft vielmehr ein einfaches und probates Mittel gegen die komplexen und voneinander abhängigen Parameter. Das Augenintegral des Fängers.

Zur Verdeutlichung: Der Spieler, der später den Ball fängt, läuft dem Ball hinterher und passt seine Geschwindigkeit, seine Richtung sowie die Ausrichtung des Handschuhs permanent der Flugbahn des Balles an. Hierbei verlässt er sich ausschließlich auf die Information seiner Augen, die ihm sagen, wo der Ball sich aktuell befindet. Und genau so funktionieren prinzipiell Heuristiken, die Fokussierung auf einen entscheidenden Faktor, der mir in der hoch komplexen Aufgabe eine akzeptable Lösung anbietet.

Beispiel

Sie erhalten ein attraktives Jobangebot eines bekannten Partnerunternehmens. Sie wägen alle Vorteile und Nachteile ab und kommen zu keiner klaren Entscheidung. Setzen Sie nun gedanklich einmal voraus, dass beide Positionen ungefähr gleich attraktiv sind. Wenn Sie mit nur einem einzigen Parameter in dieser Pattsituation eine Entscheidung erzwingen müssten, für welchen Faktor würden Sie sich hier entscheiden? Tatsächlich wäre die menschliche Beziehung zum direkten Vorgesetzten oder zum Eigentümer eine wichtige und relevante Größe. Sofern Sie hier ein gutes Gefühl und hohes Vertrauen haben, sollten sich alle anderen Themen lösen lassen.

Doch auch der Heuristik sind Grenzen gesetzt. Sie sind erreicht, wenn viele inhaltlich unterschiedliche Fakten auf dem Tisch liegen und miteinander abgeglichen werden müssen.

Ein Beispiel sind hier potenzielle Probleme und Fehlfunktionen technischer Systeme, die rational analysiert werden müssen. Dabei müssen die Ursache-Wirkungs-Zusammenhänge aller Teilsysteme geklärt werden und Eintrittswahrscheinlichkeiten von möglichen Schadenereignissen abgeschätzt und Risiken dazu bewertet werden.

Hierzu wird dann eine quantitative Risikoanalyse eingesetzt, die anstrebt, möglichst genaue Werte auf Basis sämtlicher Größen und Variablen zu errechnen. Hinzu kommt, dass alle Risiken so objektiv wie möglich im Expertenteam ermittelt werden müssen. Für eine angemessene quantitative Aussage der Messergebnisse muss das zur Auswertung herangezogene Datenmaterial auf seine Zuverlässigkeit geprüft werden. Die Berechnung der Daten erfolgt dann mittels statistischer Modelle.

In solchen berechenbaren Fällen ist eine Abschätzung durch die Heuristik nicht mehr zielführend.

5.2.13 Methode 13: Business Wargames oder spielerisch Probleme lösen

Eine intensive und mächtige Methode ist die Anwendung von Business Wargames, einer Simulation, die bei großen anstehenden Ereignissen, wie z. B. Firmenfusionen, großen Entwicklungsprojekten oder nachgestellten Cyber-Angriffen, eingesetzt wird. Wargames verfolgen hierbei unterschiedliche Ziele, z. B. die Einbindung von unterschiedlichen Stakeholdern, das Trainieren anstehender Situationen, die Entwicklung von neuen Lösungen und das Zusammenspiel von Menschen. Sie müssen inhaltlich gut vorbereitet und belastbar sein und moderiert werden. Dabei sind für die Teilnehmenden unterschiedliche Rollen in der Simulation vorgesehen, innerhalb derer sie agieren dürfen. Dieses aktive Bearbeiten fördert hauptsächlich mehr Verständnis für bisher nicht erkannte oder unterschätzte Situationen, die während der Simulation auftreten und entsprechend durch die betroffenen Menschen bearbeitet werden müssen.

Das Vorgehen ist wie folgt: Es werden nach Übergabe der Aufgabenstellung meist mehrere Teams, die gegeneinander spielen, parallel dabei angeleitet, Lösungsoptionen für anstehende Ereignisse im Gesamtspiel zu erarbeiten. In geordneten Abständen werden Spielzüge und einzelne Strategien offengelegt und gemeinsam diskutiert. Hierdurch erzielen alle Teilnehmenden ein gleiches Verständnis der Mechanismen der strategischen Aufgabe. Der Ablauf an sich hat einen spielerischen Charakter und erlaubt den beteiligten Personen, ihre Emotionen und Neigungen auszudrücken und zu diskutieren. Die Durchführung des Spiels ist so zu gestalten, dass die Aufgabenstellung knapp in der vorgesehenen Zeit zu leisten ist.

Die Schwierigkeit sollte sich schrittweise steigern, sodass die initiale Aufgabe die Gruppe nicht überfordert. Denn hier ist zu Beginn ein gewisses Einschwingen erforderlich, um miteinander warm zu werden. Am Ende des Spiels werden alle Teamergebnisse gezeigt und die besten Einzellösungen besprochen und auch begründet.

Die Vorteile dieser Methode liegen klar in der Zusammenarbeit der Beteiligten, der Erreichung eines tieferen Verständnis für die eigene und andere Sichtweisen und von neuen Lösungsansätzen, die sich aus der Dynamik selbst entwickelt. Da Wargames von der Vorbereitung her sehr aufwendig sind, sollten sie für ausgewählte Ereignisse oder wiederholende Schulungen ausgearbeitet und angewendet werden.[77]

5.2.14 Methode 14: Verhandlungstechniken anwenden

Jede Diskussion im Unternehmen oder im privaten Bereichen ist im weitesten Sinne eine Verhandlung. Im Unternehmen verhandelt man also fast 40 Stunden die Woche über die Gestaltung von Prozessen, Gehälter oder neuer Maschinen. Hierbei sind gewisse Regeln und Grundprinzipien anzuwenden, um aus den Debatten erfolgreich herauszukommen. Durch unsere Erziehung ist normalerweise eine gewisse Fairness und Gerechtigkeit in uns vorprogrammiert und es wird erwartet, dass der andere Mensch schon weiß, was er an uns hat. Aber das ist ein Trugschluss, denn man bekommt nicht, was man (subjektiv) verdient, sondern nur das, was man verhandelt.[78]

Um also in Verhandlungen erfolgreich zu sein, ist es wichtig zu wissen, dass es keine objektive Macht gibt. Hierbei bin ich selber die Quelle meiner eigenen Kraft, die ich durch eine gewisse Haltung, Vorbereitung und geeignete Verhandlungstechnik auch gewinnbringend ausspielen kann. Sofern ich mich nur in meinen Ängsten und Zwängen bewege, werde ich keine positive Ausstrahlung zeigen können. Die eigene Haltung sich selbst gegenüber sollte daher grundsätzlich positiv sein, sodass ich meine Werte und Stärken kenne und diese auch positiv darlegen kann. Bedenken Sie hierbei, dass Ihr Verhandlungspartner ebenfalls mit Ängsten und Zwängen zu kämpfen hat, aber möglicherweise keine positive Haltung zu sich selbst einnehmen kann.

Für eine gute Vorbereitung müssen unterschiedliche Aspekte intensiv erarbeitet werden. Einer davon ist, einen guten Plan B zu haben, der als sogenanntes Ass im Ärmel in der Verhandlung gezogen werden kann. Bei Vorstellungsgesprächen wäre z. B. ein

77 Vgl. Romeike/Spitzner (2013)
78 Vgl. Nasher (o. J.):Vermeide: DAS beim Verhandeln

guter Plan B, mehrere Gespräche bei unterschiedlichen Firmen zu haben und dies auch im richtigen Moment zu erwähnen. Natürlich sollten Sie zusätzlich ausreichend Informationen zu den Motiven Ihres Gegenübers haben. Was sind seine Positionen? Welche wirklichen Interessen vertritt er?

Für die Verhandlung selbst gibt es zahlreiche Verhaltensregeln, um erfolgreich zu sein. Lassen Sie sich dabei zur keiner Zeit von Forderungen der Gegenpartei einschüchtern bzw. zeigen Sie dies nicht in der Verhandlung. Kompromisse sind grundsätzlich schlecht in Verhandlungen, weil jeder dabei etwas verliert. Versuchen Sie daher immer auf ein interessenbasiertes Verhandeln zu setzen, bei dem beide Parteien gewinnen.[79]

Wichtig ist hierbei zuerst, den Unterschied zwischen Positionen und Interessen zu verstehen. Ich kann meine Positionen (Urlaub in der Schweiz) loslassen, sofern meine Interessen (Wandern in den Bergen) erfüllt werden. Um in den Verhandlungen hier inhaltlich weiterzukommen, sollte ich durch geeignete Fragetechniken und aktives Zuhören versuchen, die Interessen des anderen zu ergründen und zu verstehen. Gelingt mir dies, kann ich es mit meinen eigenen Interessen vergleichen und nach Schnittmengen suchen. Ergebnisse hieraus sind keine Kompromisse, sondern echte Win-Win-Situationen, wo im Idealfall jeder bekommt, was er will. Um anschließend in Einzelpositionen optimale Ergebnisse zu erzielen, sollten weitere Taktiken wie das Ankern, Entgegenkommen usw. eingesetzt werden.

Der wesentlichste Aspekt in der Verhandlung ist das Ankern, also die erste Festlegung oder Positionierung eines Wertes. Dieser Wert ist elementar für die weitere Verhandlung, da er als erste Position festgesetzt wurde. Hierbei wirkt ein ungerader Wert begründeter als ein glatter, da er scheinbar konkret kalkuliert wurde. Dies kann eine Kaufsumme für ein Haus oder ein Jahreseinkommen für eine Arbeitsstelle sein. Versuchen Sie im Gespräch, diesen Wert immer als Erster zu setzen. Hierbei sollten Sie diesen Wert aus Ihrer Sicht an der oberen Grenze des Möglichen ansetzen, sodass er gut positioniert ist, aber noch nicht im Bereich des Nichtmachbaren liegt. Setzt der Gesprächspartner den Wert zuerst, müssen Sie direkt gegenankern. Das bedeutet, dass Sie mit einem gezielten Gesichtsausdruck zeigen, dass dies unmöglich und unter Ihrer Erwartung ist. Anschließend korrigieren Sie den Wert verbal sofort wieder in Ihre Richtung. Damit sind die Positionen erstmal wieder nahezu ausgeglichen.

Ein anschließendes schrittweises Entgegenkommen erreicht dann in der Regel einen vernünftigen Zielwert, den Sie im Vorfeld für sich bestimmt haben. Verlassen Sie hier Ihre selbst gesteckten Ziele, müssen Sie sich ernsthaft fragen, ob es sinnvoll ist, diesen Deal noch zu machen. Brechen Sie ab, bevor Sie hinterher ein Ergebnis haben,

79 Vgl. Nasher (o. J.): Vermeide: DAS beim Verhandeln

mit dem Sie nur schlecht leben können. Versuchen Sie es und üben Sie zu Beginn bei weniger wichtigen Ereignissen.[80]

5.2.15 Methode 15: Mediation, die Konflikt-Coaching-Methode

Das Verfahren der Mediation kann in unterschiedlichen Lebenssituationen angewandt werden, insbesondere bei Scheidungen oder Erbschaftsstreits kann ein guter Mediator massiv dazu beitragen, Einigkeit unter den Konfliktparteien zu erzielen. Auch im Führungskräfte-Coaching, wird diese Methode vermittelt, um primär zur Konfliktschlichtung oder bei fehlender Entscheidungsfindung innerhalb eines Teams oder an der Schnittstelle von zwei Abteilungen zu vermitteln. Hierbei dient der Mediator als neutraler Vermittler zwischen den verschiedenen Parteien. Er unterstützt beide Seiten gleichermaßen. Der Mediator moderiert und sorgt für einen dauerhaft konstruktiven Umgang miteinander. Er bietet dafür einen abgesicherten Rahmen, sortiert den Prozess und unterstützt die jeweiligen Parteien bei der Darlegung des Konflikts. Der Mediator ist unparteiisch.

Er urteilt weder über die Konfliktparteien und deren Ansichten, noch nimmt er inhaltlichen Einfluss auf die Verhandlungen und Vereinbarungen. Grundsätzliches Ziel ist die gemeinsame Herausarbeitung der eigentlichen Kernpunkte, die den Konflikt ausgelöst haben. Nur so kann der bestehende Konflikt in einer Lösung münden, mit der alle Parteien einverstanden sind. Hierbei ist es enorm wichtig, dass der Moderator dauerhaft unparteiisch bleibt und von sich aus auch keine Lösungsvorschläge mit einbringt. Oft sind massive Emotionen im Spiel und der Mediator wird einerseits die Parteien beruhigen und anderseits sie aufrufen müssen, Vorschläge zu machen, wie der Konflikt gelöst werden kann. Letztlich bleibt die Verantwortung zur Lösung bei den zerstrittenen Parteien. Der Mediator kann also maximal beruhigend einwirken, wertschätzend kommunizieren sowie zielgerichtet und verständnisvoll in Form eines Kommunikationsförderers und allparteilicher Unterstützer den Konfliktparteien eine konstruktive und wertschätzende Kommunikation vorleben. Der Einsatz von guten Mediatoren ist im Konfliktfall sehr empfehlenswert.

80 Vgl. Nasher (o. J.): Vermeide DAS beim Verhandeln

5.2.16 Methode 16: Betrachtung auf einer grünen Wiese in der Zukunft

Bei komplexen Veränderungen entstehen im Kopf viele gedankliche Blockaden, warum Themen nicht angegangen werden können. Können wir solche großen Projekte grundsätzlich lösen? Was passiert mit den Mitarbeitenden? Sind die notwendigen Maschinen bezahlbar? Hierbei kumulieren sich oft die Problemstellungen im Kopf, sodass die Veränderung oft gar nicht gedanklich gestartet oder nicht zu Ende gedacht werden kann. Um sich zuerst frei und gedanklich unabhängig bewegen zu können, bietet sich eine Betrachtung auf einer sogenannten grünen Wiese in der Zukunft an. Hierbei unterliegen Sie keinen Beschränkungen, alles darf frei gewählt werden. Dadurch können Sie einen für das Unternehmen optimalen Zielzustand kreieren, der ihnen alle aktuellen Anforderungen erfüllt. Also eine grüne Wiese, auf der gedanklich der Zielzustand frei aufgebaut werden kann. Hierbei sind alle Beschränkungen im Kopf gelöst und eine freie Ideensammlung ist möglich.

Wenn Sie Ihr Zielbild definiert haben, überlegen Sie mit einem kleinen aussagefähigen Arbeitsteam, wie viele Monate oder Jahre benötigt werden, um dort hinzukommen. Teilen Sie nun die Reise zum Zielbild in Jahresscheiben oder Halbjahresscheiben auf und gehen Sie schrittweise rückwärts oder bewegen sich von beiden Seiten aufeinander zu. Welche Aktivitäten müssten in den einzelnen Jahresscheiben vollzogen werden, um zum Zielbild zu gelangen? Abbildung 26 zeigt eine exemplarische Aufteilung.

Die Aktivitäten können Sie bei Bedarf verschieben, Sie können Jahre verkürzen oder hinzunehmen, das Gleiche gilt für die Aktivitäten. Am Ende haben Sie einen ungefähren Plan, ob und in welcher Zeit sich ein komplexes Thema über die Zeit möglicherweise abbilden lässt und welche Aufwände damit verbunden sind. Belasten Sie nun Ihren Plan durch die Einbindung und Beurteilung von weiteren Experten im Unternehmen. Integrieren Sie Rückmeldungen und nehmen einzelne relevante Korrekturen mit auf. Seien Sie hierbei großzügig bei der Zuordnung der Aktivitäten zu den Jahresscheiben, sofern sich das Enddatum dadurch nicht wesentlich verändert. Sobald Sie einzelne Punkte tiefer abgesichert haben, lässt sich eine genauere Darstellung der Daten in ein Gantt-Diagramm übertragen. Hierbei wird die zeitliche Abfolge von Aktivitäten grafisch in Form von Balken auf einer Zeitachse dargestellt. Auf diese Weise sollte sich der bisher subjektive Plan, der z. B. von zwei Mitarbeitenden erstellt wurde, immer mehr objektivieren.

Fazit

Generieren Sie für sich im Laufe der Zeit einen eigenen Methodenkoffer, der mit unterschiedlichen Werkzeugen je Methode befüllt ist. Denn nur wenn der Koffer prall gefüllt ist, können Sie einen großen Teil von Aufgabenstellungen aus dem eigenen Standard lösen.

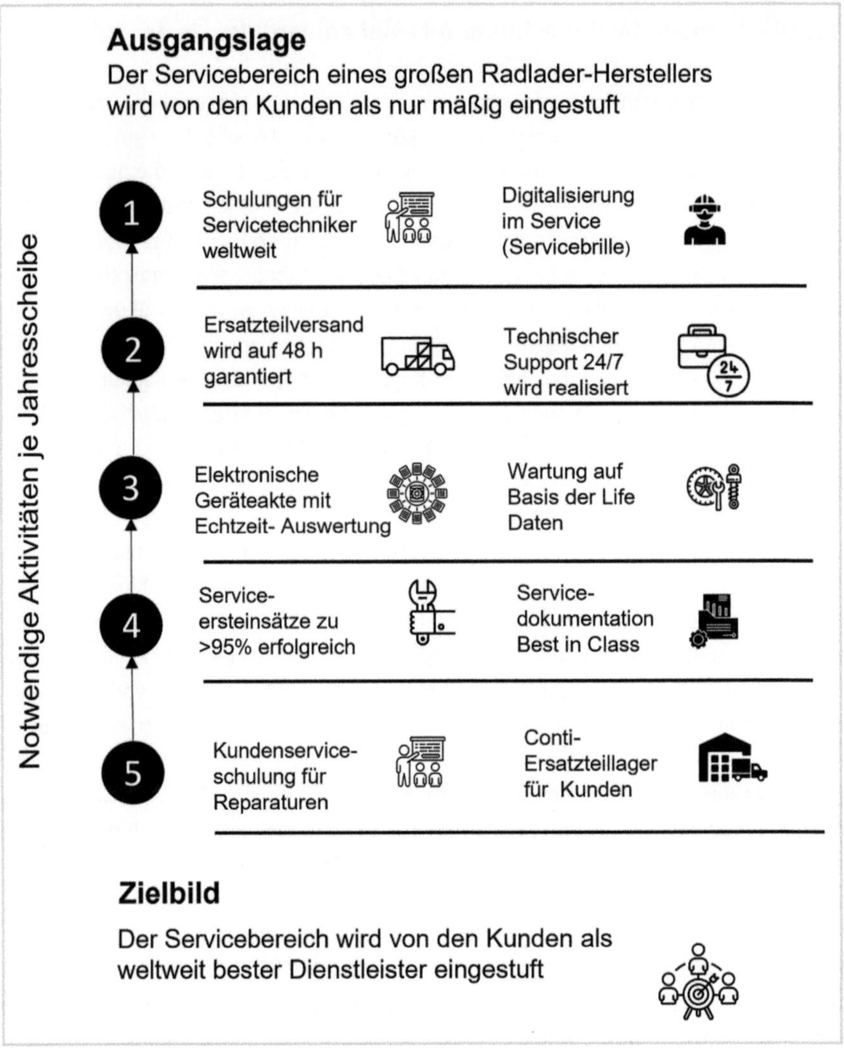

Ausgangslage
Der Servicebereich eines großen Radlader-Herstellers wird von den Kunden als nur mäßig eingestuft

Notwendige Aktivitäten je Jahresscheibe

1. Schulungen für Servicetechniker weltweit — Digitalisierung im Service (Servicebrille)
2. Ersatzteilversand wird auf 48 h garantiert — Technischer Support 24/7 wird realisiert
3. Elektronische Geräteakte mit Echtzeit- Auswertung — Wartung auf Basis der Life Daten
4. Service-ersteinsätze zu >95% erfolgreich — Service-dokumentation Best in Class
5. Kundenservice-schulung für Reparaturen — Conti-Ersatzteillager für Kunden

Zielbild
Der Servicebereich wird von den Kunden als weltweit bester Dienstleister eingestuft

Abbildung 26: Projektrückwärtsbetrachtung über fünf Jahre

5.3 Sozialkompetenz, der Türöffner

Interessieren Sie sich für die Menschen in Ihrem Umfeld? Bekommen Sie mit, wenn Ihre Mitarbeitenden wiederholt krank sind, Probleme haben, kranke Kinder oder Eltern betreuen müssen? Bekommen Sie mit, wann Heirat, Taufe und Geburten anstehen? Können Sie sich mit den Menschen freuen? Natürlich sollen Sie ungünstige Themen Ihrer Mitarbeitenden nicht lösen, trotzdem ist ein gewisser emphatischer Anteil empfehlenswert. Als Führungskraft können Sie mit dem Mitarbeiter bedarfsweise spezifische Lösungen finden, dass er auch in persönlich schwierigen Zeiten weiterhin in seiner Kraft bleiben kann und so weiterhin gute Leistungen für das Unternehmen erbringt.

Überlegen Sie gemeinsam individuelle Lösungen. Welche Optionen gibt es aus beruflicher Sicht, wie die Firma hier unterstützen kann? Stärken Sie Mitarbeitende, indem Sie als Führungskraft an den Menschen glauben und es auch zum Ausdruck bringen. Natürlich muss dieses Vertrauen echt sein und im gemeinsamen Gespräch finden sich temporär oder dauerhaft individuelle Lösungen, wie ein höherer Anteil von Homeoffice, unbezahlter Urlaub, Reduzierung von Arbeitszeiten, Wechsel in andere Aufgaben bzw. Funktionen in der Abteilung oder im Unternehmen.

Jemand gilt als sozial kompetent, wenn er auf anspruchsvolle Situationen mit zwischenmenschlichen Interaktionen angemessen reagieren kann. Hierbei ist es hilfreich, sich in andere Menschen hineinzuversetzen und die Situation zusätzlich aus ihrem Blickwinkel zu betrachten. Welche Sorgen hat die andere Person? Was treibt sie, so zu handeln? Welche Ziele werden hier verfolgt? Nur mit einer offenen Kommunikation und einem wahrhaften Interesse kann ich Antworten auf diese Fragen bekommen. Hierbei müssen Sie keine emotionale Verantwortung übernehmen, ggf. aber Verständnis und eventuell Mitgefühl aufbringen. Aussagen wie: Ja, das verstehe ich, dass ist herausfordernd, sind schon meist ausreichend und signalisieren dem Gegenüber menschliches Miteinander.

> **Fazit**
> Hohe Sozialkompetenz ist ebenfalls ein Schlüsselfaktor für eine erfolgreiche Mitarbeiterführung. Doch die tatsächliche Kompetenz liegt hierbei zunächst nicht im Zuhören, sondern zuerst im natürlichen Interesse an den Menschen bzw. an den Mitarbeitenden.

5.4 Selbstführungskompetenz, der Entscheider

In einer immer komplexer werdenden Arbeitswelt müssen permanent neue Anforderungen durch Führungskräfte bewältigt werden. Ein Schlüssel hierzu ist die eigene Selbstführungskompetenz. Hierbei gilt: Nur wer sich selbst lenken kann, handelt eigenverantwortlich, legt Pläne für den zu gehenden Weg fest und prüft beizeiten sein Handeln. Dabei geht es nicht darum, mehr Arbeitsleistung zu erbringen, sondern die vorhandene Energie bestmöglich einzusetzen. Denn nur so können Sie angemessen auf neue Situationen und Veränderungen reagieren. Um wirklich Selbstführung leben zu können, bedarf es der Entwicklung von unterschiedlichen Elementen: das eigene Selbstvertrauen, die Selbstliebe, die Sinnhaftigkeit, die Reflexionsfähigkeit im Innen wie im Außen und die entsprechende Handlung.

Durch das Zusammenspiel dieser Grundelemente werden Sie eine glückliche Beziehung mit sich selbst aufbauen und damit Selbstführungskompetenz vollständig leben und genießen können. Folgende Fragen helfen, einen Eindruck zu bekommen, was Selbstvertrauen oder Selbstliebe bedeutet. Mögen Sie sich selbst? Finden Sie Ihr Handeln positiv? Sind Sie zufrieden mit Ihren Leistungen, Ihrem Körper? Loben Sie sich regelmäßig selbst? Können Sie herzhaft über sich lachen, wenn Sie einen Fehler gemacht haben? Verbringen Sie gerne Zeit alleine? Nur wer mit sich selbst eine gute Beziehung führt, kann auch mit anderen ein positives Miteinander leben. Lieben Sie sich selbst, so wie Sie jetzt sind, denn Sie haben immer Ihr Bestes und Möglichstes getan.

Die Sinnhaftigkeit Ihres Tuns entwickelt sich meist mit zunehmendem Selbstvertrauen bzw. wachsender Selbstliebe. So werden uns dann erst unsere Bedeutung bzw. die eigenen Lebensaufgaben klar und wir steuern schrittweise auf sie zu. Ab diesem Zeitpunkt haben wir eine so starke inhaltliche Klarheit gewonnen, dass wir nun die Kraft haben, alte Glaubenssätze und Verhaltensmuster alleine oder mit externer Hilfe zu erkennen und langsam aufzubrechen. Hierbei sind einzelne ungünstige oder ambivalente Muster, die sich über Jahre und Jahrzehnte gefestigt haben, zu würdigen, dann aber langsam abzugeben.

In der täglichen Praxis hilft uns hier die Methode des Inner-Game-Managements. Es ist ein wirksames Ressourcenmanagement, welches uns ein psychisches Überleben sichert. Die Inner-Game-Methode arbeitet mit verständlichen und praxisnahen Tools, die helfen, die inneren Ressourcen zu stärken. Es reduziert dabei Selbst-Störungen und unterstützt dabei, eine entspanntere Haltung zu erzielen.

Denn bei positiven Emotionen sind wir glücklich und haben viel Energie zur Verfügung. Negative Emotionen sind dagegen Energieräuber und machen uns traurig und antriebslos. Emotionen entstehen aber meist durch die eigene Bewertung von Informationen oder Aussagen anderer Menschen. Grundlage für unsere Bewertung ist die eigene Erwartung. Hierbei erzeugen nicht erfüllte Erwartungen also Reaktionen wie Frust, Enttäuschung und Ärger.

Es hilft, typische eigene Muster, die emotionale Reaktionen auslösen, mit der Zeit zu beherrschen und zu regeln, um dadurch gelassen zu bleiben. Versagt unser Inner Game, ärgern wir uns über andere Personen oder Situationen und werden ggf. dabei sogar krank. Versagt zusätzlich sogar das Outer-Game-Management, werden wir unprofessionell und eventuell sogar beleidigend und können dadurch einen enormen Schaden anrichten.

Die Steuerung des Inner Game soll dies verhindern und erfolgt durch zwei unterschiedliche Techniken. Selbstkontrolle ist die schnelle und temporäre Möglichkeit zur Ablenkung. Hierzu gehören alle Aktivitäten wie Sport und Meditation, um negative

Emotionen zu verdrängen oder zu kompensieren. Diese Variante der Steuerung sollte nur unterstützend angewendet werden. Die zweite Möglichkeit ist die Selbstregulierung, die den Ärger bereits in der frühen Phase erkennt und eliminiert. Da Erwartungen an andere Menschen immer vorhanden sind, werden teilweise eigene Annahmen nicht erfüllt. Es kommt zur sogenannten Erwartungskollision. Doch welche Erwartungen haben welche Bedeutung und Wichtigkeit für mich? Nur wenn ich weiß, was mich emotional überproportional trifft, kann ich mich bewusst darauf einlassen und mich schützen.

Gelingt mir das nicht, hat der andere Mensch eine hohe Macht über meine emotionale Befindlichkeit. Das bedeutet, andere bestimmen, wie es mir geht. Das bezeichnen Sozialpsychologen als Fremdmacht. Indikatoren für negative Emotionen sind Kurzatmigkeit, verspannter Nacken und Schultern, unzureichende Motorik und in letzter Konsequenz ein Tunneldenken.

Dabei ist eine frühzeitige Gegensteuerung jederzeit möglich. Zuerst einmal ist jede unerfüllte Erwartung für uns unterschiedlich zu bewerten. Abbildung 27 zeigt ein Beispiel mit drei Kreisebenen, die das Selbstkonzept, also unser ideales Selbst, in unterschiedlicher Entfernung umgeben. Je näher der Kreis und damit der betreffende Aspekt sich dem Selbstkonzept nähert, desto heftiger werden die Emotionen bei Verletzungen ausfallen.

Die Rechtecke (Red Dots) auf dem inneren Kreis sind hierbei unsere Themen mit hohem negativem Emotionspotenzial. Das bedeutet, wenn wir gemäß dem grafischen Beispiel keine Anerkennung bekommen, reagieren wir wesentlich emotionaler als möglicherweise eine andere Person. Diese Feststellung ist unabhängig davon, ob die fehlende Anerkennung berechtigt ist oder nicht. Punkte auf der mittleren Kreis-Ebene, wie z. B. Gerechtigkeit sind für uns ebenfalls wichtig, treffen uns aber nicht in der Tiefe, wie die roten Dots des inneren Kreises. Elemente auf der Außenbahn, wie die fehlende Struktur, sind für uns nahezu emotionslos und tangieren uns beinahe nicht.

Bei den roten Dots auf der inneren Bahn liegt eine sehr hohe Bedeutung für das Selbst der Person vor – man spricht von hoher Identifikation des Attributs für das Selbst. Diese Red Dots sind uns also ganz wichtig, denn darin liegt oft die Quelle unseres Ärgers und unserer Aufregung. Das nachfolgende Reiz-Reaktion-Schema, also was sich daraus generiert, startet beim Umweltreiz, löst einen Trigger bei uns aus (Red Dot oder Roter Knopf), wird zur augenscheinlichen Bedrohung, erzeugt Ärger und bringt uns in die Erschöpfung.

Als Prävention bietet sich zuerst einmal an, das eigene Selbstkonzept zu kennen, d. h. die Rechtecke auf den Bahnen einmal inhaltlich zu benennen. Hierbei ist es zunächst völlig unerheblich, warum einige Punkte schwerwiegender sind als andere.

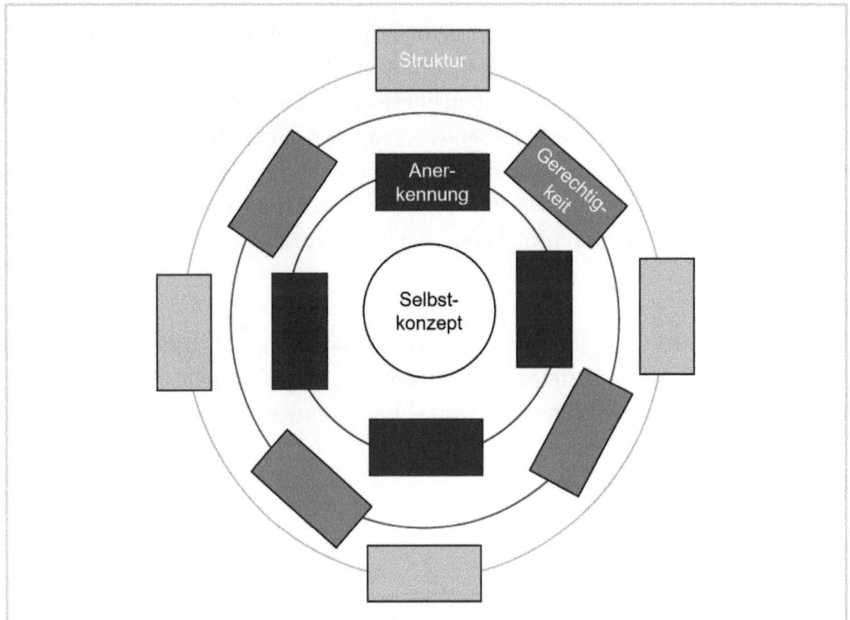

Abbildung 27: Selbstkonzept

Da nun jeder Mensch mehr oder weniger solche Red Dots oder Triggerpunkte besitzt, ist eine Annahme und Akzeptanz notwendig. Hiermit gestehe ich mir selbst ein, dass ich in einigen wenigen Bereichen schneller und heftiger reagiere als andere Menschen. Versuchen Sie nun, in Besprechungen auf Ihre roten Triggerpunkte der inneren Bahn zu achten. Dies ist wichtig, um mit ihnen gut umzugehen. Erkennen Sie im Gespräch eine Verletzung, ist es sinnvoll sich klarzumachen, dass Sie an diesem Punkt schnell überreagieren.

Versuchen Sie mit sich einen inneren Dialog zu führen. Dieser könnte wie folgt aussehen: Ja, die Aussage hat mich ziemlich getroffen, ich habe das Gefühl, nicht gesehen zu werden. Ich weiß aber auch, dass ich mit Anerkennungsthemen sehr empfindlich bin, wahrscheinlich war die Aussage gar nicht so gemeint. Prüfen Sie nach dem Meeting noch einmal Ihre dahinter liegenden Erwartungen. Bei dem Beispiel Anerkennung haben Sie die Erwartung, dass man Ihre gute Arbeit sieht und auch würdigt. Passiert dies nicht, sind Sie schnell enttäuscht. Doch Erwartungen haben grundsätzlich kein Recht auf Erfüllung. Versuchen Sie nun, Ihre strengen Erwartungen in eine Art Zielrange für sich zu führen. Wie viel Anerkennung brauchen Sie nun wirklich, damit es Ihnen gut geht? Durch diese Betrachtung wird das Thema objektiv bewertet und erzeugt ein zeitliches Strecken vom Gefühl bis zur Reaktion. Natürlich haben extreme Bewertungen auch etwas mit mir selber zu tun, es lässt also Rückschlüsse zu auf meinen eigenen Schatten. Sich den eigenen Schatten anzuschauen, wäre dann der nächste

Entwicklungsschritt. Bei der beschriebenen Methode geht es aber zuerst darum, die Emotion selbst zu regulieren.[81]

Fazit

Nur wenn wir unsere Fokussierung überwiegend nach innen gerichtet haben, sind wir in der Lage, auf uns zu achten und uns zu regulieren. Dadurch können wir dann den eigenen Einflussbereiches voll auszuspielen. Mit diesen Handlungen im eigenen Einflussbereich sind wir grundsätzlich unabhängiger gegenüber den Auswirkungen im Außen aufgestellt.

81 Vgl. Daniel (o. J.): Inner Game Management

6 Geschäftskompetenz

Abbildung 28: Leadershipkreis Geschäftskompetenz

Eine herausragende Geschäftskompetenz setzt auf einer positiven und lebendigen Unternehmenskultur auf. Jedes Unternehmen hat ein definiertes Wertesystem, welches bewusst oder unbewusst definiert ist. Erfüllt dieses Wertsystem im Ist-Zustand aber auch den gewünschten Soll-Zustand? Denn mit dem angestrebten Wertesystem (Soll-Zustand) sollen mittel- bis langfristig alle Erfolge realisiert werden.

Folgende Pflichtelemente sollten in einer Unternehmenskultur bzw. in einem tiefergreifenden Unternehmensleitbild verankert sein: Wertschätzung, Kommunikation, Führung, Fehlerkultur und Weitblick. Alle diese Elemente sollten mit knappen und eindeutigen Aussagen dargestellt werden. Diese Beschreibung ist von den Topführungskräften eines Unternehmens gemeinsam zu entwickeln, zu verabschieden und im täglichen Tun auch vorzuleben.

Elementare Vorteile einer gelebten positiven Unternehmenskultur, die sich schrittweise entfaltet, sind die dauerhaft positiven Verhaltenseffekte der Mitarbeitenden, die proportional zum Reifegrad der Kultur steigen. Anders als in Projekten, wo punktuelle Verbesserungen nur Auswirkungen auf das jeweils singuläre Projekt haben, verändert sich das Verhalten über die Kultur dauerhaft und flächig über jeden einzelnen Schritt und mit jeder einzelnen Aktion, und zwar in allen Projekten und Prozessen.

Auch ein verbesserter Umgang mit Fehlern ist Teil einer positiven Unternehmenskultur. Oft werden Fehler zähneknirschend hingenommen und erzeugen eine gewisse Scham beim Verursacher. Mit einer geeigneten Fehlerkultur wird man stattdessen neugieriger auf die Ursachen. Was können wir gemeinsam tun, dass dieser Fehler nicht noch einmal passiert? Denn Fehler wird es immer geben, wichtig ist, dass sie schnell erkannt und frühzeitig behoben werden. Aus Fehlern einen Nutzen zu ziehen, ist ein wichtiger Schritt hin zu einer lernenden Organisation.

In der Aufarbeitung der Fehlleistung ist wertschätzende Kommunikation ein wesentlicher Faktor. Da i.d.R. niemand willentlich Fehler macht, ist die werthaltende Verständigung eine große Hilfe bei der Analyse und Vermeidung der Fehlerquelle. Hierbei gilt es in erster Linie, offen zu bleiben und gemeinsame Lösungen zu entwickeln. Gute Ideen können in diesem Analyseprozess nur entstehen und weiterentwickelt werden, sofern der emotionale Raum, also eine psychische Sicherheit dafür vorhanden ist und die Themen konträr, aber wertschätzend diskutiert werden dürfen.

Mit den Elementen Wertschätzung und dem Lernen aus Fehlern haben Sie bereits zwei wichtige Punkte für die Unternehmenskultur bzw. für das Unternehmensleitbild integriert. Sie sollte gesamthaft visionär vorgehen und eher einen zukünftig benötigten Soll-Zustand als den Ist-Zustand beschreiben. Um den angestrebten Zielzustand zu fördern, können Wertesysteme wie z.B. das Graves-Modell intensiv helfen, Organisationen schrittweise auf ein höheres Kompetenzniveau zu bringen. Ein umfangreiches Beispiel hierzu erfolgt in Kapitel 8 »Transformation Leadership«. Ist nun eine zukunftsorientierte Unternehmenskultur bzw. das Unternehmensleitbild durch seine Grundsätze definiert, können hierauf gezielte Strategien aufgesetzt werden (vgl. Abbildung 29).

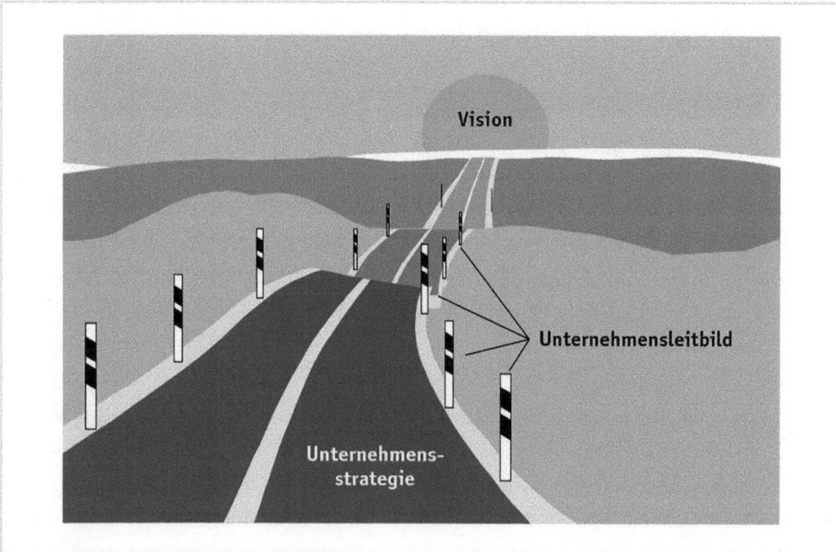

Abbildung 29: Vision, Strategie, Leitbild[82]

Neben den vielen kurzfristigen und meist effizienzgetriebenen Entscheidungen ist es wichtig, eine Vorstellung davon zu entwickeln, was für die Zukunft benötigt wird und wie der Fachbereich oder das Unternehmen in fünf Jahren aussehen soll. Um den täglichen operativen Sumpf dabei zu verlassen, bietet es sich an, eine andere und wesentlich abstraktere Sicht einzunehmen. Hierbei dürfen Sie sich bildlich in einen Hubschrauber setzen und das Unternehmen und seine Kernprozesse aus einer höheren Ebene betrachten. Von hier oben können Sie besser eine strategischere Sicht einnehmen, um Fragestellung zu beantworten, die helfen, das Unternehmen langfristig auszurichten.

Was erkennen Sie nun aus dieser Metaebene? Zugegebenermaßen ist diese Vorstellung tatsächlich gewöhnungsbedürftig, sie hilft aber nach etwas Übung ungemein, sehr schnell eine andere Betrachtungs- und Denkweise einzunehmen. Begeben Sie sich also gedanklich auf diese Metaebene und beantworten Sie mit Blick auf das Unternehmen folgende erste strategische Fragestellungen:

- Hilft die aktuelle Diskussion, Zielrichtungen zu entwickeln, die das Unternehmen in fünf Jahren beschreiben?
- Beinhaltet die gegenwärtige Debatte ausschließlich strategische Betrachtungen, von der später operative Schritte abgeleitet werden müssen?
- Lässt die aktuelle Diskussion unterschiedliche Szenarien zu, die später vertieft angegangen werden müssen?

82 Vahs (2023)

6.1 Strategie- und Innovationskompetenz

6.1.1 Strategiekompetenz

Was ist das Kernbedürfnis des Unternehmens? Warum gibt es Ihr Unternehmen? Warum sollte sich jemand für Ihr Unternehmen aussprechen – als Mitarbeiter, als Lieferant, als Kunde? Was passiert, wenn es Ihr Unternehmen morgen nicht mehr gibt? Unbewusst werden viele Unternehmer das Warum für sich beantwortet haben, es meist aber nicht verschriftlicht und nie vollständig in das Unternehmen getragen haben. Daher ist die Warum-Frage in den überwiegenden Unternehmen im Grunde nicht beantwortet. Wobei sie emotional durchaus gleichzusetzen ist mit dem Sinn der Arbeit und insofern jegliche Basis für das Handeln im Unternehmen bildet. Während die Vision, z. B. »Wir wollen Marktführer werden« meist vorhanden ist, beantwortet nur die Warum-Frage den emotionalen Hintergrund und damit den wirklichen Sinn. In Zeiten, wo die Generation Z und bald auch die Generation Alpha (Geburten ab 2010) mehr und mehr nach Bedeutung suchen, ist die Beantwortung des »Warum« für jede Firma obligatorisch. Im Beispiel der Firma Nike ist die Warum-Aussage (in deutscher Sprache) wie folgt: Wir glauben, wenn man einen Körper hat, ist man ein Athlet (siehe Abbildung 30).

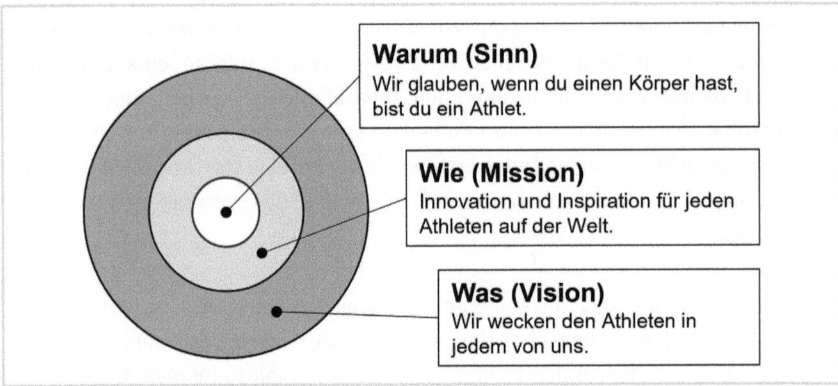

Abbildung 30: Nike Brand Blueprint[83]

Harley Davidson beantwortet die Warum-Frage mit der Aussage: »To fulfil dreams of personal freedom«[84].

Als nächster Schritt ist hierauf aufbauend eine geeignete Vision zu definieren, als ein weit entfernter Stern, der frühstens in 20 Jahren zu erreichen ist. Ein visionäres Beispiel von Bill Gates (Microsoft) in den 1980er Jahren lautete: »In jedem Haushalt steht

83 Vgl. ThinkBastien (2021)

84 Harley Davidson (o. J.): Building the next generations of riders

ein PC«. Durch die Vision des Unternehmens verändert sich auch die Vorstellung des Handelns der Mitarbeitenden. Bei fehlenden Aussagen und Programmen ist die Motivation weniger ausgeprägt, da ein konkretes Zielbild nicht existent ist. Hier können sich dann unterschiedliche Sichtweisen etablieren. Abbildung 31 zeigt das Beispiel von drei Steinmetzen, die alle gleichzeitig an demselben Projekt arbeiten, aber völlig unterschiedliche Visionen haben. Die Aussagen »Ich behaue einen Stein«, »Ich arbeite an einem Spitzbogenfenster« und »Ich baue eine Kathedrale« sind drei völlig verschiedene und wertintensive Imaginationen trotz der inhaltlich gleichen Tätigkeit.

Abbildung 31: Auf die Vision kommt es an[85]

85 Küstenmacher (o.J.)

Die Mission ist als Auftrag zu verstehen und formuliert die nötigen Zielsetzungen, um die Vision wahr zu machen. Daher darf das Mission Statement einmalig und originell sein, andernfalls wird es seinen Zweck verfehlen. Es muss kurz und prägnant beschrieben sein und emotionale Komponenten der Begeisterung und Überzeugung beinhalten.

Weitere Beispiele für Mission Statements:

- Accelerating the world's transition to sustainable energy (Beschleunigung des weltweiten Übergangs zu nachhaltiger Energie) (Tesla)
- To refresh the world ...(Die Welt erfrischen ...) (Coca Cola)

Die Geschäftsführung muss bei der Formulierung von Mission und Vision klar und entschieden sein. Mission, Vision, der Zweck und das Leitbild bzw. die Unternehmenskultur müssen für die Mitarbeitenden verständlich, spürbar und greifbar sein.

Die weiteren Methoden der strategischen Planung bauen auf diesen festen Elementen auf. Hierzu gehören die mindestens jährlich wiederkehrenden Businessanalysen wie SWOT, Trend sowie die strategischen Handlungsfelder und die Erfolgsfaktoren des Unternehmens. Hieraus können dann operative Ziele und letztlich Projekte, Aktivitäten und Maßnahmen abgeleitet werden.

Dabei sind Maßnahmen top-down auf die jeweiligen Führungs- und Mitarbeiterebenen zu übertragen, damit das System in sich geschlossen ist. Die daraus abgeleiteten Mitarbeiteraufgaben müssen in Zielvereinbarungen schriftlich formuliert sowie attraktiv und realistisch sein. Der ganze Prozess der Zielführung muss daher dem Ablauf der strategischen Planung folgen.

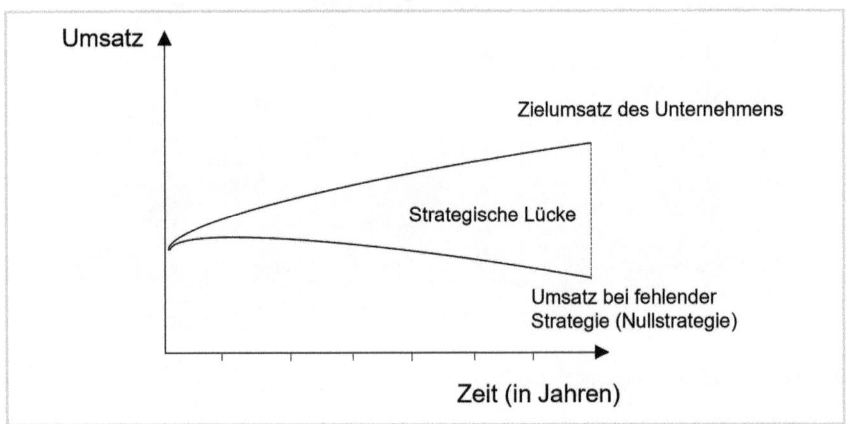

Abbildung 32: Strategische Lücke

Eine strategische Lücke tritt dann auf, wenn der Prozess gar nicht oder nur unzureichend durchgeführt wird. Hierbei ist die Differenz zwischen Zielumsatz mit strategischer Planung minus Nullstrategie der Wert, auf den die Unternehmen ohne diesen Prozess zurückfallen (siehe Abbildung 32). Die Konsequenz ist ein Rückgang des Umsatzes auf ein Basisniveau und damit ein schrittweises Verschwinden vom Markt.

6.1.2 Innovationskompetenz

Beispiel

Eine wahre Begebenheit für massive Innovation ist die Geschichte von Cliff Young, einem australischen Farmer, der sich 1983 mit 61 Jahren zum Ultramarathon, dem härtesten Lauf in Australien zwischen Sydney und Melbourne, angemeldet hatte. Die Veranstalter wollten ihn zuerst nicht antreten lassen, da sein Alter und die damit verbundene fragliche Fitness und seine Kleidung (Gummistiefel und Arbeitsanzug) nicht so waren, wie Läufer normalerweise antreten. Da es allerdings diesbezüglich keine Ausschlüsse in den Regularien gab, wurde Cliff Young zugelassen. Es schien ein aussichtsloses Unterfangen zu sein und nach den ersten Runden im Stadion fiel Cliff Young auch schnell zurück. Die anderen Athleten hatten ihre festen Zeiten und Regeln: 18 Stunden Laufen, 1 Stunde Massage und 5 Stunden Schlafen und das über 7 Tage. Cliff Young kannte diese Regeln nicht und hielt sich dadurch einfach nicht daran. Er ließ in der ersten Nacht das Schlafen aus, womit er dann plötzlich vorne lag. Schnell wurde er, mittlerweile auch mit geeigneter Kleidung ausgerüstet, wieder eingeholt. Doch Cliff Young schlief auch in der zweiten Nacht nur zwei Stunden und lag erneut vorne. In den weiteren Nächten schob er kurze Schlafzeiten von ein bis zwei Stunden ein, womit er seinen Vorsprung immer weiter ausbaute. Im Ergebnis gewann er den Ultramarathon mit mehr als zehn Stunden Vorsprung gegenüber den hochtrainierten Athleten. Was ist hier passiert?

Es gab für den Lauf scheinbar feste Statuten für die Läufer, die nicht mehr infrage gestellt wurden. Hierdurch konnten sich die Läufer innerhalb dieser engen Rahmenbedingungen nur marginal verbessern. Cliff Young dagegen hatte sich nicht daran gehalten. Er wusste durch seine Arbeit als Schaf-Farmer, dass er seine Tiere nach einem Gewitter mehrere Tage lang ohne zu schlafen einsammeln konnte. Hierdurch konnte er vermutlich für sich abschätzen, dass er auch bei dem Lauf mit wenig Schlaf auskommen würde. Die Geschichte von Cliff Young zeigt, dass man festgelegte Grenzen nicht automatisch akzeptieren sollte und diese jederzeit gedanklich und real infrage stellen darf.[86]

86 Vgl. Hargreaves (o. J.): Cliff Young

Ein weiterer wichtiger Aspekt ist, dass beachtenswerte Erfindungen in der Geschichte der Menschheit, vom Feuermachen über das Rad bis hin zu selbstfahrenden Autos, aus Neugier entstanden sind. Der Impuls, nach neuen Informationen und Erfahrungen zu suchen und unbekannte Chancen zu ermitteln, liegt in der Natur des Menschen. Wissbegierde ist auch ein wichtiger Aspekt für den Erfolg eines Unternehmens. Denn Neugierde hat den positiven Effekt, dazu anzuregen, nach Alternativen zu suchen. Ist unsere Interesse einmal erweckt, denken wir erheblich intensiver über verschiedene Möglichkeiten nach, bevor wir Entscheidungen treffen. Dadurch können sich interessierte Führungskräfte und Mitarbeitende einfacher auf problematische Marktbedingungen und externen Druck einstellen. Hinzu kommt, dass wissbegierigen Managern oft mehr Achtung entgegengebracht wird und sie dadurch ein vertrauensvolleres und kollegialeres Verhältnis zu ihren Mitarbeitenden aufbauen. Um dies stärker zu nutzen, können Führungskräfte durch einen nachfragenden Führungsstil Interesse und Neugierde bei ihren Mitarbeitenden fördern. Das gilt für alle Arbeitsgebiete, für kreative Tätigkeiten ebenso wie für Routineaufgaben.

In der Praxis stehen wissbegierigen Menschen im Unternehmen jedoch zwei wesentliche Größen im Weg, nämlich Risiko und Ineffizienz. Durch ständiges Hinterfragen und Absichern von neuen Ideen durch die höhere Führungsebene verlieren dynamische Mitarbeitende das Interesse, über Innovationen nachzudenken und ihre Kreativität wird ausgebremst. Aktuell sind laut Umfragen nur etwa 24 Prozent der Mitarbeitenden bei der Arbeit grundsätzlich neugierig. Der überwiegende Teil der Befragten, also rund 70 Prozent, gaben an, nur eingeschränkt bei der Arbeit mehr Fragen zu stellen. Allein durch diese Werte erkennt man, welches enormes Potenzial in den Unternehmen zum Thema Innovation schlummert.[87]

Wie kann es nun gelingen, eine innovative Unternehmenskultur zu entwickeln? Dies ist womöglich ebenso herausfordernd, wie die Mitarbeiterbindung im Unternehmen zu erhöhen. Dabei gibt es hierbei zahlreiche Überschneidungen in der Kultur, in den Werten und in der Führung.

Eine innovative Unternehmenskultur und ein entsprechend förderlicher Führungsstil gehören zu den wichtigsten Bedingungen, um in der aktuellen Wirtschaftswelt dauerhaft erfolgreich zu sein. Eine hohe Innovationskompetenz im Unternehmen ist eine strategische Stärke, die durch folgende Bedingungen unterstützt werden kann:

- Motivation der Mitarbeitenden, innovativ zu denken und zu handeln,
- geförderte Innovationspraktiken und
- das Managen von Innovationsprozessen.

87 Vgl. Gino (2020)

In der konkreten Umsetzung geht es also darum, Lösungen zu finden, über die andere noch nicht nachgedacht haben. Dafür müssen einfallsreiche Bemühungen und Versuche möglich sein, schöpferische Menschen und Ideen im Unternehmen zusammengebracht werden und ein Transfer stattfinden, der in einen Innovationsprozess führt. Hierbei sollte die Geschäftsführung Innovationen aktiv unterstützen und fördern.

Möglichkeiten dafür bieten unternehmenseigene eigene Start-ups oder Think-Tanks, die in einem erweiterten Rahmen frei und unabhängig forschen und entwickeln dürfen, ohne direkt ergebnisorientiert sein zu müssen. Die Besetzung von Innovationsgruppen in Unternehmen sollten interdisziplinär sein, damit Ideen über Abteilungsgrenzen hinweg ausgetauscht werden können. Erste Fehlschläge dürfen nicht zur psychischen Unsicherheit werden. Erfolge sind zu feiern und zu kommunizieren.

»I've made billions of dollars of failures«, erklärte Jeff Bezos in dem YouTube-Video »Getting rich is super easy«. Hierbei zählte er sogar einige Fehlprojekte auf und erklärte, dass nur wenige Innovationen letztlich zum Erfolg führen. Laut Bezos muss man seine Innovationsfehler akzeptieren und die richtigen Schlüsse aus ihnen ziehen.

Natürlich haben optimale Bedingungen einen Einfluss auf Innovationsgedanken und Ergebnisse. Doch welche Größen sind hier entscheidend? Darf frei und zeitlos geforscht und experimentiert werden? Oder sollten doch in gewissen Zeitperioden handfeste Ergebnisse von den Geldgebern eingefordert werden? Das Optimum liegt, je nach Typus Mensch, eher in der Mitte. Doch entscheidend sind mehr die persönlichen Rahmenbedingungen, die jeder individuell braucht, sowie der gemeinsame Umgang miteinander in der Forschergruppe. Unterstützung, Anerkennung und Wertschätzung aller Kollegen ist ein wesentlicher Wohlfühlfaktor, der die Basis für optimale Ergebnisse legt.

Aktive Fördermaßnahmen können intrinsische und extrinsische Motivation nutzen, damit sich ein eigener innovativer Spirit einstellt. Dadurch dürfen sich laufend neue Denk- und Verhaltensweisen in den Teams *und* bei den einzelnen Mitarbeitenden entwickeln und wieder verändern, sobald es einen besseren Ansatz gibt. Damit aus den Ideen neue Produkte oder signifikant bessere Abläufe im Unternehmen entstehen, müssen die guten Einfälle durch ein Innovationsgremium schnell identifiziert und strukturiert verfolgt werden. Um den Blick über den Tellerrand zu wagen, sollte das gesamte Unternehmen bereit sein für neue Ansätze. Demzufolge muss Innovation in der Unternehmenskultur mit verankert sein und umgesetzt werden. Das heißt, nicht unreflektiert dauerhaft den bequemen altbekannten Weg zu gehen, sondern Prozesse aktiv zu hinterfragen. Eine innovative Unternehmenskultur aufzubauen, ist ein andauernder Change-Prozess, der definitiv notwendig ist, um langfristig wettbewerbsfähig zu bleiben.

Fazit
Das Ziel der Strategie- und Innovationskompetenz ist, das Unternehmen so aufzustellen, dass es auch in der nächste Generation zukunftsfähig ist.

6.2 Organisationskompetenz

Für eine hohe Organisationskompetenz müssen Aufbau- und Ablauforganisation eines Unternehmens miteinander abgestimmt sein, sodass alle Geschäftsprozesse einwandfrei funktionieren können. Dies erfordert als Basis eine strukturierte Aufbauorganisation, die zu dem Unternehmen inhaltlich passt und alle Entscheidungen und Verantwortungen bis auf Mitarbeiterebene abdeckt. Hierbei ist für ein Unternehmen je nach Unternehmensgröße, Branche und Kultur eine hierarchische oder hierarchiefreie Organisationsform zu adaptieren, die diese Anforderungen erfüllt. In der hierarchischen Variante gibt es primär die Ein- oder Mehrlinienorganisation, Matrix- oder Hybridorganisation, die zusätzlich durch Vertreterregelungen, Stabstellen und Beauftragten ergänzt werden müssen. Für die Selbstorganisation (Holacracy) werden Kreisorganisationen eingesetzt, die nur eine flache Hierarchie aufweisen, aber dennoch mit klaren Regeln und Verantwortlichkeiten belegt sind.

Jede Organisationsform hat Vor- und Nachteile. Primär ist darauf zu achten, dass alle Schattenorganisationen im Unternehmen aufgelöst sind, also alle Entscheidungen auf die Organisation zugeordnet werden können, Mitarbeitende eindeutig integriert sind und dass das Geschäftsmodell bzw. die Geschäftsprozesse auf der Aufbau- und Ablauforganisation basieren. Sofern eine bestehende Struktur nicht mehr die Strategie des Unternehmens unterstützt, ist eine Anpassung dringend erforderlich, da die Organisationsform kein Selbstzweck ist, sondern aktiv Strategie und Ziele unterstützen muss. Dies gilt sowohl für die Gesamtorganisation als auch für jeden Fachbereich an sich.

Bei einer Matrixorganisation gibt es zusätzliche Besonderheiten bei der Mitarbeiterführung. Hier hat jeder Mitarbeiter einen fachlichen und einen disziplinarischen Vorgesetzten. Wie sind also in der Matrix fachliche Führung und disziplinarische Führung aufgeteilt und abgegrenzt? Wer führt die Mitarbeitergespräche? Solche Fragen müssen in dieser Struktur eindeutig geklärt und kommuniziert sein. Wenn die Matrix zusätzlich über Standorte hinweg greift, sind oft die Kontakte zu mindestens einem Vorgesetzten erschwert.

Bei allen hierarchischen Formen ist die Organisation über Organigramme und Stellenbeschreibungen abgebildet. Hier gilt es, den Mitarbeitenden Zugang zu den Dokumenten zu gewährleisten, Stellenbeschreibungen mit ihnen inhaltlich durchzusprechen und diese bei Bedarf zu erweitern.

Im Umgang mit Dritten sind alle notwendigen Kompetenzen und Befugnisse mit aufzuführen, dies sind beispielsweise Kunden, Lieferanten, Behörden. Für den Kundenkontakt stellen sich beispielsweise folgende Fragen: Welche Rabatte dürfen gegeben werden? Welche Zusagen dürfen gemacht werden? Wann muss der Vorgesetzte eingebunden werden? Bedenken Sie hierbei alle relevanten Situationen, wie z. B. Vertragsabschlüsse oder Preisnachlasse, denn schlechte oder fehlende Antworten gegenüber dem Kunden sind geschäftsschädigend und zeitaufwendig.

In der Ablauforganisation unterscheidet man zwischen Führungs-, Kern- und Unterstützungsprozessen (vgl. Abbildung 33).

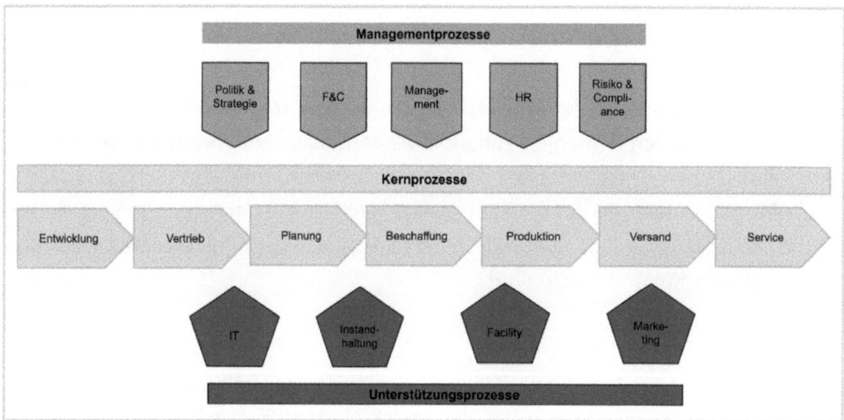

Abbildung 33: Prozessarten

Führungsprozesse bzw. Managementprozesse haben dabei die Aufgabe, die zielorientierte Führung und Lenkung des Unternehmens und aller zugehörigen Prozesse sicherzustellen. Kernprozesse sind Prozesse, deren Aktivitäten direkten Bezug zum Produkt oder der Dienstleistung eines Unternehmens haben. Der Kernprozess leistet somit den höchsten Beitrag zur Wertschöpfung im Unternehmen. Ein Unterstützungsprozess ist ein Prozess, dessen Aktivitäten selbst zwar nicht wertschöpfend, jedoch notwendig sind, um einen Kernprozess optimal auszuführen. Alle Prozesse müssen für alle Fachbereiche optimal ausgelegt werden. In der Praxis wird dies häufig im Zuge einer ISO-9001-Zertifizierung durchgeführt.

Überprüfen Sie Positionen oder Teilgruppen, die inhaltlich nicht zu den Kernprozessen Ihres Fachbereiches gehören und ordnen Sie solche Positionen in der Gesamtorganisation unter Aspekten des Change-Managements neu zu. Stellen Sie jeden Fachbereich so effektiv und effizient wie möglich auf, um alle ihre Geschäftsprozesse und Schnittstellen bestmöglich bedienen zu können. Vermeiden Sie dabei Redundanzen zu anderen Fachbereichen.

Eine (Neu-)Modellierung der Prozesse ist eine Basisvoraussetzung, um optimale Prozessbeschreibungen fachübergreifend zu definieren und anschließend anzuwenden. Integrieren Sie bei der Modellierung alle im Prozess beteiligten Fachbereiche. Die Moderation bei komplexen Thematiken sollte durch erfahrende Spezialisten wie einem Business Analysten, Prozessmanager oder Qualitätsmanager erfolgen. Modifizieren Sie die Prozesse, bis alle Beteiligten das optimale Ergebnis erzielt haben. Definieren Sie zusätzlich mindestens eine relevante Kennzahl zur Steuerung. Informieren Sie nach der Modifikation das betroffene Management und alle Mitarbeitenden, die den Prozess anwenden müssen.

6.3 Projektkompetenz

Es ist schon erstaunlich, wie unbedarft große Kundenprojekte oder neue Eigenentwicklungen von vielen Firmen oft gehandhabt werden, sollen doch die positiven Projektergebnisse den Geschäftserfolg des Unternehmens für die nächsten Jahre weiter absichern. Wieso werden dann viele Projekte jenseits aller erlernten Regeln durchgeführt? Und warum gelingen nur so wenige Entwicklungsprojekte in Bezug auf den Zeitplan, die Kosten und die Qualität?

Laut Warren Buffet »braucht man 20 Jahre, um sich einen Ruf zu erarbeiten und es braucht nur 5 Minuten, um ihn zu ruinieren. Wenn man das im Kopf behält, geht man einige Dinge anders an.«[88] Der Anteil von gescheiterten bzw. stark verzögerten Entwicklungsprojekten ist die Regel, im Zielfenster zu sein also eher die Ausnahme. Extreme negative Beispiele, wie der Bau des Berliner Flughafens oder der Elbphilharmonie, sind noch in aller Munde. Aber es gibt auch positive Beispiele, wenn auch seltener. So wurde beispielsweise das Kreuzfahrtschiff Quantum Of The Seas durch die Meyer-Werft in Papenburg nach einer Gesamtbauzeit von 20 Monaten im Jahr 2014 fristgerecht fertiggestellt.[89]

Vor allem Projekte im Bereich »Forschung und Entwicklung« (F&E) führen häufig zu gravierenden Planabweichungen. So wurde im Rahmen einer empirischen Studie festgestellt, dass von 100 F&E-Projekten 57 technisch, aber nur 12 wirtschaftlich erfolgreich sind.[90] Werden anschließend Projektleiter oder Teammitglieder nach den Gründen für das Scheitern gefragt, bekommt man erstaunliche Antworten. Meistens gibt es Klagen über zu wenige Ressourcen, zu knappe Zeit und zu wenig Unterstützung durch das Management oder es liegt an unzuverlässigen Lieferanten. Fehler werden gern auf andere geschoben.[91]

---

88 Aktienwelt 360 (o. J.)
89 Vgl. Wikipedia: Quantum of the Seas
90 Vgl. Romeike/Hager (2013)
91 Vgl. Wanner (2015)

Wichtig

Meine eigene Verdichtung von Studien zum Thema gescheiterte Projekte im Rahmen meiner Thesis lieferte 2014 eindeutige und gleichzeitig erstaunliche Ergebnisse: Schlechte oder fehlende Kommunikation wurde in allen betrachteten Quellen (9/9) am höchsten bewertet und belegt daher im Ranking den ersten Platz. Gefolgt von unklaren Anforderungen/Zielen (8/9) und einer zu kurzen Realisierungszeit (7/9). Das vierthöchste Risiko (5/9) war der überlastete Projektleiter, gefolgt von fehlender Machbarkeitsanalyse (ebenfalls 5/9). Zwischenmenschliche Faktoren wie ungeliebte Prävention, Autoritäts- und Gruppendenken sowie die unterschiedliche Risikowahrnehmung waren entscheidend für die Zusammenarbeit in Projektteams.

Autoritätsdenken

Laut Einstein löst eine clevere Person ein Problem, eine weise Person vermeidet es. Die Krux ist: Vermeiden ist nicht sexy. Helden werden geboren, wenn sie in schwierigen Situationen Menschenleben retten. Personen, die im Vorfeld die potenziellen Probleme vermeiden, stehen fast nie im Rampenlicht.[92] Das Aufzeigen von potenziellen Risiken im Projekt kann auch durch Autoritätsdenken verhindert werden. Woher kommt das?

In Projekten sind oft erfahrende Ingenieure, Berater und Projektleiter eingesetzt, die eine hohe Kompetenz und damit auch Autorität mitbringen und ausstrahlen. Gegenüber solchen Autoritätspersonen wird von Teammitgliedern das eigenständige Denken oft reduziert, da die Expertenmeinung als gesetzt gilt. Und: wir gehorchen meistens den Autoritäten, selbst dort, wo es rational oder moralisch keinen Sinn mehr macht.[93]

Doch dieses Verhalten kann extrem gefährlich sein. Wenn der Kapitän eines Flugzeugs einen Fehler macht und niemand sich traut, diesen Zustand anzusprechen, ist die Katastrophe vorprogrammiert. Seit etwa 20 Jahren werden daher die Piloten fast aller Fluggesellschaften im sogenannten Crew Ressource Management geschult. Dabei lernen sie, offen und schnell alle Widersprüche gezielt anzusprechen.

Gruppendenken

Stark verbunden mit dem Autoritätsdenken ist auch das Gruppendenken. Laut Rolf Dobelli ist es ungünstig, sich mit seiner Meinung bei wichtigen Entscheidungen zurückzuhalten.[94] Der Hintergrund dafür ist allerdings oft, dass man nicht der ewige Nörgler und Verhinderer sein möchte, der wichtige Themen aufhält. Eine Illusion der Einstimmigkeit legt die Vermutung nahe, dass meine abweichende Meinung falsch sein muss, wenn alle anderen zustimmen. Wenn gleich mehrere Personen in der Grup-

92 Dobelli (2017)
93 Dobelli (2015)
94 Dobelli (2015)

pe so denken und danach handeln, stellt sich ein sogenanntes Gruppendenken ein, mit dem Ergebnis, dass schlechte Entscheidungen getroffen und umgesetzt werden, die eigentlich viele nicht wollten.

Risikowahrnehmung

Auch die unterschiedliche Risikowahrnehmung von Menschen ist an Verzögerungen in Projekten beteiligt. Die ungleiche Risikowahrnehmung wird primär auf zwei menschliche Faktoren zurückgeführt, einmal die Furcht bzw. Angst und zweitens der Grad der Unbekanntheit, die jeder auf Basis seiner Erziehung und Genetik anders empfindet. Wie können Sie nun als Führungskraft auf diese unterschiedlichen Konstellationen Einfluss nehmen? Es besteht die Möglichkeit, für die Risikobewertung eine Methode anzuwenden, die von der Projektgruppe regelmäßig durchgeführt wird. Hierfür bieten sich unterschiedliche Verfahren der Risikobewertung an, die einfachste und oft ausreichende Methode ist die qualitative Risikomatrix. Hier werden auf den zwei Achsen die Eintrittswahrscheinlichkeit und die Bedeutung skaliert. Potenzielle Risiken können dann in der Matrix grafisch abgebildet werden. In Kapitel 6.4 »Prozess- und Risikokompetenz« wird u. a. dieses Verfahren noch detaillierter beschrieben.

Schlechte Kommunikation

Beispiel

Das Thema schlechte Kommunikation und fehlende Vorgaben möchte ich anhand eines ehemaligen Verbesserungsprojektes verdeutlichen. Hierzu gab es einen Auftrag des Vorstandes, der von einem externen Berater, der bereits für Porsche gearbeitet hatte, mit internen Fachexperten umgesetzt werden sollte. Der Berater verfolgte eine feste Vorgehensweise, um Produktionslinien qualitativ zu verbessern. Hierbei gingen fünf hoch qualifizierte Ingenieure und Techniker durch eine Produktionslinie eines anderen Fachbereiches und zeigten im Kollektiv alle Verbesserungsmaßnahmen auf. Wie bei Porsche sollten auch hier die gefunden Punkte zeitnah und wenn möglich innerhalb von 24 Stunden umgesetzt, also direkt eingeführt werden.

Die internen Experten fanden trotz der hoch modernen und effizienten Produktionslinien schnell mindestens 20 Verbesserungen, die alle sinnvoll und zielführend waren und zu Einsparungen und Qualitätsverbesserungen geführt hätten. Bei der anschließenden geplanten Umsetzung wurden allerdings zuerst die Produktionsmeister der Linien involviert, später dann die Produktionsleiter und abschließend noch die Geschäftsbereichsleiter. Durch diesen langwierigen Prozess versiegten die Maßnahmen über die Zeit und wurden nicht durchgeführt.

Was waren die Gründe, warum das in sich schlüssige Verfahren nicht funktionierte? Kurz beantwortet waren es zu diesem Zeitpunkt die fehlende Kommunikation und die fehlende Innovation im Unternehmen. Zwar kannte der Vorstand das Projekt, nicht aber die nachfolgenden Führungsebenen, was auf mangelnde Kommunikation zurückzuführen ist. Auch die Vorgabe, dass die Verbesserungsmaßnahmen innerhalb von 24 Stunden umgesetzt werden sollten, war nicht bekannt. Diese wesentlichen Punkte, die beim Aufsetzen des Projektes nicht initiiert wurden und später zu Unsicherheiten führten, ließen das Projekt letztlich scheitern.

Fazit

Grundsätzlich sollten immer alle hilfreichen Elemente aus dem Projektmanagement in Großprojekten angewendet werden. Es ist vor Projektstart ein unterschriebener Projektauftrag mit Zielen, Nichtzielen, Ressourcen, Meilensteinplan, benannten Personen wie Projektleiter, Lenkungsausschuss und allen Projektmitgliedern nötig. Die Verfügbarkeit der Ressourcen muss insbesondere für alle Projektbeteiligten gegeben sein. Es bedarf einer Stakeholder-Analyse und einer dauerhaften Betreuung von Personen, die einen hohen Einfluss auf das Projekt haben, diesem aber skeptisch gegenüberstehen. Eine erste Risikobewertung durch das Projektteam muss zu Beginn erfolgt sein, das keine unerwartet hohen Risiken aufzeigt. Je nach Komplexität wird vorab eine Machbarkeitsanalyse und ggf. ein Vorprojekt benötigt, um Grundlagentechnologien zu verifizieren. Ein Projektstrukturplan muss vorliegen und die kritischen Zeitpfade müssen bekannt sein und berücksichtigt werden. Es bedarf klarer Kommunikationsregeln und Intervalle, die z. B. über eine Kommunikationspyramide nach außen umgesetzt werden.
Des Weiteren werden ein erfahrender Projektleiter und ein Projektteam benötigt, was sich fachlich, methodisch und emotional zutraut, das Projekt zu lösen. Zusätzlich bedarf es eines Lenkungskreises, der das Projekt inhaltlich hinterfragen kann und ihm positiv gegenübersteht. Und schließlich sollte man sich im Projekt auf ein Primärziel aus dem sogenannten magischen Dreieck konzentrieren. Es umfasst die Funktion, die Kosten und die Zeit. Welches Ziel ist also das primäre? Projektreviews, Risikoanalysen und Audits unterstützen das Projekt in regelmäßigen Abständen. Ein möglicher Marketinglaunch ist mit dem Projektleiter abgestimmt und das Projektteam ist interdisziplinär und charakterlich gut besetzt, sodass eine interne Zusammenarbeit relativ reibungslos funktionieren kann.

Bei der Berücksichtigung dieser Faktoren, sind die Chancen für ein erfolgreiches bzw. fristgerecht abgeschlossenes Projekt definitiv gegeben. Konträr dazu werden bei Nichteinhaltung permanent Korrekturschleifen notwendig sein, indem die fehlenden Punkte schrittweise mühsam aufgeholt werden müssen.

Auch die Anwendung eines Multiprojektmanagement-Systems ist ab einer gewissen Anzahl von Projekten im Unternehmen notwendig. Multiprojektmanagement ist die Auswahl, Koordination, Administration und Verifizierung aller Projekte eines Unternehmens. Hier wird immer die angemessene Verteilung der verfügbaren Ressourcen auf alle Projekte berechnet. Wie viele geeignete Projektressourcen fallen auf die anstehenden Projekte? Wo gibt es Schlüsselpositionen bzw. Single-Source-Personen oder -Lieferanten? Bei der Berechnung dürfen nun tatsächlich nur Hauptprojekte einfließen, keine Abteilungsprojekte und auch keine Linienaufgaben. Die Priorisierung erfolgt immer auf Basis der strategischen Planung des Unternehmens. Hierbei ist natürlich über die Jahre auf eine Ausgeglichenheit der unterschiedlichen Projektklassen zu achten.

Die Klassen unterteilen sich beispielsweise in Innovationsprojekte, Kundenprojekte und Organisationsprojekte. Hierbei unterteilen sich die Organisationsprojekte wiederum z. B. in Digitalisierung, rechtliche Anforderungen und Verbesserungen. Die Kunst ist es nun, über die Jahre alle Klassen gleichmäßig zu bedienen.

6.4 Prozess- und Risikokompetenz

6.4.1 Prozesskompetenz

Viele Geschäftsführer unterschätzen die Wirkung von effektiven und effizienten Prozessen in der Organisation. Gedanklich sind es für die Topmanager meist nur theoretische Abläufe, die für die ISO-9001-Zertifizierung beschrieben und aufrechterhalten werden müssen.

Man betreibt zwar einerseits den Aufwand, alle Verfahren zu beschreiben, anderseits sind die Vorgaben jedoch oft nicht so gut oder eindeutig, dass sie effektiv angewandt werden können. Das Ergebnis sind dann viele Prozessbeschreibungen, die gelenkt oder unkontrolliert in der Schublade, in Ordnern oder im PC schlummern, ohne wirklich vor dem nächsten Zertifizierungsaudit eingesetzt zu werden. Für ein Audit werden sie dann schnell aufgefrischt und den externen Prüfern zur Verfügung gestellt. Dies ist dann in Summe eine dreifache Verschwendung von Ressourcen.

Dabei sind die Prozesse neben der Mitarbeiterbindung der stärkste interne Hebel, um geeignete und auch rechtssichere Ergebnisse zu erzielen. Allerdings sind dafür einige wenige Voraussetzungen zu schaffen, um dieses Ergebnis zu erzielen. Prozessbeschreibungen müssen sich in der Detailtiefe dem Fachwissen der Mitarbeitenden und der Unternehmensgröße anpassen. Sie sind aktuell zu halten und müssen die tatsächlichen Abläufe effizient und reibungslos beschreiben. Die Prozessbeschreibungen werden dabei von der jeweiligen Fachabteilung inhaltlich selbst erstellt und dienen auch zur Unterweisung von neuen und bestehenden Mitarbeitenden. Jede Prozessbeschreibung hat eine leitende Kennzahl, womit die Güte des Prozesses gemessen wird. Diese Kennzahlen werden im Fachbereich von den jeweiligen Verantwortlichen intervallmäßig betrachtet. Bei negativen Abweichungen vom Soll-Korridor werden Maßnahmen eingeleitet und diese anschließend überwacht.

Geeignete Kennzahlen sind beispielsweise Durchlaufzeiten, Ausbringungsmengen, Yield-Kennzahlen an Prüfständen, Verschrottungskosten, aber auch Fähigkeitsparameter von Prozessen und Dienstleistungen. Jede neue und modifizierte Prozessbeschreibung wird vor Freigabe mindestens nach dem Vier-Augen-Prinzip geprüft und hat einen verantwortlichen Prozesseigentümer im Unternehmen. Prozesse sind dokumentiert und haben i. d. R. durch ein Prozesslenkungssystem einen Revisionsstand, der dafür sorgt, dass nur die aktuellen Versionen eingesetzt werden.

Einige wenige Kennzahlen (1–2) werden vom Managementboard aus dem Fachbereich angefordert und abgerufen, sodass anhand von ca. 20 Kennzahlen das gesamte Unternehmen in einem Dashboard bewertet werden kann. Hier bieten sich nun höher verdichtete Parameter an, wie z. B. Umsatz, EBIT, Reklamationsquote zum Kunden, Lieferzeiten zum Kunden, Qualitätskosten, Fluktuation, Krankenstand, Liquidität, Innovationsgrad und Durchlaufzeiten bei Neuprojekten.

Fachübergreifende Prozesse sollten durch ein gemeinsames Team erstellt werden, hierbei kann ein interner Business Prozess Analyst aus dem Bereich Organisationsentwicklung oder Qualitätsmanagement die neutrale Moderation übernehmen und die Teilprozesse schrittweise mit den Bereichen analysieren, verbessern und dokumentieren.

In der Praxis sollte immer vor der Erstellung bzw. Modifikation eines Prozesses geprüft werden, wer der richtige Prozessverantwortliche ist. Hierbei geht es um eine objektive Verifizierung der Gesamtaufgabe. Nur wer inhaltlich in der Lage ist, die Aufgabe bezüglich Kompetenz, Ressource und Verantwortung zu erfüllen, wird sie einwandfrei beschreiben und anwenden können. Von daher sollten die vorhanden Prozesse regelmäßig inhaltlich geprüft und zeitnah angepasst werden. Prozesse, die länger als fünf Jahre nicht geändert wurden, sind in der Regel veraltet und werden nicht mehr betrachtet und angewandt. Konzentrieren Sie sich inhaltlich bei den Prozessbeschreibungen auf die wesentlichen Prozessschritte und Ergebnisse und sorgen Sie für eine verständliche und eindeutige Darstellung. Versuchen Sie, für die Überprüfung geeignete interne und externe Auditoren zu finden, die Ihnen helfen, die Prozesse inhaltlich und nicht formal weiter zu verbessern. Diese Auditoren sind eher selten, trotzdem macht sich die Suche bezahlt, da formale Auditoren keinen Mehrwert bieten.

Alle Prozesse und auch Systeme müssen in wirtschaftlich guten Zeiten optimiert werden. Hierzu gehören modellierte Prozessbeschreibungen und Prozesskennzahlen mit Prozesseigentümern, die die Güte des Prozesses bewerten können. Stabile Prozesse sind von innen her der wichtigste Hebel zur Effektivität und Effizienz und damit zur Resilienz des Unternehmens.

6.4.2 Risikokompetenz

Die Risikokompetenz für Unternehmer und Topmanager beinhaltet andere Fähigkeiten als für Gruppen- und Projektleiter. Topmanager müssen einen Überblick über die bestandsgefährdenden Risiken haben, also die Aspekte, die einen großen Schaden oder sogar die Zerstörung des Unternehmens hervorrufen können. Dies kann z. B. ein Cyberangriff sein, der ohne Backup einen Totalausfall von mindestens sechs Wochen verursacht, oder ein Brand, der eine Fabrikhalle mit allen Werkzeugen des Hauptproduktes vernichtet. Dies sind Beispiele für sehr hohe Risiken mit gravierenden Auswirkungen. Diese bestandsgefährdenden Risiken müssen den Topmanagern bekannt und von ihnen mit Maßnahmen belegt sein. Von dieser höchsten Risikoklasse darf es im Unternehmen maximal eine Handvoll von Gefahren geben, die dann über die Jahre eliminiert werden.

Allgemein beginnt eine Risikokompetenz zuerst einmal in der Abschätzung und Formulierung eines Risikos. In welchem grundsätzlichen Bereich schätze ich überhaupt die Risiken ab? Laut Gigerenzer (2014) gibt es hier die Bereiche der Ungewissheit, des Risikos und der Gewissheit (vgl. Abbildung 34).

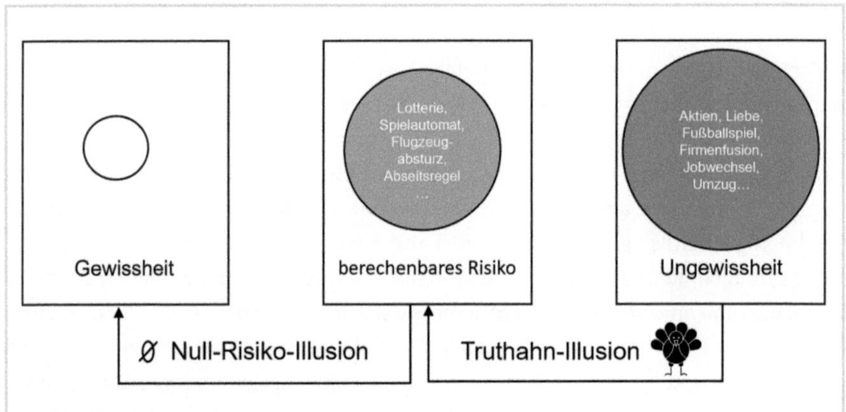

Abbildung 34: Zweierlei Illusionen[95]

95 Vgl. Gigerenzer (2014)

Die meisten Gefahren befinden sich im Bereich der Ungewissheit, da hier wenige Erfahrungen und Daten vorliegen, um komplexe Situationen gezielt abschätzen zu können. Viele Manager wähnen sich bei komplexen Thematiken im Bereich des berechenbaren Risikos, zu dem sie alle relevanten Punkte schnell abschätzen können. Dies ist eine massive Illusion, denn bei den meisten Themen befinden wir uns im Bereich der Ungewissheit und die Daten und die Informationslage sind unvollständig und veränderbar.

Auch Entwicklungsprojekte befinden sich im Bereich der Ungewissheit. Hier können jederzeit ungeplante Ereignisse auftreten, wie Ausfälle durch Krankheit, Wegfall von Lieferanten, Verstimmungen in der Projektgruppe usw., und es ist daher unmöglich, alle im Vorfeld zu erkennen und zu bewerten. Insofern bleiben Risikoabschätzungen der Projektgruppen in sich schon relativ wage, aber trotzdem sinnvoll. Das bedeutet, das mithilfe von methodischen Risikoabschätzungen wie z. B. der Fehlerbaumanalyse, dem Ishikawa-Diagramm oder der FMEA (Fehlermöglichkeits- und Einflussanalyse) viele potenzielle Fehler im Vorfeld durch das Projektteam gefunden und abgestellt werden können. Dies reduziert eindeutig die Anzahl der Fehler zum Produktionsstart, trotzdem werden hier immer wieder vereinzelte Fehler auftreten und den Anlauf behindern.

Werden dagegen, etwa bei einer Firmenfusion, gar keine Risikoanalysen durchgeführt, da man sich gedanklich fälschlicherweise in der Klasse des berechenbaren Risikos oder der Gewissheit befindet, steigt die Wahrscheinlichkeit eines überraschenden Scheiterns immens. Der Grund dafür ist eine völlig falsche Einschätzung der aktuellen Situation und fehlendem Bewusstsein für mögliche Gefahren. Man spricht hier auch von der »Truthahn-Illusion«, einem Begriff aus der Verhaltensökonomik. Der Truthahn, der jeden Tag gefüttert wird, geht aufgrund seiner bisherigen Erfahrung davon aus, dass dies auch weiterhin so bleibt. Mit jedem Tag, an dem er wieder Futter bekommt, wächst seine Zuversicht, dass das so bleibt – bis zum Thanksgiving-Day, an dem er völlig unerwartet geschlachtet wird. Es fehlten ihm für seine Zukunftsprognose wichtige Informationen, z. B. über die Motivation des Bauern, der ihn fütterte.

Solche ggf. überlebenswichtigen Informationen können mithilfe der oben erwähnten Risikoanalysen wesentlich ergänzt werden, eine vollständige Abschätzung ist allerdings nicht möglich. Eine Abschätzung hingegen, wie hoch die Wahrscheinlichkeit ist, im Lotto zu gewinnen oder dass eine Maschine ausfällt, kann mathematisch ermittelt werden, da die zugrunde liegenden Parameter in der Regel alle bekannt sind.

Bei der Null-Risiko-Illusion hingegen geht man von einer falschen persönlichen Einschätzung aus. Hier trifft man z. B. die Annahme, dass man sich bei ungeschütztem Geschlechtsverkehr nicht mit dem HIV-Virus anstecken kann. Gemäß dem berechenbaren Risiko kann eine Wahrscheinlichkeit dafür ausgerechnet werden, da die relevanten Parameter nahezu vollständig bekannt sind. Denn die Wahrscheinlichkeit einer HIV-Infektion bei ungeschütztem Sexualverkehr mit einem HIV-positiven Partner liegt bei ca. 0,1 Prozent und kumuliert sich entsprechend.[96] Dieser Wert ist relativ gering, trotzdem stecken sich immer wieder Menschen mit HIV an.

Ein ganz anderer Aspekt ist die richtige Formulierung eines Risikos. Hier werden oft Punkte aufgeführt, die ein Problem, aber kein Risiko darstellen, oder die eine Folge abbilden oder eine Gefahr beschreiben. Risiken beziehen sich immer auf ausgerichtete Zielgrößen. Im Projektmanagement beispielsweise sind dies die drei Faktoren aus dem magischen Dreieck: Kosten, Qualität und Zeit. Erst wenn ein Element hiervon möglicherweise nicht erreicht werden kann, sprechen wir von einem Risiko. Wird eine Hauptfunktion definitiv nicht erreicht, sprechen wir von einem bereits eingetretenen Risiko und damit von einer (möglichen) Gefahr.

Die Risikoanalyse

Welche Risiken sollten denn nun durch welche Analysen ermittelt werden? Die wesentlichsten Risiken sind die bestandsgefährdenden Thematiken, die das Unternehmen von außen oder innen massiv beschädigen oder auch zerstören können. Diese Risiken sind zeitnah zu ermitteln und zu bewerten. Hierzu gehören beispielsweise Cybervorfälle jeglicher Art, Betriebsunterbrechungen durch Brände oder durch Abriss der Lieferketten bzw. durch Fachkräftemangel. Für das Unternehmen sind hierbei die eigenen Top-5-Risiken je nach Gegebenheit aufzustellen und zu bewerten. Welche Abwehrmaßnahmen bzw. Redundanzen gibt es hier bereits?

Da ein Unternehmen nicht an allen Punkten gleichzeitig arbeiten kann, sollten die offen Top-3- bis Top-5-Risiken zeitnah mit Maßnahmen hinterlegt und bearbeitet sowie vom Managementboard kontinuierlich überwacht werden. Weiterhin sollte die Bewertung mindestens einmal jährlich wiederholt werden, da sich die Risiken heutzutage schneller ändern als früher. Im zweiten Schritt müssen mögliche offene gesetzliche Anforderungen durch ein Compliance-Management-System eruiert werden. Neue rechtliche Anforderungen sollten zeitnah durch die jeweiligen Fachbereiche bewertet und umgesetzt werden. Gerade in Zeiten, wo sich rechtliche Vorgaben häufen, müssen diese Punkte gemeinsam in einem GRC (Governance, Risk & Compliance)-System abgebildet, bewertet und bearbeitet werden.

Auf operativer Ebene sind Risiken aus Entwicklungsprojekten und Kernprozessen zu ermitteln und zu bewerten. Dies ist zu Beginn durch die Projektgruppe und in kontinuierlichen Projektschritten z. B. monatlich zu empfehlen. Hohe potenzielle Risiken sind hierbei mit Gegenmaßnahmen zu belegen und zu überwachen. Sie müssen zusätzlich in den Projektreport zum Lenkungsausschuss aufgeführt werden. Es ist ferner sinn-

96 Vgl. Marcus/Stellbrink (2013)

voll, jährlich die Kernprozesse im Unternehmen einer Risikoanalyse zu unterziehen, um hier hohe Unsicherheiten zu detektieren und zu eliminieren. Für alle Ebenen gilt es, sich nur auf die höchst bewerteten Risiken zu konzentrieren.

Risikoanalysen in Fachbereichen oder in Hauptprozessen, wo über zwanzig Maßnahmen aufgeführt und abgearbeitet werden sollen, scheitern alleine schon an der Verwaltung der gesamten Punkte. Konzentrieren Sie sich also auf wenige hochbewertete Aspekte und führen die Umsetzungsmaßnahmen dafür durch. Risken für die genannten Ebenen können mit einer einfachen qualitativen Methode, nämlich der Riskmap-Matrix abgebildet werden, wo nur zwei Bewertungskriterien aufgeführt sind. Hier wird die Handlungsfähigkeit des Unternehmens und die Kritikalität, wenn das Risiko tatsächlich eingetroffen ist, bewertet. Die Einstufung in die Matrix (vgl. Abbildung 35) übernimmt bei Projekten das Projektkernteam. Durch die Nivellierung der unterschiedlichen Risikoeinschätzungen durch die Gruppe wird die Bewertung relativ objektiv sein. Hohe (dunkelgraue) Risiken, die sich oben rechts im Quadranten befinden, sollten zeitnah durch geeignete Maßnahmen abgestellt werden. Eine mögliche Behandlung von mittleren Risken sollte durch die Gruppe entschieden werden.

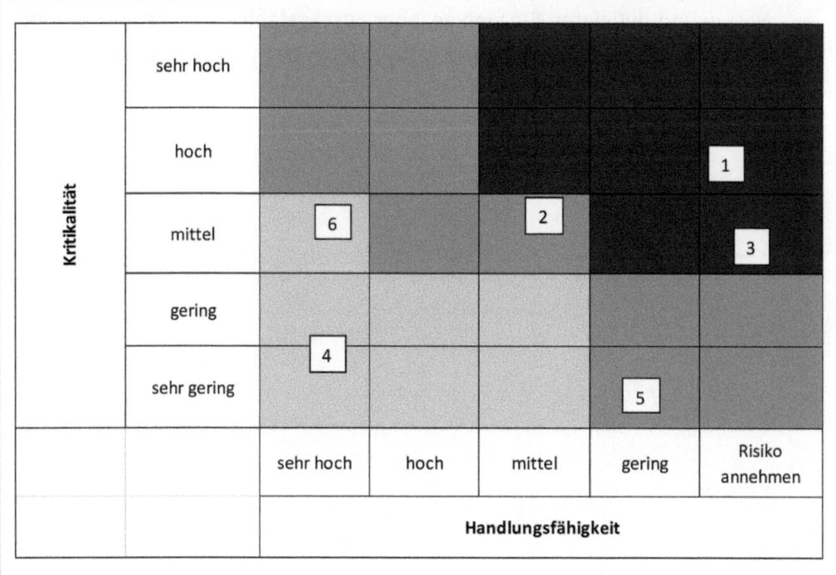

Abbildung 35: Riskmap

Je genauer die Achsen in der Riskmap skaliert werden, desto schärfer kann eine Einstufung vorgenommen werden. Ziel sollte es sein, dauerhaft alle dunkelgrauen Punkte mit entsprechenden Aktivitäten mindestens in den mittelgrauen Bereich zu bekommen. Eine zusätzliche Optimierung wäre die Aufschlüsselung der Felder zur Kritikalität.

Was bedeutet mittlere Kritikalität? Dies könnten Kosten bis 50.000 Euro sein oder Produktausfälle von bis zu 100 Einheiten bei Endkunden. Auch die Handlungsfähigkeit kann mit Beispielen aufgeschlüsselt werden, eine geringe Handlungsfähigkeit könnte bedeuten, dass die Produkte schon beim Kunden sind und dass ein Update immer einen Serviceeinsatz weltweit verursachen würde. Dieses Beispiel würde in der Riskmap die Zahl 3 abbilden. Wollen Sie nun das Risiko auf sich nehmen oder präventive Serviceeinsätze fahren?

Komplexere Risikoanalysen wie z. B. die Betrachtung einer rentablen Firmenübernahme sind mit einer qualitativen Risikomethode nicht zu lösen. Hier bedarf es dann einer quantitativen Vorgehensweise, wo alle Einzelrisiken mathematisch dargestellt, miteinander verknüpft und berechnet werden müssen. Laut Multiplikationssatz können nun stochastisch unabhängige Ereignisse durch Multiplikation der Einzelwahrscheinlichkeiten berechnet werden.

Fazit

Finden Sie das richtige Organisationsmodell für Ihr Unternehmen, schärfen Sie Ihre relevanten Geschäftsprozesse auf ein überdurchschnittlich hohes Niveau und definieren Sie wenige, aber aussagefähige Kennzahlen, um Ihr Business und Ihr Risikomanagement zu überwachen und zu steuern.

7 Externe Führungskompetenz

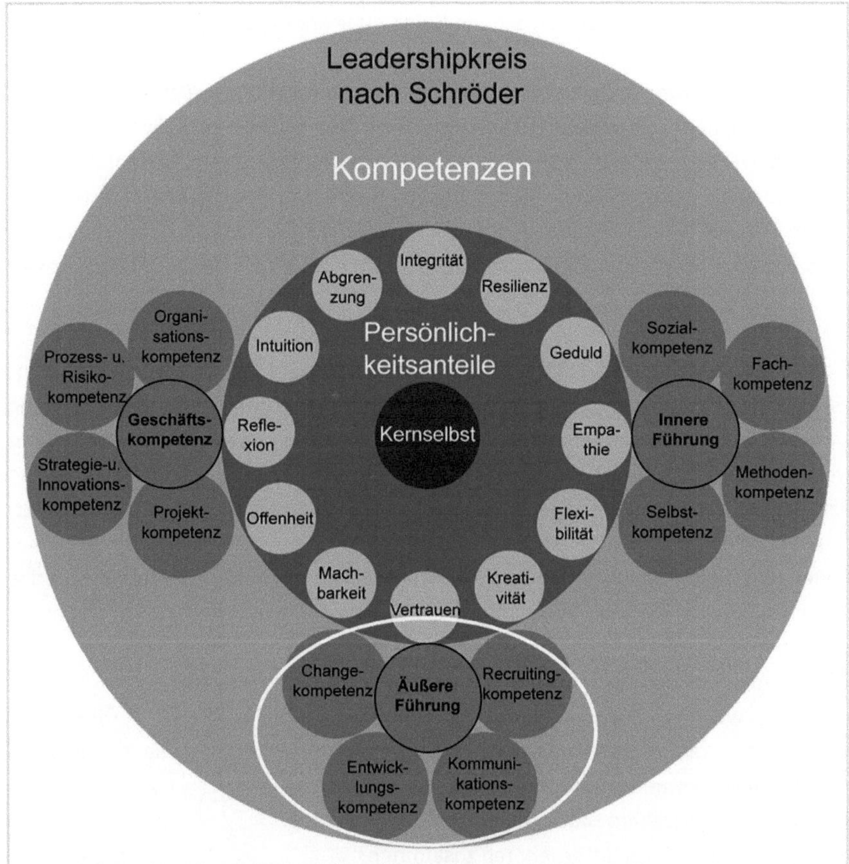

Abbildung 36: Leadershipkreis Externe Führungskompetenz

Die externe Führungskompetenz zeigt Fähigkeiten auf, die stärker nach außen ausgerichtet sind. Hierzu gehören die Entwicklungs-, Change-, Kommunikations- und Recruiting-Kompetenz.

7.1 Entwicklungskompetenz

Natürlich können wir als Führungskraft intensiv arbeiten und unsere Mitarbeitenden mit Aufgaben und Zielen beladen und diese permanent überwachen. Doch sind wir dadurch wirklich erfolgreich und zufrieden? Intrinsisch motiviert sind wie bereits erwähnt durchschnittlich nur ca. 14 Prozent aller Mitarbeitenden, die weiteren benötigen zusätzliche Voraussetzungen, um proaktiv zu arbeiten. Der meist vollzogene Weg, nämlich Mitarbeitenden Aufgaben zu übertragen und diese anschließend zu überprüfen, stößt immer mehr an seine Grenzen. Er führt dazu, dass weder Führungskraft noch Mitarbeitende wirklich in Kraft und Befähigung kommen.

Ein neue Ausrichtung des gemeinsamen Erfolges ist notwendig. Hierzu sollten die Mitarbeitenden mehr in die Geschäftsprozesse und Informationen integriert werden, um emotional und prozessual wesentlich stärker eingebunden zu sein. Niemand möchte heute noch acht Stunden am Tag monotone oder nicht verständliche Arbeiten ausführen. Von daher ist es wichtig, zuerst die Sinnhaftigkeit des Unternehmens, der Produkte bzw. Dienstleistungen sowie der dafür benötigten Prozesse und Services zu verdeutlichen.

Nicht selten produzieren Mitarbeitende Komponenten oder führen Dienstleistungen aus, ohne annähernd die Zusammenhänge für das Produkt oder die Anwendung beim Kunden zu kennen. Doch nur wenn diese Zusammenhänge wirklich verstanden worden sind, können sich die Mitarbeitenden inhaltlich stärker einbringen. Welche entscheidenden Schritte können Sie hier nun als Führungskraft im Sinne von Leadership durchführen? Versorgen Sie Ihre Mitarbeitenden mit allen wesentlichen Informationen, die sie im täglichen Tun benötigen. Hierbei ist es wichtig, die Inhalte auf das jeweilige Tätigkeitsfeld und Anspruchsniveau, also auf die jeweilige Zielgruppe anzupassen:

- Welchen Sinn verfolgen unsere Produkte oder Dienstleistungen?
- Wie verwenden Kunden die Produkte und Dienstleistungen?
- Welche Elemente werden dazu in eurem Bereich gefertigt, und wie passen diese Abläufe in das gesamte System?
- Welche Prozesse und Haltungen sind dazu notwendig?
- Wie arbeiten wir im Unternehmen zusammen?
- Wie gelingt es uns, die Bedürfnisse des Kunden zu erfüllen und neuen Trends gegenüber aufgeschlossen zu sein?

Diese Informationen sind eine erste Basis, um Mitarbeitende weiter zu integrieren. Um eine tiefgehende Zusammenführung zu erzielen, ist es zusätzlich essenziell, die Mitarbeitenden expressiver und aktiver einzubinden. Dazu stellt sich die Kernfrage, wie der eigene Fachbereich dazu beitragen kann, Zweck und Ziele des Unternehmens aktiv zu unterstützen. Diese Ermittlung sollte inhaltlich vertieft mit den Mitarbeitenden erarbeitet werden. Hierbei sind selbstverständlich die Grundaufgaben im Bereich (z. B. Herstellung von X-Einheiten/Zeitraum) bekannt und primär einzuhalten, doch darüber hinaus lassen sich doch weitere unterstützende Erfolgsfaktoren gemeinsam festlegen:

- Welche Anforderungen an unsere Komponenten hat die nächste Abteilung?
- Welche Anforderungen haben wir an interne und externe Zulieferer?
- Welche Fehlerschwerpunkte treten auf und wie wollen wir diese reduzieren?

- Welche Kennzahlen helfen uns, unsere Prozesse zu steuern?
- Wie wollen wir miteinander umgehen und gemeinsam Lösungen finden?
- Wie und wann kommunizieren wir miteinander?
- Wie sollen neue Ideen besprochen werden?
- Welche Verantwortungen haben einzelne Mitarbeitende?
- Welche Informationen werden wo benötigt?

Sicherlich fallen Ihnen direkt weitere Fragen ein, die es im Team zu beantworten gilt. Denn bei gemeinsamer Erarbeitung haben Sie folgende Vorteile: Die solidarische Erarbeitung erzeugt ein Gruppengefühl, die Ergebnisse werden durch die Intelligenz der Gruppe signifikant besser und vollständiger sein und die Einhaltung der Prinzipien erreicht von Beginn an eine höhere Akzeptanz.

Verstärken Sie nun über die Zeit weitere Elemente und Kompetenzen in der Gruppe. Dies sollten einerseits wiederholende Schulungen und strategische Anpassungen sein, die aktive Integration von neuen Mitarbeitenden und die schrittweise Übertragung weiterer Merkmale wie Innovationsgedanken, Umgang mit Fehlern, Prozessverbesserung, Kompetenzsteigerung bei Mitarbeitenden sowie eine weitere Übertragung von Zuständigkeiten im Bereich. Ebenfalls kann schrittweise eine Abgabe von Verantwortung der Führungskraft an die Mitarbeitenden sinnvoll sein. Auch ein möglicher Abbau von Ineffizienz und Verschwendung innerhalb der Abteilung sowie an den Schnittstellen zu anderen Bereichen ist sehr sinnvoll.

Leben Sie als Führungskraft schrittweise kontinuierliche Verbesserung, psychologische Sicherheit und Integration von Menschen vor. Dieses authentische und kollektive Verhalten wird sich automatisch auf die Gruppe übertragen sowie Potenziale, Sinnhaftigkeit und Innovation dort erzeugen. Aus einer anfänglichen geringen Bindung zum Fachbereich können bei regelmäßiger Anwendung der beschriebenen Faktoren über die Zeit hohe Bindungswerte laut Gallup von bis zu 60 Prozent entstehen. Übertragen Sie diese Vorgehensweise aus Ihrem Fachbereich schrittweise auf weitere Abteilungen oder das gesamte Unternehmen. Dabei werden zusätzliche Abstimmungen mit anderen Führungskräften nötig sein, doch auch hier wird sich anschließend bei richtiger Herangehensweise eine signifikante Erhöhung der Mitarbeiterbindung mit all ihren positiven Effekten einstellen.

Fazit

Kreieren Sie Ihren Fachbereich so, dass die notwendigen Größen wie z. B. Anforderungen von internen und externen Kunden, wichtige Kennzahlen, relevante Geschäftsprozesse sowie Produkt- und Applikationswissen konsequent an die Mitarbeitenden übertragen werden. Nur dann können reibungslose Standardabläufe eingehalten und gewährleistet werden.

7.2 Change-Kompetenz

Es gibt zwei Grundformen von Veränderungsprozessen, die evolutionären und die revolutionären Change-Projekte. Evolutionäre Veränderungsprozesse sind behutsame Erneuerungen, die wirtschaftlich notwendig sind, um das Unternehmen mittel- bis langfristig erfolgreicher aufzustellen. Hierbei haben die beteiligten Mitarbeitenden längerfristig die Möglichkeit, sich an den Wandel zu gewöhnen und ihn mitzugestalten. Durch eine gemeinsame Formung besteht dann die Möglichkeit, erhöhte Effektivität und Effizienz in die neuen Abläufe zu integrieren.

Revolutionäre Veränderungsprozesse entstehen bei hohem Problem- oder Führungsdruck. Dies geschieht meistens, wenn eine neue Konzernspitze oder ein neuer Geschäftsführer schnell seine frischen Ideen einbringen möchte oder wenn es dem Unternehmen finanziell nicht mehr so gut geht.

In diesem revolutionären Ablauf werden meist weder Einverständnis noch Beteiligung der Mitarbeitenden eingeholt. Bei der Umsetzung werden ziemlich radikal die Unternehmensstrukturen, Prozesse, Verantwortlichkeiten und ggf. Produkte abgeändert. Das Ziel ist eine reine Effizienzsteigerung, die durch eine kleine Gruppe im Unternehmen geplant und schnell vorangetrieben wird. Für den Großteil der Mannschaft ist es ein disruptiver und unerwarteter Prozess, der mit hohem Druck umgesetzt wird. Unerwartete Veränderungsprozesse treffen daher für die meisten Mitarbeitenden überraschend ein, teilweise von einem Moment auf den anderem oder mit einem kurzen Vorlauf. Beispiele sind Konzernübernahmen oder der Verkauf von Geschäftsbereichen. Die meisten Führungskräfte und Mitarbeitenden werden von dem eintretenden Ereignis gleichermaßen überrascht. Folglich entstehen eine hohe Unsicherheit und ein spontanes Krisenmanagement, um der Situation wieder Herr zu werden. Unabhängig davon, welche Art und Intensität der Change hat, sind die Phasen der Veränderung nahezu identisch (vgl. Abbildung 37).

Zu durchlaufen sind dabei immer sieben Stufen des Change-Prozesses. Die Schockphase erzeugt zuerst eine gewisse Betäubung und Ablehnung der Verantwortung gegen die geplante Änderung. Die eigene Selbstsicherheit sinkt in der Regel, da alles Neue zuerst einmal Unsicherheit erzeugt. In der Abwehrphase wird dann meistens mit innerer Verneinung oder Ablehnung auf die Veränderung reagiert. Hier geht man emotional in den Widerstand, dies kann intrinsisch oder extrinsisch sein. In der Einsichtsphase setzt man sich erstmalig mit der Veränderung auseinander, hierbei sinkt wieder die Zuversicht in die eigene Stärke. Die Akzeptanzphase zeigt zum ersten Mal ein emotionales und rationales Annehmen des Themas. In der Probier- oder Lernphase wird sich konkret mit den neuen Aufgaben und Veränderungen auseinandergesetzt, hier sind oft mehrere iterative Schleifen notwendig, bis die Veränderungen eingeübt sind. In der Erkenntnisphase werden die neuen Prozesse inhaltlich und emotional angenommen, die Selbstsicherheit steigt wieder. Mit der Integrationsphase geht man in eine neue Routine über, Kompetenz und Zuversicht sind wieder auf einem hohen Niveau.

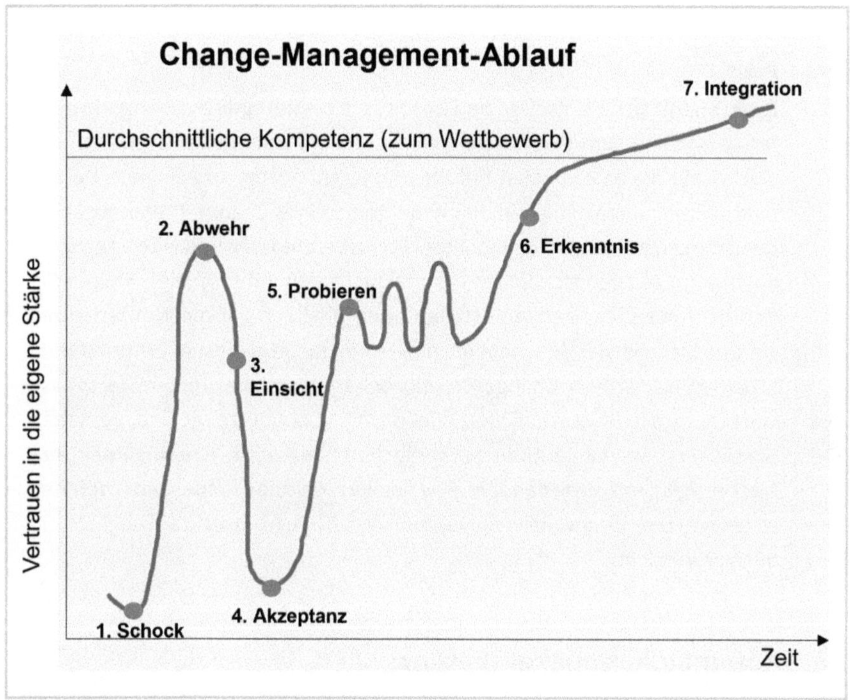

Abbildung 37: Change-Management-Ablauf[97]

Ähnlich wie beim Projektmanagement sind im Change-Management ebenfalls nur ca. 20–25 Prozent der Projekte wirklich erfolgreich. Dies zeigen Mutaree-Studien von 2018 und 2021.[98] Hier bewerteten Mitarbeitende zusätzlich, dass nur vier Prozent der Unternehmen als besonders Change-fit aufgestellt sind. Die Ursachen für eine fehlende Change-Kompetenz sind unzureichende Führungsprozesse, parallellaufende Change-Projekte und unzureichende Strukturen im Unternehmen.

Um einen höheren Erfolg in den Change-Projekten zu erzielen, bieten sich laut der Studien von Mutaree folgende Lösungsansätze an, die zu einer besseren Erfolgsquote von Change-Projekten beisteuern können:

- Fokussierung auf einzelne Change-Projekte, die strategisch wirklich relevant sind
- Klare Kommunikation von Risiken und Wirkungen bei Nicht-Erreichung der Ziele
- Kommunikation auf Dialogebene

97 Vgl. Richter (o. J.): Strategie Spektren
98 Vgl. Mutaree (o. J.): Change-Fitness-Studie 2020/2021

- Einbinden externer Experten, z. B. Change-Manager
- Hohe Investition in das Engagement der Führungskräfte
- Konstruktive Fehlerkultur und Implementierung einer zentralen Rolle für Lernprozesse[99]

> **Fazit**
> Es empfiehlt sich bei großen und besonders revolutionären Change-Projekten, zusätzlich zum Projektleiter einen Change-Manager einzusetzen, der stärker auf die emotionalen Punkte im Projekt achtet und eingeht. Betroffene sollten niemals offen in den Widerstand eines Change-Projekts gehen, denn die Umsetzung ist von höchster Stelle beschlossen und wird vollzogen, auch wenn es augenscheinlich erstmal nicht sinnvoll erscheint. Sollten Sie sich dem massiv in den Weg stellen oder inhaltlich gar nicht mitarbeiten, werden Sie höchstwahrscheinlich nicht mehr lange in diesem Unternehmen arbeiten. Mir ist kein Change-Projekt bekannt, welches in der Startphase wieder eingestellt wurde. Sofern Sie formal nicht überzeugt sind, verhalten Sie sich erst einmal neutral oder versuchen konstruktiv einzelne Punkte zu hinterfragen, um diese damit in eine positive Richtung für das Unternehmen zu lenken. Dies ist speziell bei evolutionären Change-Projekten möglich und auch gewünscht.

7.3 Kommunikationskompetenz

Authentische Kommunikation ist eine Grundvoraussetzung für den betriebswirtschaftlichen Erfolg eines Unternehmens und für die individuelle Ausrichtung als Führungskraft. Steigende und komplexere Aufgabenstellungen sowie deren Zusammenhänge müssen immer schneller an mehr Mitarbeitende im Unternehmen kommuniziert werden. Hierzu ist die Führungskraft der Macher und Moderator in einer Person. Die Kommunikation kann nur gelingen, wenn die Inhalte verständlich sind, sie nach innen und außen die gleichen Botschaften sendet, die Mitarbeitende berücksichtigt und ernst nimmt und dabei die Interessen der Organisation im Blick behält. Hierbei ist Kommunikation ein Werkzeug und vielleicht das am meisten unterschätzte Managementtool.

Welche Ziele soll Kommunikation nun anstreben? Sie soll besonders in schwierigen Situationen und bei komplexen Aufgabenstellungen schnell Klarheit erzeugen, sofern möglich Sicherheit vermitteln und Orientierung geben. Deshalb erfordert wirkungsvolles Kommunizieren eine gewisse Vorbereitung. Nehmen Sie sich daher lieber 30 Minuten Zeit für eine gute Vorarbeit, statt hinterher mehrere Stunden, um miss-

99 Vgl. Mutaree (o. J.): Change-Fitness-Studie 2020/2021

verständliche Aussagen zu korrigieren. Hierdurch investieren Sie in effiziente Führung und in die Glaubwürdigkeit Ihrer Person.

Berücksichtigen Sie bei der Kommunikation vor großen Gruppen immer das Kernbotschaftsprinzip, wobei die Kernaussage mit drei bis vier Teilbotschaften (Argumente) und ihren Fakten (Beweise) strukturiert ist (vgl. Abbildung 38). Jede Teilbotschaft sollte daher mit mindestens einem und maximal drei Fakten bewiesen werden. Wichtig ist, dass die gesamte Argumentationskette schlüssig, eindeutig, leicht zu verstehen und daher nachvollziehbar ist.

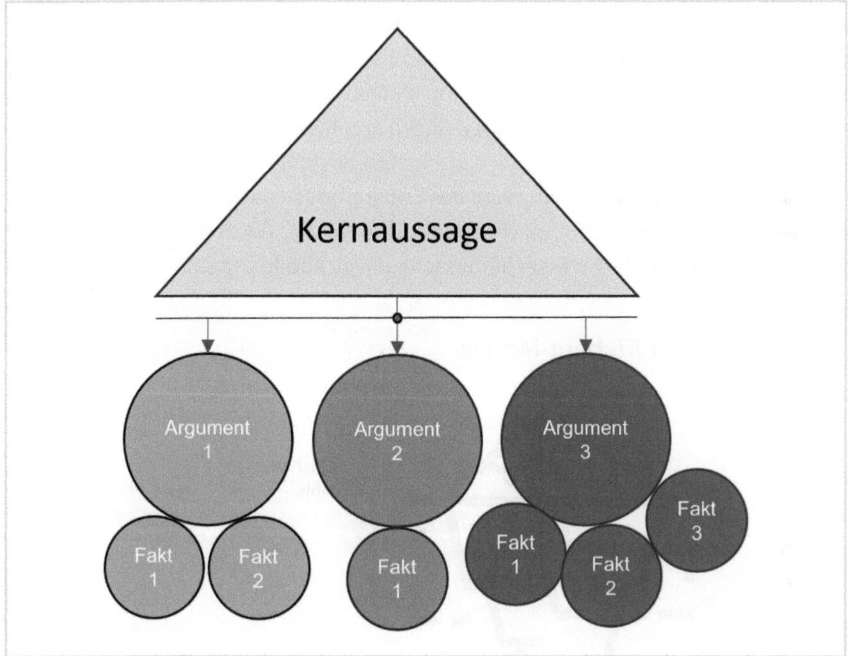

Abbildung 38: Kernbotschaftsprinzip

Eine Kernaussage ist inhaltlich einfach aufgebaut und enthält dennoch Anteile von Fakten, Prozessen und Emotionen. Ein sehr gutes Beispiel hierfür war die Titelüberschrift der Bild-Zeitung zur Wahl von Joseph Alois Ratzinger: Wir sind Papst! Hierbei sind Wir (die Emotion) sind (der Prozess) Papst (der Fakt). Auch Kernbotschaften im Unternehmen sollten nach dieser Struktur vorgestellt werden. Gemeinsames (Emotion) Zusammenführen (Prozess) der Verkaufsabteilungen Nord und Süd (Fakten). Stärken Sie Ihre Kernbotschaft mit drei bis vier guten Argumenten. Hier sind kurze positive Argumente aufzuführen, die mit einzelnen Fakten gestärkt werden sollten. Wiederholen Sie diese Argumente mindestens einmal am Ende des Vortrages, damit sich die Gesamtbotschaft tiefer verankert.

Wie sollten Sie sich auf das tatsächliche Präsentieren vorbereiten? Der erste Eindruck entscheidet, neben der inhaltlichen Vorbereitung müssen Sie auf das Außenbild achten. Versuchen Sie souverän und überzeugend in Ihrer Rede zu sein, dafür sollten Sie die Sätze nahezu auswendig beherrschen und inhaltlich hinter ihnen stehen. Eine ruhige Körperhaltung, kontrollierte Handbewegungen und überzeugende Aussagen, die mit einigen Gesten unterstützt werden, steigern die Wertigkeit der Präsentation. Spielen Sie die Darbietung in einer Art Probelauf mehrfach durch und passen Sie Gedankenhänger an.

Sorgen Sie für ein passendes Äußeres und für eigene Ressourcen, wie ausgeruht zu sein und ausreichend Flüssigkeit zu trinken. Vergewissern Sie sich vorab, dass die Technik im Raum funktioniert und es einen reibungslosen Start gibt. Sorgen Sie für einen guten Einleitungssatz der Rede, um das Eis zu brechen. Versuchen Sie im Vorfeld zu antizipieren, welche Rückfragen kommen könnten, und spielen Sie die Antworten auf Basis Ihrer Präsentation und der jeweiligen Argumente durch.

In der Kommunikationsforschung wird das Eisbergmodell nach Sigmund Freud eingesetzt. Die sachliche Botschaft macht etwa ein Fünftel des Ganzen aus und ist der Teil des Eisbergs, der aus dem Wasser herausschaut (vgl. Abbildung 39).

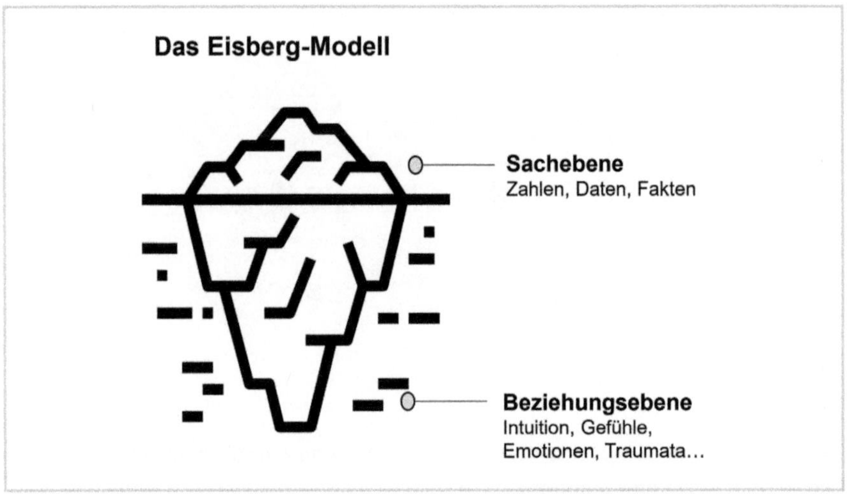

Abbildung 39: Das Eisbergmodell

Der wesentlich größere Anteil der Kommunikation erfolgt also auf der Beziehungsebene, nämlich 80 Prozent. Dazu gehört auch die non-verbale Kommunikation wie Körpersprache und Gestik, die Gefühle, Bedürfnisse und Wünsche ausdrücken. Das bedeutet, dass ein Großteil der Botschaft unausgesprochen bleibt. Vereinzelt können bei guter Beobachtung einzelne Aspekte erkannt werden, etwa ein scharfer Ton, ein rotes Gesicht, ein Durchpusten oder ein schlechtes Verhalten, welches man so bisher noch nicht kennengelernt hat.

Ergänzend zu den Kernbotschaften bietet sich das Modell der wertschätzenden Kommunikation an, welches auch tiefere Anteile des Eisberges mit integriert (vgl. Abbildung 40). Es bietet einen Lösungsansatz, um ein wertschätzendes Miteinander zu erzielen.

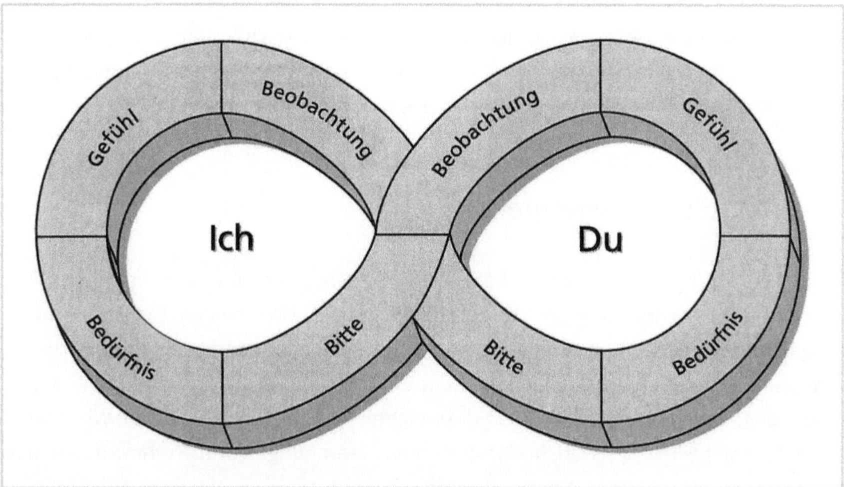

Abbildung 40: Modell der wertschätzenden Kommunikation[100]

In der Praxis versuchen Sie hierbei eine Situation oder Handlung ohne Bewertung zu beobachten. Sie verdeutlichen, wie Sie sich mit der Handlung fühlen. Teilen Sie dem Gegenüber mit, welches Bedürfnis für Sie hierbei erfüllt oder unerfüllt ist. Hieraus erstellen Sie eine konkrete handlungsorientierte Bitte. Nimmt das Gegenüber den Dialog analog auf, bildet sich ein geschlossener Kreislauf des gegenseitigen Respektierens und Akzeptierens, also der gegenseitigen Wertschätzung.[101]

Anzuwenden ist die wertschätzende Kommunikation besonders im Mitarbeitergespräch. Hierbei können der Aufbau und die Grundaussagen schon wertschätzend und zielführend angelegt werden. Folgende Fragen gliedern dabei das Gespräch in drei Blöcke:

- Was schätze ich an dir / an Ihnen?
  Hierdurch startet man mit positiven Eigenschaften und Leistungen des Partners/ Mitarbeiters.
- Wo sehe ich deinen/Ihren Beitrag zum Unternehmenserfolg?
  Definiert eine klare Position, wo Sie Ihren Mitarbeiter primär im Unternehmen sehen.
- Was wünsche ich mir von dir/Ihnen?

100 Vgl. Brüggemeier (2011)
101 Vgl. Brüggemeier (2011)

Lässt nun nach den ersten zwei Blöcken auch Raum für Potenziale und Schwächen zu, insbesondere wenn diese auch wertschätzend dargelegt werden können.

> **Fazit**
> Leben Sie eine wertschätzende und sprachlich gewaltfreie Kommunikation vor und wiederholen Sie die Kernbotschaften je nach Situation in gewissen Zeitintervallen. Denn kaum jemand kann sich Informationen immer beim ersten Mal merken und hat diese zu jedem Zeitpunkt präsent.

7.4 Recruiting-Kompetenz

Bei der Recruiting-Kompetenz geht es darum, die passenden und daher richtigen Personen für Ihr Unternehmen bzw. für Ihren Fachbereich einzustellen. Durch das Integrieren neuer Menschen beeinflussen Sie auch die Prägung der bestehenden Gruppe. Von daher sind neben den fachlichen und methodischen Kenntnissen neuer Mitarbeiter vor allem auch die Softskills, also die weichen Faktoren zu betrachten. Wie gewinnen Sie einen gestalterischen, hochmotivierten, teamfähigen und erfahrenden neuen Mitarbeiter für das Unternehmen? Natürlich können Sie unterstützend auf eine sehr erfahrende Human-Resources-Abteilung in Ihrem Unternehmen zurückgreifen, doch sollten Sie die elementaren Erfolgsfaktoren für den Prozess mit lenken.

Stufe 1: Vernetzung
Bieten Sie bereits im Vorfeld Abteilungsbesuche und Praktika für Auszubildende und Studenten an. Integrieren Sie diese Personen schon gezielt in das gesamte Team durch Teilnahme an Abteilungsbesprechungen und Events. Bieten Sie Bachelor- oder Master-Themen für eine Thesis an und bleiben Sie im Austausch mit ehemaligen fähigen Studenten.

Stufe 2: Stellenanzeige
Nehmen Sie sich ausreichend Zeit und formulieren eine authentische Stellenanzeige, die bereits wesentliche, für Sie wichtige Merkmale hervorhebt und über die gängigen Floskeln wie Teamfähigkeit und Durchsetzungsvermögen hinausgeht. Hier sollten gemäß der Position z. B. hohe Freiheitsgrade, Gestaltungsspielraum und Entwicklungsmöglichkeiten mit modernster Technik für eine kreative Persönlichkeit neben den Hauptaufgaben mit in den Vordergrund gestellt werden. Versuchen Sie mit einer hoch attraktiven Anzeige überwiegend oder ausschließlich Bewerbungen von passenden Profilen zu bekommen. Versuchen Sie durch einige Anreize auch junge Menschen der Generation Z anzusprechen. Diese Talente suchen nach Firmen, die technologisch top ausgestattet sind, ein interessantes und sinnstiftendes Arbeitsumfeld bieten, nachhaltig agieren und sich sozial stark einbringen. Zusätzlich möchte die Generation Z

flexibel arbeiten, ein gutes Gehalt bekommen und einen sicheren Job erhalten. Sind Sie ansatzweise dabei?

Stufe 3: Vorselektion von Bewerbungen

Prüfen Sie die Eingänge nach dem Vier-Augen-Prinzip innerhalb der Abteilung, mehrfach habe ich Kandidaten übersehen, die meine Teamleiter wieder ins Spiel gebracht haben oder umgekehrt. Sollten für die Position keine geeigneten Kandidaten zur Verfügung stehen, wägen Sie ab, ob Potenzialkandidaten dabei sind, die man über die Zeit aufbauen kann. Dies ist mittlerweile eine sehr gängige Methode geworden, um Spitzenkandidaten aufzubauen. Voraussetzung ist natürlich, dass Sie die Expertise selbst im Fachbereich haben. Weitere Methoden sind Fellowship-Modelle, bei denen ausgewählte Hochschulen vorselektierte Topkandidaten für Masterstudiengänge mit Projektarbeit an die Unternehmen anbieten. Auch renommierte Personaldienstleister sollten berücksichtigt werden, die Spitzenkandidaten mit allerdings hohen Stundensätzen zeitweise oder auch dauerhaft anbieten.

Stufe 4: Vorbereitung des Vorstellungsgespräches

Zur optimalen Vorbereitung zählen unterschiedliche Schritte. Versuchen Sie im Anschreiben und im Lebenslauf die wesentlichen Punkte zu entdecken, die Aussagen über die Motivation, aber auch fehlende Angaben aufzeigen.

Finden Sie erste Indikationen auf wesentliche Fragen wie:

- Warum möchte der Kandidat überhaupt den Arbeitgeber wechseln?
- Wie möchte er genau in einem neuen Unternehmen agieren?
- Welche Fähigkeiten bringt er mit, um das Profil zu erfüllen?
- Welche Rahmenbedingungen benötigt er, um erfolgreich zu sein?

Klären Sie, inwieweit diese Fragen vollständig, ansatzweise oder gar nicht beantwortet sind. Hierauf können Sie dann gezielt im Vorstellungsgespräch eingehen.

Eine weitere sehr wichtige Vorbereitungsaufgabe sind einige kurze praktische Übungsaufgaben, die auch so im täglichen Arbeiten vorkommen.

Bereiten Sie hier zwischen ein und vier Aufgaben je nach Umfang vor, die der Kandidat im Vorstellungsgespräch kurz alleine analysieren und anschließend vorstellen darf.

Stufe 5: Vorstellungsgespräch

Um das volle Potenzial des Kandidaten zu erkennen, ist es notwendig, das ganze Gespräch zuerst aufzulockern. Auch wenn es für den Bewerber eine Art Prüfung ist, brauchen Sie ihn hier in seiner ganzen Kraft, um später ein objektives Ergebnis zu haben. Hierbei hilft zuerst eine Vorstellung der Firmengesprächspartner, wobei sich dabei die Gelegenheit anbietet, mit etwas Leichtigkeit und persönlichen Informationen von sich selbst die Stimmung zu entspannen. Natürlich können Sie hier Ihre eigene Ausbildung und Berufserfahrung aufführen, einige menschliche Aspekte oder persönliche Geschichten bieten sich hier als Eisbrecher aber eher an. Schrittweise können Sie anschließend bei der Vorstellung des Kandidaten Ihre vorbereiteten Fragen platzieren. Haken Sie auch bei einzelnen Aussagen nach, um die Antworten sowie die Hintergründe vollständig zu erfassen.

Sofern Sie alle Auskünfte erhalten haben, sollten Sie die vorangekündigten Übungsaufgaben kurz mit dem Kandidaten besprechen. Verdeutlichen Sie ihm, dass es Ihnen nur um die Lösungsansätze geht, nicht um eine vollständige Ausarbeitung oder Präsentation. Nach einer Bearbeitungszeit von ca. 20–30 Minuten lassen Sie sich die Lösungsansätze präsentieren. Hierdurch gewinnen Sie unterschiedliche Erkenntnisse, einmal zur Flexibilität bei der Annahme der Aufgaben, zum methodischen Ansatz und zur Art der freien Darstellung. Fragen Sie bei einzelnen Punkten nach, um die Lösungsansätze vollständig zu verstehen. Wichtig sind die inhaltlichen praktischen Ansätze und der eingebrachte Eigenanteil, um das Thema zu lösen. Die Typen Gestalter und Problemlöser werden sich von Beginn an auch gedanklich in die Lösungsebene mit einbringen und Vorschläge aufzeigen, wie sie das Thema angehen werden. Dagegen werden die Typen Machtlose und Umsetzer eher die Lösungen in anderen Abteilungen suchen.

Im Bewerbungsgespräch sollten neben dem Kandidaten zwei Führungskräfte aus der zukünftigen Abteilung und ein Vertreter von Human Resources anwesend sein. Sollten Sie im Gespräch mit dem Bewerber auf positive Resonanz stoßen, bieten sich spontan weitere Möglichkeiten an, da der Kandidat meist zeitlich flexibel ist. Machen Sie dann zusätzlich einen Firmenrundgang, gehen Sie in die zukünftige Abteilung und laden Sie den Kandidaten ggf. noch zum Essen in die Kantine oder in ein Restaurant ein.

Beraten Sie sich anschließend mit Ihren Kollegen über Stärken und Schwächen des Kandidaten und kommen Sie zeitnah, am besten innerhalb von 24 Stunden, zu einer Entscheidung, ob und wie es weitergeht.

Stufe 6: Pre-Onboarding

Sofern alle Fragen zeitnah für Sie geklärt wurden, gilt es nun, eine attraktive Zusage und ein Angebot auszusprechen. Hierbei sind natürlich extrinsische Anreize wichtig, d. h., Sie sollten ein leistungsgerechtes Gehalt mit den entsprechenden Aussichten anbieten. Noch wichtiger ist es aus meiner Erfahrung aber, nochmal mit den weiteren Faktoren des Unternehmens zu punkten. Folgende Größen könnten eine Entscheidung beeinflussen:

- Ist das Unternehmen bereit, in Schulungen für den Mitarbeiter zu investieren?
- Welcher Arbeitsplatz wird zur Verfügung gestellt?
- Gibt es einen höhenverstellbaren Tisch?
- Kann mit anderen Bereichen ein Erfahrungsaustausch durchgeführt werden?

- Gibt es eine interne Schulungsakademie mit reichhaltigen Angeboten?
- Existiert ein Betriebsrestaurant?
- Werden Sprachkurse angeboten?
- Gibt es eine Kinderbetreuung?
- Bietet das Unternehmen eine Betriebsrente?
- Stehen Einarbeitungsplan und Pate für den ersten Zeitraum zur Verfügung?
- Sind Dienstreisen ins Ausland möglich und vorgesehen?
- Existieren Potenzialträgerprogramme für angehende Führungskräfte?

Vermitteln Sie über HR alle positiven Größen des Unternehmens vor Zusendung der Vertragsunterlagen. Dies können Broschüren, Verdeutlichung der Betriebsrente, Zeitmodelle und vieles mehr sein. Begrenzen Sie mögliche Vertragsangebote immer zeitlich und fragen Sie den Kandidaten nach weiteren offenen Punkten bzw. Fragestellungen. Auch nach Unterzeichnung des Vertrages bietet sich ein Dranbleiben an, da Kündigungszeiten mehrere Monate dauern können und somit eine Unsicherheit beidseitig entstehen kann. Telefonieren Sie ein- bis zweimal in der Zwischenphase mit Ihrem neuen Mitarbeiter und zeigen Sie Freude, dass er bei Ihnen im Unternehmen beginnt.

Fazit

Investieren Sie überdurchschnittliche Aufmerksamkeit und Zeit in das Recruiting von neuen Mitarbeitenden. Versuchen Sie mit den vorgestellten Teilschritten auch bei aktuell geringem Angebot, genau die geeigneten Mitarbeitenden (Gestalter und Problemlöser) für Ihren Bereich zu bekommen, die Sie tatsächlich benötigen.

8 Transformation Leadership

8.1 Ausgewählte Erfolgsfaktoren

Ein Freund von mir fordert mich bei neuen Aufgabenstellungen meist nach der gleichen Methode heraus. Er fragt: Was hat dir in der Vergangenheit dabei geholfen bzw. was hat funktioniert und was war weniger erfolgreich?

Diese beiden Fragen möchte ich zu Beginn des Kapitels nutzen, um die sieben wesentlichsten Punkte aus meiner Erfahrung zum Thema exzellente Führung darzulegen, sowie die zwei größten Fehleinschätzungen, die mir selber passiert sind. Ergänzt wird diese Auflistung mit der Transformationsmatrix, in der diese und weitere faktische Themen gelistet und bewertet sind.

8.1.1 Welche Vorgehensweisen haben mir inhaltlich und persönlich geholfen, um exzellente Führung zu erzielen?

Nr. 1: Massive Störfeuer löschen

Sie können zu Beginn einen Bereich nur gezielt aufbauen, wenn Sie alle dringenden immensen Störfeuer nachhaltig abgestellt haben oder parallel daran arbeiten. Diese wenigen Brandherde können ganz unterschiedlicher Natur sein, sie haben aber eins gemeinsam, sie kosten Sie teilweise oder dauerhaft enorme Ressourcen. Dies können einzelne große Kundenreklamationen sein, viel zu hohe Projektdurchlaufzeiten, zu hohe Kosten oder Mitarbeitende, die Sie als Führungskraft nicht anerkennen. Alle diese Punkte haben eines gemeinsam: Sie machen Ihnen das Leben zur Hölle, wenn Sie sie nicht angehen und relativ schnell durch bewusste Entscheidungen in den Griff bekommen. Hierbei sollte es sich um maximal zwei bis drei Themen dieser Kategorie handeln. Solche Punkte müssen Sie also methodisch schnell erkennen, bearbeiten (lassen) und damit abstellen. Die Verantwortung, dass dies passiert, liegt alleine bei Ihnen. Weiterhin müssen Sie ein Gespür entwickeln, neue signifikante Themen dieser Kategorie zu entdecken und ebenfalls wieder anzugehen.

Nr. 2: Valide Kennzahlen zur Steuerung

Es bedarf einer Übersicht von mindestens einigen wenigen validen Kennzahlen, um das Business des Unternehmens oder des Bereiches bewerten zu können. Für das Managementboard sollten beispielsweise Aussagen zum Umsatz, EBIT, Auftragseingang, Lieferperformance, Produktqualität, Mitarbeitermotivation und Liquidität vorliegen. Fehlende Positionen sind zeitnah nachzuführen, um eine Steuerungsfunktion wahrnehmen zu können.

Nr. 3: Strategieplanung aufstellen und aktuell halten

Hierbei sind alle relevanten Elemente mit den wesentlichen Akteuren gemeinsam zu erstellen. Hierzu gehören neben der Warum-, Wie- und Was-Frage auch die gemeinsame Bearbeitung von Analysen, Handlungsfeldern und die Festlegung der daraus abgeleiteten operativen Projekte. Operative Projekte sind anschließend nachzuhalten, Aufgaben hieraus sind mit in die Mitarbeiterziele aufzunehmen. Auch die Strategieplanung ist sequenziell mit ihren dynamischen Elementen mindestens jährlich zu wiederholen. Entscheidend bei dem gesamten Ablauf ist die Zustimmung aller Beteiligten zu den erarbeiteten Ergebnissen. Hierbei darf man zwischen drei Beteiligungsstufen unterscheiden, es herrscht:

- Konsens = Einigkeit,
- Konsent = akzeptieren/mitgehen,
- Störung = Ablehnung des Vorschlages.

Relevante Schritte müssen abgestimmt werden, es muss überwiegend Konsens und in einigen Fällen Konsent vorhanden sein. Störungen erfordern ein Aufzeigen und eine Neudiskussion des Punktes, bis mindestens Konsent bei den Mitarbeitenden erzielt ist bzw. eine neue Lösung erarbeitet wurde. Durch diese Vorgehensweise erhalten Sie von Beginn an eine hohe Akzeptanz und Mitarbeit bei der strategischen Planung.

Nr. 4: Neue Mitarbeitende gezielt einstellen

Neue Mitarbeitende müssen gezielt ausgesucht werden und in den Gesamtkontext passen. Hierbei ist der Fokus darauf zu legen, dass man Personen findet, die eine intrinsische Motivation haben und von sich aus auch die Fähigkeit besitzen, in Zusammenarbeit mit einem Team gestalten zu können. Um solche Menschen zu finden, muss der gesamte Recrutingprozess bis zum Ende der Probezeit sehr strukturiert angegangen werden. Offene Fragestellungen sind gemäß dem Gesetz des Anfangs direkt zu klären.

Nr. 5: Architektur des Bereiches bewusst gestalten

Die Architektur des Bereiches muss so designt werden, dass alle operativen Standardaufgaben nach einer gewissen Zeit ohne die Führungskraft funktionieren. Dies gelingt nur, sofern Teilgebiete übergeben werden, Verantwortungen, Prozessvorgaben und Vertrauen vorhanden sind und damit auf die Mitarbeitenden transformiert werden. Entwickeln Sie einzelne Mitarbeitende zu Fachexperten auf ihrem Gebiet und verabschieden Sie sich von dem Gedanken, inhaltlich überall mithalten zu können.

Nr. 6: Menschen fordern und fördern

Planen Sie ein großzügiges Schulungsbudget, mit dem jeder Mitarbeiter mindestens eine Woche im Jahr eine externe fachbezogene Weiterbildung absolviert. Hierdurch wird das Fachwissen aktuell gehalten und die Mitarbeitenden bringen neue Methoden in das Unternehmen. Des Weiteren ist es sinnvoll, spezifische Punkte oder Potenziale im Mitarbeitergespräch anzusprechen und zu thematisieren. Einige Menschen sind z. B. sehr zurückhaltend und trauen sich nicht zu präsentieren. Hier kann eine individuelle Förderung angesprochen werden, um eine Weiterentwicklung zu erzielen. Und genau darum geht es, Potenziale zu entdecken, anzusprechen und gemeinsam die nächste Entwicklungsstufe zu definieren.

Nr. 7: Eigene Selbstführung ständig verbessern
Ermitteln Sie, wo Sie selbst Stärken und Potenziale haben. Klären Sie weiterhin, wie Sie mit den eigenen wesentlichen Schwächen umgehen wollen. Denn nur wenn Sie sich selbst gut führen und gut mit sich umgehen, sind Sie bestens gewappnet, andere Menschen zu coachen, zu begleiten und zu begeistern.

8.1.2 Was hat mir weniger oder gar nicht geholfen?

Nr. 1: Zu viele Themen parallel anzugehen
Bei einer zu hohen Menge an Projekten und Aktivitäten fehlt die Übersicht und Transparenz, alles erscheint gleich wichtig und richtig, trotzdem sind die Fortschritte gering, weil zwischen den Projekten stark alterniert werden muss. Dies ist auch inhaltlich sehr erschöpfend. Weniger und serielles Arbeiten sind daher besser geeignet, um langfristig erfolgreich zu sein.

Nr. 2: Zu lange festhalten
Sofern Sie persönlich betroffen sind, fehlt meist die Fähigkeit, objektiv zu schauen. Sie akzeptieren Zustände, bei denen Sie schon längst hätten eingreifen müssen. Dies kann z. B. passieren, wenn eine falsche Person eingestellt wurde. Hier sollten Sie nicht versuchen, den Mitarbeiter über Jahre nachzuqualifizieren, wie ich es einmal vor einigen Jahren getan habe.

8.2 Positive Führung weitergeben

Fragen Sie sich: Welche positiven Erfahrungen habe ich mit meinen Vorgesetzten über Jahre erlebt? Die intensivsten Erlebnisse waren für mich immer die, wo mich die Führungskraft von sich aus positiv als Mensch mit meinen Stärken oder Potenzialen gesehen hat. Hierzu gehörte z. B. das Weiterleiten von Seminarangeboten mit handschriftlichem Zusatz: Herr Schröder, für Sie interessant? Auch der Erhalt von persönlichen nicht vereinbarten Prämien für besondere Leistungen war eine Auszeichnung, auf die ich in jungen Jahren sehr stolz war. Ein weiteres markantes Beispiel war eine hitzige Diskussion in einer Probezeit. Hier hatte ich mich mit einem Geschäftsführer fachlich gestritten, sodass ich abends ein schlechtes Gefühl hatte, zu weit gegangen zu sein. Und genau dieser Geschäftsführer kam am nächsten Morgen in mein Büro und gab mir zur Begrüßung die Hand. Eine klare und bewusste Geste seinerseits, die versinnbildlichte, dass für ihn persönlich nichts hängen geblieben war. Natürlich gab es immer wieder auch viele Unterstützungen für Seminare und Weiterbildungen, die von mir aktiv angefragt wurden. Doch diese Elemente wirken sich nicht so intensiv aus, wie wenn die Führungskraft den Mitarbeiter von sich aus wahrnimmt und positiv fördert.

Von den positiven Erfahrungen leitet man nun schrittweise selbst Verhaltensweisen in Richtung eigene Mitarbeitende ab. Hierbei ist es wichtig zu verstehen, dass man als Vorgesetzter schon einen großen Teil seiner Führungsaufgabe angemessen ausgeführt hat, wenn der Mitarbeiter sich wohlfühlt und gerne zur Arbeit kommt. Hierzu gehören unterschiedliche Ansätze, um diesen Wohlfühlfaktor zu fördern. Bauen Sie eine psychische Sicherheit auf, indem Sie den Mitarbeitenden in persönlichen Situationen wie Krankheit, Familiennachwuchs, aber auch bei anderen schwierigen Situationen im Unternehmen mehr zeitlichen Freiraum geben, um sich zu stabilisieren.

Oft baut der Mitarbeiter für sich selbst schon genug Druck auf, sodass eine offene Diskussion und gemeinsame Lösungsfindung hier sehr viel Vertrauen bewirkt. Auch abgestimmte Coachings zu sonstigen singulären Punkten mit externen Trainern helfen, sofern der Mitarbeiter diesem Vorgang zustimmt. Führen Sie einige wenige, aber beständige Events mit der eigenen Abteilung durch, etwa Weihnachtsfeier, Wanderung oder Teambuilding. Sie werden in letzter Konsequenz nie alle Mitarbeitenden vollständig in die Gruppe integrieren können, doch hohe Vertrauenswerte von 80 bis 90 Prozent sind mit den richtigen Verhaltensweisen des Vorgesetzten durchaus möglich. Versuchen Sie eine so offene Atmosphäre wie möglich zu schaffen, damit Mitarbeitende sich trauen, Ihnen konstruktives Feedback zu geben. Prüfen Sie, welche Mitarbeitenden ggf. die Fähigkeit haben, einen zusätzlichen Studiengang zu machen, um sich für das Unternehmen in höhere Positionen einzubringen. Sagen Sie Mitarbeitenden, wenn Sie zu ruhig sind und Sie mehr von ihnen hören möchten. Fordern Sie Ihre Mitarbeitenden auf, sich innerhalb der Abteilung zu präsentieren, um Sie auf zukünftige Präsentationen auch außerhalb des Bereiches vorzubereiten. Entschuldigen Sie sich, wenn Sie das Gefühl haben, zu schnell oder zu forsch gewesen zu sein und gestehen Sie Fehler gegenüber den Mitarbeitenden ein. Alle diese Punkte werden Sie menschlicher und nahbarer machen, sodass über Vertrauen eine Öffnung stattfinden kann. Denn nur wenn die Beziehung gut ist, wird es gelingen, gemeinsam zu schauen, welche Lösungen gefunden werden können, mit denen jeder ein gutes Gefühl für sich selbst und für das Unternehmen hat.

Weitere Hinweise zur Vorgehensweise der Transformation erhalten Sie durch die Checklisten Leadership, die unter dem QR-Code auf meiner Homepage abgerufen werden können (siehe Abbildung 41).

Abbildung 41: QR-Code zu Checklisten Leadership

8.3 Transformationsmatrix

Auf der Matrix (siehe Abbildung 42) werden einzelne Elemente mit Nummern dargestellt und in Tabelle 2 aufgeschlüsselt. Sie schätzt dabei den zeitlichen Aufwand und den Nutzen von Leadership-Maßnahmen ein. Hellgraue Kreise beziehen sich auf optimale Prozessabläufe, dunkelgraue Kreise dagegen sind direkte Aktivitäten einer Führungskraft. Zweifellos erscheint der Quadrant oben rechts besonders attraktiv, da ein geringer Zeitaufwand einen hohen Nutzen erzeugt. Auffällig ist hier, dass mit dem Verhalten und Handeln der Führungskraft die meisten schnellen Effekte erzielt werden können.

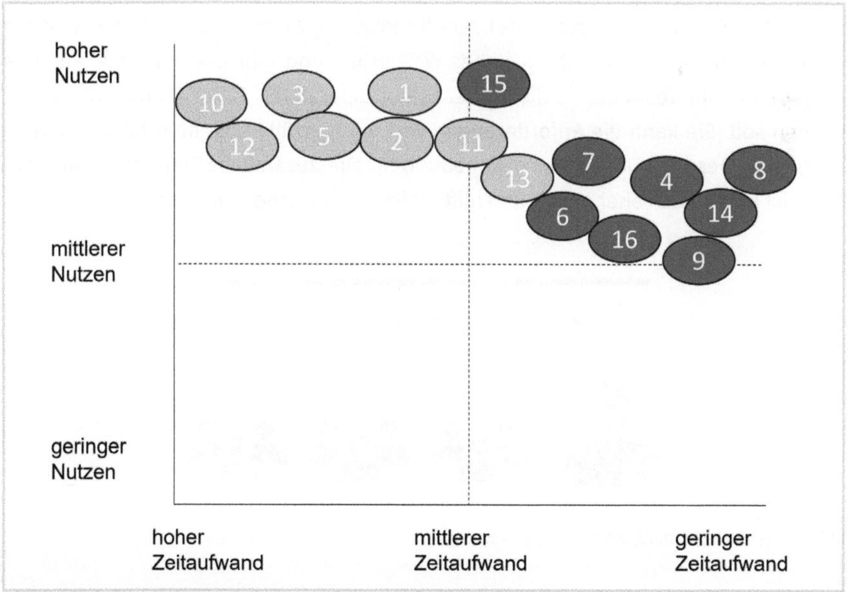

Abbildung 42: Transformationsmatrix

Aktivität durch Prozessabläufe	Aktivität durch Führungskraft
Beauftragte(n) für die Generation Z einsetzen (1)	Delegation Poker Stufe 3–6 nutzen (4)
270- oder 360-Grad-Bewertung einführen (2)	Führen mit Vertrauensvorschuss (6)
Richtige Stellenbesetzung (3)	Win-win-Situation gemäß Harvard-Konzept (7)
Problemlöser und Gestalter einsetzen (5)	Loben und Bedanken (8)
Unternehmens- und Führungskultur leben (10)	Serielles Bearbeiten (9)
Strategieplanung (11)	Zeitnahe Entscheidung treffen (14)
Prozess-Exzellenz erreichen (12)	Führungsarchitektur aufbauen (15)
Kommunikationspyramide (13)	Wertschätzende Kommunikation (16)

Tabelle 2: Maßnahmen der Transformationsmatrix

8.4 Szenarien-Darstellung

Durch die Szenarien-Darstellung vergleichen wir dieselbe Aufgabenstellung mit zwei oder mehr unterschiedlichen Lösungsansätzen. Ziel ist es, durch die Gegenüberstellung die signifikanten Unterschiede bewusster darzustellen. Hierbei kann man die Methode ebenfalls im Bereich der Führung nutzen, um Unterschiede durch verschiedene Szenarien schneller erkennen zu können. Hierzu habe ich zwei einfache Beispiele abgebildet.

Beispiel I: Vollumfänglich delegieren
Szenario 1: Führungskraft A arbeitet sehr intensiv die Vorgaben der Geschäftsleitung ab. Hierbei behält sie selbst ein hohes Wissen ein und gibt nur punktuell kleinere Aufgaben an ihr Team ab, da dieses bei seinen operativen Tätigkeiten nicht gestört werden soll. Sie kann die Anforderungen von oben erfüllen, ist aber häufig in allen möglichen Besprechungen stark eingebunden. Die zusätzliche Unterstützung vom Team ist daher auch eher mäßig und hilft ihr im Wesentlichen nicht weiter.

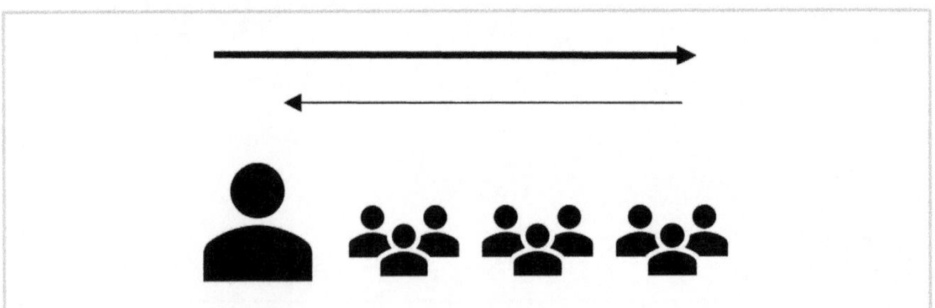

Abbildung 43: Vollumfänglich delegieren – Szenario 1

Szenario 2: Führungskraft B arbeitet ebenfalls sehr intensiv die Vorgaben der Geschäftsleitung ab und entwickelt zusätzlich ihre Abteilung strategisch weiter. Hierbei bindet sie ihre Mannschaft, wenn möglich, sehr intensiv in die anstehenden Aufgaben mit ein. Vorab werden dazu gemeinsame Lösungsvorschläge im Team diskutiert und die Mitarbeitenden erfüllen nahezu alle operativen Aufgaben selbstständig. Hierdurch können die Anforderungen praxis- und zeitnah umgesetzt werden, gleichzeitig sind alle Mitarbeitenden entsprechend ihrer Kompetenz eingebunden und informiert.

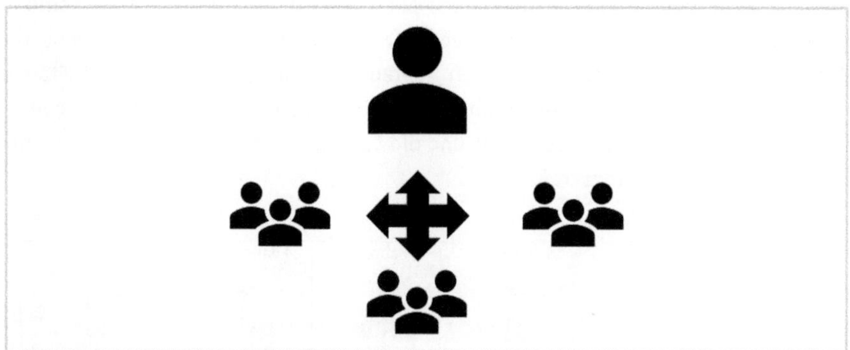

Abbildung 44: Vollumfänglich delegieren – Szenario 2

Welches Szenario ist wirksamer für den Bereich, das Unternehmen und die Führungskraft?

Beispiel II: Positionen richtig bedienen

Szenario 1: Abteilungsleiter A führt sechs Mitarbeitende in einer Produktionsmontageeinheit. Sein Team hat unterschiedliche Wünsche und Anforderungen an den Vorgesetzten. Dabei wurden in der Vergangenheit wenig Veränderungen von der Führungskraft initiiert, da die Ausbringungsmenge von Fertigprodukten das primäre Ziel der Führungskraft ist.

30 Jahre	62 Jahre	35 Jahre	53 Jahre	24 Jahre	45 Jahre
MA1: Möchte zur Meisterschule, fühlt sich von der FK nicht gehört.	MA2: Ist zufrieden, noch 2 Jahre zur Rente, doch wer übernimmt das Wissen?	MA3: Möchte mehr Verantwortung in dem Bereich oder im Unternehmen übernehmen.	MA4: Ist grundsätzlich zufrieden, benötigt einige EDV-Schulungen für den Arbeitsplatz.	MA5: Ist seit der Ausbildung in diesem Bereich, kann sich nicht einbringen und wird nicht gehört.	MA6: Macht nur das Nötigste und versucht nicht aufzufallen.

Abbildung 45: Position richtig besetzen – Szenario 1

Anmerkung: Die Pfeile zeigen dabei die Zufriedenheit bzw. die Wechselabsichten der Mitarbeitenden, hierbei sind Pfeile, die vollständig oder teilweise nach oben zeigen, entsprechend positiv einzustufen, Pfeile die ganz bzw. teilweise nach unten gehen, als negativ einzustufen.

Szenario 2: Abteilungsleiter A führt sechs Mitarbeitende in einer Produktionsmontageeinheit. Wünsche und Anforderungen der Mitarbeitenden werden versucht, im Rahmen der Möglichkeiten umzusetzen. Hierzu laufen unterschiedliche Aktivitäten vom Vorgesetzten in Zusammenarbeit mit der Abteilung Human Resources. Die Ausbringungsmenge von Fertigprodukten und die Zufriedenheit der Mitarbeitenden sind primäre Ziele der Führungskraft.

30 Jahre	62 Jahre	35 Jahre	53 Jahre	24 Jahre	45 Jahre
↑	↑	↑	↑	↑	↓
MA1: Startet nebenberuflich mit der Meisterschule, anschließende berufliche Möglichkeiten in der Firma werden offen besprochen.	MA2: Ist zufrieden, sein Wissen wird durch eine frühzeitige Einarbeitung eines neuen Mitarbeiters weitergegeben.	MA3: Ist nun zusätzlich für Wartung und Kalibrierung von Betriebsmitteln verantwortlich.	MA4: Ist angemeldet für notwendige EDV-Schulungen.	MA5: Sein Talent für Programmierungen wird mehr genutzt. Ein Wechsel in die IT-Abteilung und ein Stellenersatz sind beschlossen.	MA6: Bekommt regelmäßig Vorgaben und Aufgaben von der Führungskraft.

Abbildung 46: Position richtig besetzen – Szenario 2

Vergleichen Sie die beiden Szenarien miteinander. Indem auch die Bedürfnisse der Mitarbeitenden berücksichtigt werden, verändert sich mit überschaubaren Mitteln der Zufriedenheitsgrad der Menschen. Dies wird Auswirkungen auf Produktivität, Bindung und Einstellung zum Unternehmen verändern. Auch interne Wechsel zahlen sich aus, da der Mitarbeiter dem Unternehmen erhalten bleibt.

8.5 Kumulierung von Faktoren

Um Change-Projekte im Rahmen von Leadership vollumfänglich einzuführen, bedarf es einer nahezu gleichzeitigen Integration von unterschiedlichen Faktoren. Dadurch gelingt die geplante Zusammenführung wesentlich fließender und ohne Unterbrechung. Hierbei sind mindestens Prozesse, Bewusstsein, Kommunikation/Schulung und Bereitschaft in die Veränderung mit einzubeziehen.

Beispiel

Sie haben ein Unternehmen, das auf die Herstellung von Kaffeemaschinen spezialisiert ist. Hierbei werden Standardmaschinen (Massengeschäft) und Sondermaschinen auf Kundenwunsch hergestellt. Zum einen gibt es also die klassischen standardisierten Maschinen mit Mahlwerk, Tabs oder Pads, die einen Anteil von 50 Prozent der Entwicklungskapazität einnehmen. Zusätzlich gibt es Kundengroßprojekte, wo zusätzliche Spezialanforderungen realisiert werden (Erweiterung des Standards). Hierzu gehören beispielsweise schnellere Brühzeiten oder doppelte Ausleger für Pads oder Mahlwerk, um die Maschinen effizienter im Industriebereich einsetzen zu können.

Dieser Anteil hält ebenfalls 50 Prozent, unterscheidet sich aber in der Arbeitsweise vom Standard erheblich. Der Standardentwicklungsprozess benötigt Entwicklungszeiten von drei bis vier Jahren, bis das Produkt designt, freigegeben und verkauft wird. Kundengroßprojekte hingegen müssen schnell und zeitnah erfolgen (max. sechs bis zwölf Monate). Weiterhin kommen hier auch laufende Änderungswünsche vom Kunden im Projekt vor.

Aktuell werden beide Projektarten von einer Entwicklungsabteilung bedient. Um den aktuellen Markt- und Kundenbedürfnissen gerecht zu werden, ist es sinnvoll, zwei getrennte Bereiche zu organisieren. Um den Change positiv durchzuführen, bedarf es einer Reihe von Einzelschritten, die zeitlich abgestimmt und synchronisiert durchgeführt werden müssen.

Welche Faktoren sollten ineinander übergehen?

1. **Bewusstsein**
   Über die jetzigen langen Entwicklungszeiten und nicht erreichten Kundenziele sollten verantwortliche Führungskräfte erkennen (Bewusstsein), dass die bestehende Vorgehensweise nicht mehr praktikabel und wirtschaftlich ist, da sich das Unternehmen massiv vergrößert hat.
2. **Neue Strategie**
   Hieraufhin werden über die Strategieplanung (Prozess) neue Konzepte ausgearbeitet, die eine Separierung vorsehen. Alle relevant betroffenen Führungskräfte haben am Konzept mitgearbeitet und es anschließend positiv verabschiedet.
3. **Eigentlicher Change-Prozess**
   Für die Umsetzung wird ein Change-Projekt (Prozess) mit Projektauftrag aufgesetzt. Hierbei sind alle wesentlichen Stakeholder (Kommunikation) frühzeitig zu informieren und einzubinden. In frühen Informationsrunden (Kommunikation) wird durch die Geschäftsführung die Belegschaft informiert. Hier wird die Notwendigkeit der Änderung verdeutlicht sowie die wichtige Mitteilung verkündet, dass niemand entlassen wird, da es sich um eine Expansion am gleichen Standort handelt.

4. **Bereitschaft zur Veränderung**
   Ideen und Ergänzungen von Mitarbeitenden werden proaktiv in das Projekt integriert und sofern sinnvoll mit umgesetzt (Bereitschaft zur Veränderung). Das Projekt wird aufgrund der beschriebenen Vorgehensweise erfolgreich umgesetzt und führt zu weiterem Wachstum und zur Zufriedenheit der Mitarbeitenden im Unternehmen.

An diesem einfachen Beispiel erkennt man die Zusammenführung von unterschiedlichen Erfolgsfaktoren. Es wurden der Einfachheit halber nur wenige inhaltliche Aktivitäten aufgeführt, die auch in der Realität weiter unterfüttert werden müssten. Speziell die Einhaltung und Übergänge der Punkte sorgt im positiven Sinne für einen nahezu reibungsfreien Wechsel im Change-Projekt. Im Ergebnis werden zukünftig Entwicklungszeiten verkürzt, Kunden und Marktbedürfnisse schneller erfüllt sowie die Mitarbeiterzufriedenheit erhöht. Dies kann nur erreicht werden, wenn prozessuale und menschliche Faktoren gleichzeitig integriert und berücksichtigt werden.

8.6 Gesamtveränderung von Werten

Die Anwendung von Wertemodellen verdeutlicht, wie eine umfangreiche Veränderung im Unternehmen über alle Werteebenen vollzogen werden kann. Hierbei bedarf es einer intensiven Einbindung aller Führungskräfte und Mitarbeitenden. Dabei wird die Kultur eines Unternehmens grundsätzlich geprägt von der gelebten Führung. Um einen generellen Musterwechsel für ein Unternehmen hinzubekommen, ist eine vollumfängliche und strukturelle Herangehensweise notwendig. Clare W. Graves[102] entwickelte hierzu eine Darstellung (vgl. Abbildung 47), die die komplette Entwicklung der individuellen Werte im Zeitlauf eines Lebens oder Unternehmens darstellt.

---

102 Vgl. clarewgraves.com/ (o. J.): Life, Research and Thinking of Clare W. Graves

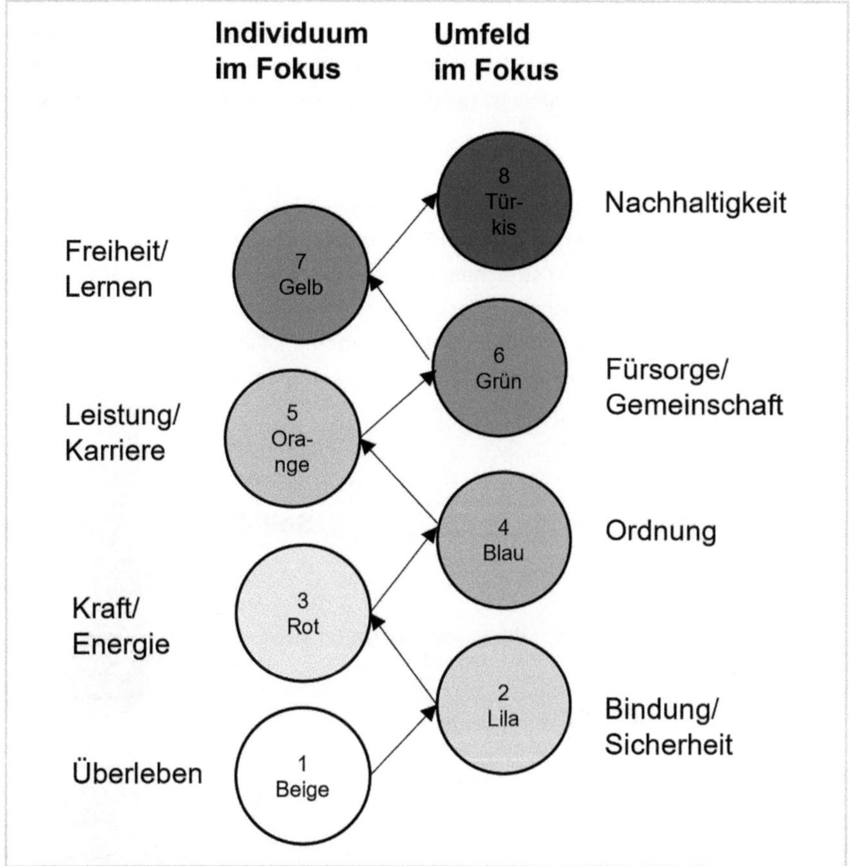

Abbildung 47: Clare Graves und die Ebenentheorie der Persönlichkeitsentwicklung[103]

Hierzu bewältigt ein Unternehmen die Werteleiter in einer bestimmten Reihenfolge von unten nach oben. Wie weit eine Weiterentwicklung möglich ist, hängt hauptsächlich von der Persönlichkeit der Organisation ab und wird zusätzlich vom sozialen Umfeld beeinflusst.

Graves entwickelte dazu acht Entwicklungsstufen, vier davon individuumsorientiert und vier gruppenorientiert. Jeder Stufe sind dabei eigene Werte und Merkmale zugeordnet.

Alle Werteebenen sind dabei gleichwertig, es gibt kein Gut oder Schlecht. In jeder Organisation kommen dabei alle Werteebenen vor und es gibt eine zu jedem Zeitpunkt bestehende Wertehierarchie. Diese sind das Resultat der Führungshandlungen. Anhand der bestehenden Werte und Merkmale je Stufe kann eine Abschätzung zum

103 Vgl. clarewgraves.com/ (o. J.): Life, Research and Thinking of Clare W. Graves

Ist-Zustand getroffen werden. Hierbei sind im Ist-Zustand die Umfeldwerte meist wesentlicher ausgeprägter als die Individuumswerte. Zu den ausgeprägten Umfeldwerten gehören beispielsweise Konsens, Teil der Gruppe sein, Sicherheit und Tradition.

Die Individuumswerte, die meist gesteigert werden müssen, sind Lösungsorientierung, Lernen, Herausforderung, ausgezeichnete Leistung, unternehmerisches Denken und Leadership. In einem möglichen Soll-Zustand für das Unternehmen geht es nicht darum, Werteebenen zu streichen, sondern die richtige Zielgröße je Ebene zu definieren und umzusetzen. Hierzu müssen zuerst der Istzustand sowie der neue Sollzustand dargestellt werden. In Abbildung 48 erkennt man, dass alle Ebenen weiterhin vorhanden sind, nur in ihrer Größe (Kreisumfang) entsprechend auf die Notwendigkeit des Unternehmens angepasst wurden.

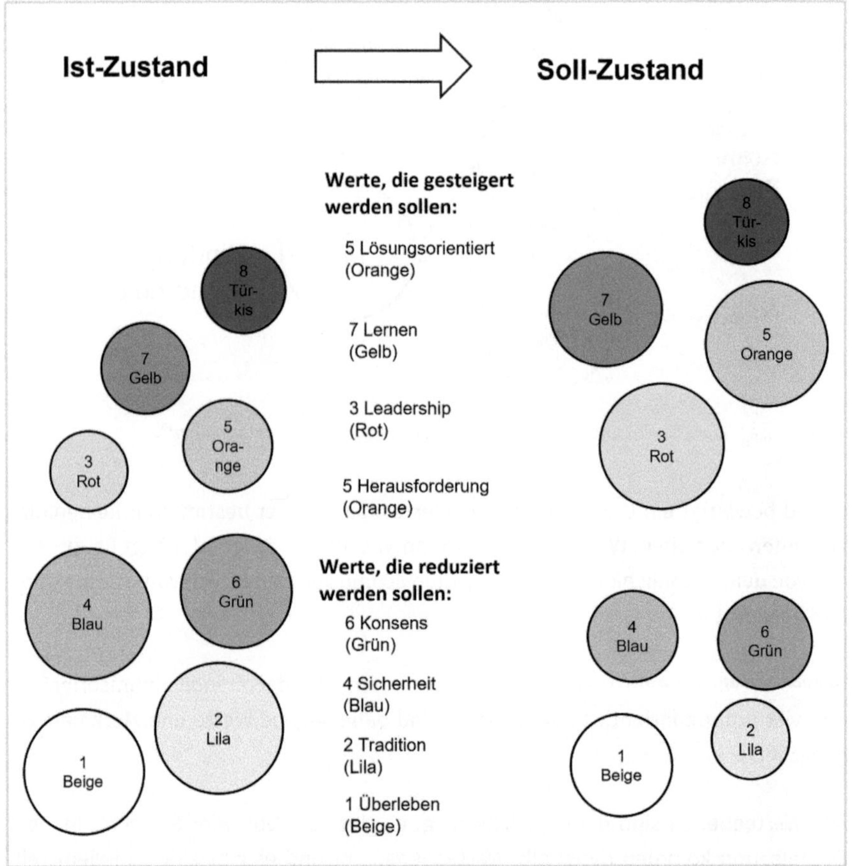

Abbildung 48: Beispiel für den Ist-Soll-Zustand nach der Ebenentheorie von Graves

Ist man sich bezüglich der Soll-Ausrichtung im Führungsteam einig, können hieraufhin Aktivitäten beschlossen werden, um Werteebenen erfolgreich zu reduzieren bzw.

aufzubauen. Diese Umsetzung erfordert eine langsame und bedachte Vorgehensweise, da hier Kultur- und Führungsveränderungen vorgenommen werden müssen. Dieses Organisationsprojekt muss durch die Geschäftsleitung selbst getrieben werden.

Hier sind alle weiteren Führungskräfte zu integrieren. Eine frühzeitige Einbindung des Betriebsrats und die regelmäßige Information an alle Mitarbeitenden ist darüber hinaus essenziell. Zusätzlich ist es besonders sinnvoll, eine auf dem Gebiet erfahrene Beratungsgesellschaft zu engagieren, die bereits erfolgreiche Change-Projekte mit dem Graves-Modell zum Ziel gebracht hat.

Interview mit Stefan Fischerkeller

CEO DDSK Tettnang
Das Interview soll aufzeigen, wie moderne Leader führen und ihre Mitarbeitenden integrieren und motivieren.

Einführung
Stefan Fischerkeller studierte Verwaltungsrecht und gründete im Jahr 2012 die Deutsche Datenschutzkanzlei (DDSK). Die DDSK GmbH befindet sich in Tettnang im Bodenseekreis und beschäftigt sich mit dem Aufbau von Datenschutz- und Informationssicherheitsmanagement-Systemen. Schwerpunkt war zu Beginn das Datenschutzrecht und wurde in den folgenden Jahren ergänzt durch Informationssicherheits- und Compliancemanagement-Systeme sowie Themen wie IT-Compliance, KI-Anforderungen und Hinweisgeberschutzprozesse.

Mittlerweile (Stand März 2024) ist die DDSK GmbH Teil einer Holdingstruktur mit Schwesterunternehmen im Bereich Datenschutz (Schwerpunkt Gesundheitswesen) und der iMS360 GmbH (Software-Entwicklung im Bereich Governance/Risk/Compliance). Sie hat insgesamt 35 Beschäftigte.

Schröder: *Stefan, welche Werte in Richtung Mitarbeiterführung sind dir bei der DDSK sehr wichtig bzw. welche wendest du an?*

Fischkeller: Machen wir uns bewusst, dass unsere Beschäftigten neben Familie und Freundkreis die meiste Zeit im Arbeitsleben, in einem Team und auch am Arbeitsplatz verbringen. Daher gilt der Leitsatz: Schaffen wir eine Umgebung, in der Wohlfühlen und Entfaltung möglich sind.

Die Basis unserer Zusammenarbeit ist größtmögliches Vertrauen. Das gilt für Inhaber, Führungskräfte und Beschäftigte. So entsteht eine gesunde, nachhaltige (beidseitige) Loyalität und Meinungen können freier ausgetauscht werden, ohne die Befürchtung zu haben, dass persönliche Nachteile entstehen.

Parallel wird eine gesunde Kommunikation mit quasi nicht existierenden Hierarchien gepflegt. Das schließt Kritikfähigkeit für alle Beteiligten ein, mit dem Ziel, das Wissen bzw. die Meinungen aller Beteiligten maximal zu nutzen im Sinne der gemeinsamen Zielerreichung. Wer als Führungskraft Zeiterfassungsdaten, Projektzeiten, An-/Abwesenheiten und Arbeitsstatus überwachen muss oder will, sollte grundsätzlich über das Thema Vertrauen und ob er/sie Teil des Teams sein sollte, nachdenken (gilt für »beide Seiten«).

Schröder: *Wie suchst du neue Mitarbeitende für dein Unternehmen aus?*

Fischkeller: Abgesehen von fachlichen Vorqualifikationen spielt das persönliche Matching die größte Rolle. Daher pflegen wir ein stufenweises Kennenlernen der Personen, Fachlichkeit und Anforderungen an die zukünftige Tätigkeit über nahezu das gesamte Team hinweg. Das darf und muss Zeit benötigen und beinhaltet bspw. diverse Schnuppertage und Beispielaufgaben in Zusammenarbeit mit dem Team. Das Gefühl des »Probearbeitens« oder »Überwachtwerdens« in Kennenlernphasen sollte nicht entstehen, um auch das oben angesprochene Vertrauen nicht zu gefährden.

Schröder: *Welche Führungsmethoden kommen im Unternehmen zum Tragen?*

Fischkeller: Neben dem oben angesprochenen Vertrauen spielen Themen wie »Output-Orientierung« (Leitsatz: get things done), die Ermutigung, Entscheidungen zu treffen, sowie ehrliche Wertschätzung eine große Rolle. Ziel ist auch Verantwortung zu übernehmen als Gegenmodell zur »organisierten Unverantwortlichkeit«.

Schröder: *Wie befähigst und motivierst du dein Team?*

Fischkeller: Jedes Teammitglied wird entsprechend der persönlichen Ziele und Rolle im Team individuell befähigt – auf der fachlichen wie auch auf der persönlichen Seite. Wir sprechen bewusst auch über die fachliche Tätigkeit hinausgehende Themen an, wie bspw. finanzielle Bildung, Gesundheit (geistig und körperlich), und versuchen so den Know-how-Transfer in fachlichen und fachfremden Themen zu verstärken. Dies erhöht weiter die persönliche Bindung des Teams untereinander und an das Unternehmen.

Die Motivation erfolgt über gemeinsame Ziele, individuelle Ziele sowie einen gesunden und nicht künstlich erzeugten Team-Spirit, ehrlich gemeinte Wertschätzung und auch für das Team spürbare Entwicklungen. Das Team muss gehört werden, und dies sollte auch zu Ergebnissen (auch hier gilt Output-Orientierung) und ggf. zu Veränderungen führen.

Schröder: *Wie intensiv setzen sich deine Mitarbeitenden für die DDSK aus deiner Sicht ein?*

Fischkeller: Wir verspüren und sehen eine sehr hohe Loyalität und Verbundenheit mit dem »Arbeitgeber«, aber mehr noch mit seinen Rollen (bspw. Inhaber, Geschäftsführer). Unterstützende Themen wie persönliche Ziele der Beschäftigten, Ziele des Unternehmens, Vertrauen, Ermutigung, Entscheidungen zu treffen, sind gepaart mit der »Politik der offenen Tür«. 90 Prozent unserer Beschäftigten kommen aus dem persönlichen Netzwerk durch Empfehlung von eigenen Mitarbeitenden.

Schröder: *Wie hoch ist die Fluktuation in der DDSK?*

Fischkeller: In 12 Jahren Firmengeschichte (Stand März 2024) gab es keine arbeitnehmerseitige Kündigung.

9 Premium-Erfahrungen

9.1 Umgang mit prekären Persönlichkeiten

Der Umgang mit prekären Persönlichkeiten, also mit schwierigen oder komplizierten Menschen, darf tiefer beleuchtet werden. Was bedeutet in diesem Kontext die Eigenschaft schwierig? Ein kritisches Hinterfragen durch Mitarbeitende ist höchstens herausfordernd, aber selten schwierig und bietet beim richtigen Umgang mit den Fragen für alle Beteiligten entsprechende Chancen. Auch die Vorgehensweise, Dinge anders anzugehen und zum Ziel zu bringen, ist nicht in der Kategorie diffizil zu verorten.

Stellen Sie sich bitte folgende Fragen:

- Behandeln Sie den schwierigen Mitarbeiter genauso fair wie Ihre besten Mitarbeitenden?
- Was genau empfinden Sie an dem Mitarbeiter als störend?
- Hält er sich (nicht) an die definierten Regeln?

Schwierige Mitarbeitende
Schwierig wird es erst, wenn die Person Sie nicht unterstützt bei gemeinsam getroffenen Entscheidungen. Damit würde man Ihre Rolle als Führungskraft infrage stellen. Es gibt bei allen Entscheidungen eine Zeit der Entwicklung und der Diskussion, hier sind alle Argumente notwendig und hilfreich, um gemeinsam das beste Ergebnis zu erzielen. Danach muss die zusammen getroffene Entscheidung von allen mitgetragen werden.

Wenn ein Mitarbeiter Sie danach weiter herausfordert und Sie in der Rolle als Führungskraft angreift, also alles zuvor Abgemachte infrage stellt, müssen Sie handeln. Wenn er Sie zusätzlich als Person lächerlich macht, müssen Sie zeitnah etwas unternehmen. Ziel von diesem seltenen Typus Mitarbeiter ist es, Sie zu verunsichern und dadurch Fehler bei Ihnen zu bewirken.

> **Beispiel**
>
> Sie haben gemeinsam mit dem Team eine neue Produkt-Roadmap erarbeitet und stellen diese noch einmal final vor. Hierbei werden Sie von einem Ihrer Mitarbeitenden, der inhaltlich mitgearbeitet hat, mit folgendem Satz attackiert: »Die Roadmap ist vollkommender Blödsinn, man merkt, dass Sie keine Ahnung vom Markt und von unseren Kunden haben.« In dieser Situation nicht zu reagieren oder wegzuhören, ist keine Alternative, Sie müssen hier kontern, da es sich eindeutig um einen starken und persönlichen Angriff handelt.

Methodisch helfen hier die vier I-Kontermethoden von Albert Thiele:[104]

- *Ignorieren:* Dies bedeutet, auf den Angriff nicht eingehen, und auszusprechen, dass Sie verstehen, dass ihm Ihre Strategie nicht zusagt. Hinterfragen Sie, was genau ihm an der Roadmap inhaltlich nicht zusagt.
- *Ironisieren*: Mit etwas Ironie antworten, z.B. vielen Dank für Ihre wohlwollende Einschätzung (Zwinker), jetzt aber mal zurück zur Sache, was gefällt Ihnen nicht an der Roadmap?
- *Identifizieren*: Weisen Sie den Mitarbeiter allgemein auf die unsachliche Bemerkung hin und fordern Sie ihn auf, einen anderen Ton anzuschlagen. Weiterhin sollten Sie ihn zusätzlich auffordern, sachlich zu begründen, was ihm an der Roadmap nicht passt.
- *Isolieren* (als letzte Möglichkeit): Bei mehrfachen Überschreitungen bitten Sie den Mitarbeiter direkt zu einem Vier-Augen-Gespräch, d.h., Sie unterbrechen/verschieben das Meeting und klären erst die Situation.

Verdeutlichen Sie dem Mitarbeiter, dass diese Machtspiele nicht akzeptiert werden.

Fragen Sie ihn dann unter vier Augen, warum er sich so verhält und dass Sie seine Äußerungen als persönlichen Angriff wahrnehmen. Fragen Sie ihn, ob das so von ihm gewollt ist und was passieren müsste, damit er Sie als Vorgesetzten akzeptiert.[105]

Ein zweites Beispiel: Ein fachlich guter Mitarbeiter kommt permanent zu spät. Wie reagieren Sie? Welche Möglichkeiten haben Sie? Auch hier helfen Ermahnung und Tadel aus meiner Sicht nicht. Ein persönliches Gespräch zu zweit ist unausweichlich. Fragen Sie den Mitarbeiter nach den Gründen und welche Vorschläge er hat, um es abzustellen. Erklären Sie ihm auch, dass es wichtig ist, dass er von Beginn an dabei ist und dass Sie seine Meinung schätzen und in die Ergebnisse mit einfließen lassen wollen. Damit signalisieren Sie in der ersten Stufe auch die Wichtigkeit seiner Arbeit und seines Beitrages. Reichen solche Hinweise nicht, müssen Sie schrittweise und kontinuierlich die Eskalationsstufen erhöhen.

Toxische Vorgesetzte

Wie verhalten wir uns nun aber selbst, wenn wir durch einen toxischen Vorgesetzten geführt werden? Zuerst sollte unser Bild einer toxischen Führungskraft durch einige Merkmale geschärft oder auch verworfen werden. Toxische Führungskräfte zeichnen sich im Verhalten durch folgende Merkmale aus. Diese sind mangelnde Kommunikation und Intransparenz, starkes Einbehalten von Informationen und geheimnisvolles bzw. zurückhaltendes Verhalten im Alltag. Weiterhin können sie in kritischen Situationen respektlos und missachtend werden und die Schuld auf andere Personen über-

104 Vgl. Thiele (2015)
105 Vgl. Geropp (2021)

tragen. Sie vertrauen sich selbst nicht und führen daher ein Mikromanagement mit intensiven Kontrollen ein, was zu permanentem Abfragen und Misstrauen führt. Sie handeln nach einer gewissen Subjektivität, bevorzugen einzelne Mitarbeitende und verändern die Fakten. Sie können kein konstruktives Feedback geben oder angemessene Unterstützung anbieten. Weiterhin herrscht oft negative oder ambivalente Stimmung. Beobachten Sie objektiv einen Großteil dieser Merkmale bei einer Führungskraft, können Sie tendenziell von einem toxischen Manager ausgehen. Was kann man nun tun, um sich zu schützen?

Der Umgang mit toxischen Führungskräften ist nicht leicht. Ergänzend zu Kapitel 2.2, wo es Hinweise zu den Sanierern gab, ist zuerst die eindeutige Identifizierung einer toxischen Führungskraft notwendig. Damit sind Sie persönlich auf der sicheren Seite, d.h., Sie müssen sich nicht permanent fragen, ob die Ereignisse an Ihnen liegen oder nicht. Diese erste Abgrenzung sollte helfen, sich innerlich klar zu positionieren. Je beherzter Sie nun in Ihrem Handeln und in Ihren Aussagen werden, umso mehr kommen Sie aus dem Fokus.

Denn toxische Führungskräfte sind selbst unsicher und werden sich weniger mit jemandem reiben, der ein klares Standing hat. Mutig bedeutet allerdings nicht tollkühn zu sein, fordern Sie ihn nicht heraus, sondern nutzen Ihre Expertise und Selbstsicherheit, um klare Ich-Aussagen zu machen. Zum Beispiel: Ich denke, dass wir damit nicht erfolgreich sein werden, weil uns in diesem Gebiet zwei Verkäufer fehlen, um den benötigten Umsatz zu erzielen. Dies ist eine Ich-Aussage, kein Angriff, und ein klares Argument, warum Sie es so einschätzen.

Sagen Sie es freundlich und spielerisch leicht, das wird seine Wirkung nicht verfehlen. Zusätzlich sollten Sie prüfen, wie viel Energie Sie der Umgang mit der toxischen Führungskraft kostet. Schlafen Sie weniger, sind Sie nervös oder haben sie Herzrasen? Gestehen Sie sich offen und ehrlich mögliche negative Effekte ein, da niemand mit Superkräften auf diesen Planeten gekommen ist. Kümmern Sie sich liebevoll um sich, um einen hohen positiven Energiespeicher zu besitzen.

Je nach Schwere stehen Ihnen folgende weitere Optionen zur Verfügung: Das Gespräch mit der Führungskraft, das Wegbewerben innerhalb oder außerhalb des Unternehmens, ein Gespräch mit der Personalabteilung / dem Betriebsrat oder wenn möglich ein Gespräch mit der nächsthöheren Führungskraft, sofern es noch eine weitere Ebene gibt. Auch eine Kombination der Möglichkeiten ist denkbar, sprechen Sie beispielsweise erst mit dem Betriebsrat und anschließend mit Ihrer Führungskraft. Hierbei muss die Ausführung gut vorbereitet sein. Vermeiden Sie jegliche Art von Angriff und bleiben Sie bei Ich-Aussagen. Deuten Sie an, dass Sie die Situation emotional als schwierig empfinden und dass Sie dauerhaft so nicht weitermachen werden. Benennen Sie ganz konkret zwei Punkte, die Sie besonders stören, z.B. ungeplante

Kontrollen, und bieten Sie dafür akzeptable alternative Vorschläge an. Grenzen Sie sich dabei ab, indem der Fokus wirklich auf Erleichterungen in der Beziehung zum Vorgesetzten liegt. Vermeiden Sie alle verbalen Angriffe und auch den Versuch, Ihre toxische Führungskraft zu retten, denn das ist aus Ihrer Situation heraus unmöglich. Erwarten Sie nach dem Gespräch keine hundertprozentige Veränderung, verweisen Sie bei erneutem Fehlverhalten auf die getroffenen Vereinbarungen hin und informieren Sie auch den Betriebsrat kontinuierlich über den Zustand.[106]

Überlegen Sie sich auch, warum gewisse Punkte Sie so massiv ärgern. Warum gelingt es Ihrer toxischen Führungskraft, die roten Knöpfe (Red Dots; siehe dazu Kapitel 5.4) bei Ihnen zu drücken? Prüfen Sie, ob es Umstände bei Ihnen gibt, die Sie bisher noch nicht bearbeitet haben (Stichwort Schattenarbeit). Fragen Sie sich in letzter Konsequenz, wie alt Ihre Führungskraft in dem Moment des toxischen Verhaltens Ihnen gegenüber ist.

Fazit

Sie werden feststellen, dass Ihre toxische Führungskraft im akuten Zustand sich in einem Alter zwischen drei und acht Jahren einstufen lässt. Das heißt, hier ist phasenweise ein verletztes, aber sehr machtvolles Kind unterwegs, welches irrational handelt.
Können Sie diesem begegnen? Ich bin zuversichtlich, dass es Ihnen zumindest ansatzweise gelingen wird. Sehen Sie es ein bisschen als Spiel und mit einer gewissen Leichtigkeit. Lassen Sie die Runden beginnen.

9.2 Enttäuschen als Entscheidung

Beispiel

Vor einiger Zeit beschäftigte mich eine Absage, die ich einem internen Bewerber nach seinem Vorstellungsgespräch bei uns geben musste. Trotz aller Sympathie und auch relativ guter Eignung, gab es inhaltliche Gründe, einen anderen externen Kandidaten auszuwählen. Und trotz dieser Argumente beschäftigte mich das Thema bereits morgens um 4:30 Uhr ziemlich intensiv. Nachdem ich mir nun eine Vorgehensweise für das Gespräch zurechtgelegt hatte, stellte ich mir selbst die Frage, warum mich das Thema nicht loslässt. Hierbei ging mir schnell der Gedanke durch den Kopf: Du darfst niemanden enttäuschen! Dieser Satz zog dann eine ganze Reihe von weiteren Gedanken nach sich.

106 Vgl. Xing (2023)

Natürlich wissen wir, dass die Enttäuschung im Leben mit dazu gehört. Doch das ist die sachliche Ebene, die mir inhaltlich klar war. Was hat sich nun aber auf der emotionalen Ebene abgespielt? Der einfachste emotionale Wunsch ist natürlich, gemocht zu werden. Wenn ich jemanden enttäusche, besteht das Risiko, abgelehnt zu werden. Dies kann laut Psychologen sogar dazu führen, dass man diesen Liebesentzug bzw. diese fehlende Anerkennung auf jeden Fall vermeiden möchte. Hinzu kommen Anteile von Schuld und Scham. Das Schuldgefühl entsteht, indem man dem internen Bewerber gerecht werden möchte, da er sich für den neuen Fachbereich stark interessiert. Das Schamgefühl kommt primär daher, einer (eigenen oder fremden) Erwartung nicht gerecht zu werden. Dies kann ursächlich bis in die Kindheit zurückgehen, wo man vielleicht gelernt hat, nicht zu enttäuschen, um seelischen Unannehmlichkeiten aus dem Weg zu gehen.[107]

Doch dauerhaft People Pleasing zu betreiben, ist keine Lösung, denn es ist nahezu unmöglich, ein selbstbestimmtes Leben zu führen und gleichzeitig allen Menschen immer gerecht zu werden. Dieser Weg würde einen langsam in den Burnout führen. Die Realität ist nun mal, dass wir nicht alle Erwartungen, die an uns gestellt werden, erfüllen können. Um das Thema nun etwas weiter zu forcieren, bietet es sich an, das Motiv Enttäuschen mit in die Lernzone (siehe Kapitel 3.7) zu nehmen. Was bedeutet das?

Zuerst kann man feststellen, dass die Erwartungen an eine Führungskraft immer größer werden. Dadurch ergibt sich ein geringeres Energieniveau für den privaten Bereich, obwohl dieser meist für einen wichtiger ist als das berufliche Umfeld. Von daher muss man im beruflichen Kontext gezielt anfangen, Menschen zu enttäuschen, um selbst bestehen zu können.

Zu den Enttäuschungen gehört es, ein klares Nein zu setzen, ohne sich in unendliche Begründungen zu verfangen. Und tatsächlich ist es nicht so schlimm, andere zu ernüchtern, die Welt wird sich weiterdrehen und man wird auch weiterhin zu Festen eingeladen, besondere Aufgaben bekommen, Beförderungen erzielen und auch Lob und Anerkennung erhalten. Denn wenn Sie anfangen, auch Nein zu sagen und einige Grenzen zu setzen, dann werden die sozialen Beziehungen gesünder, weil andere besser wissen, was sie von Ihnen erwarten können.

Die Folge ist eine Win-win-Situation, da Grenzen eingehalten werden, eigene Bedürfnisse berücksichtigt werden und Überlastung vermieden wird. Beginnen Sie mit dem Nein-Sagen bei Themen, die zuerst nicht Ihren Fachbereich betreffen und die Sie auch inhaltlich nicht interessieren.

---

107 Vgl. Uhlenkamp (2023)

Nach ersten Erfolgen des Nein-Sagens bzw. des Enttäuschens können Sie sich schrittweise an weitere Punkte wagen. Die Grenze von Absagen sollten Sie dann abhängig machen von ihrem Energiekonto, dem Interesse an dem Thema und der Wichtigkeit des Punktes für das Unternehmen. Doch fragen Sie sich auch, welchen Nutzen das Unternehmen hat, wenn Sie energielos ein neues wichtiges Thema annehmen?

Fazit

Nein-Sagen und Menschen bewusst zu enttäuschen, ist wichtig, um ein eigenes und erfülltes Leben zu führen. Hierbei geht es primär darum, sich für sich selbst zu entscheiden, also für die eigenen Bedürfnisse und Wünsche und nicht gegen die anderen.

9.3 Der Kreis der Würde

Der eigene Kreis der Würde beschreibt einige wenige, aber unantastbare Werte, die nicht zu diskutieren sind, also nicht zur Disposition stehen. Hierbei ist es vernünftig, diesen Kreis mit einzelnen sehr wichtigen Punkten für sich zu besetzen. Was sind das nun für Punkte und wie kann man sie für sich benennen bzw. ermitteln?

Beispiel

Mitte der 1990er-Jahre habe ich als junger Qualitätsbeauftragter in der Montanindustrie gearbeitet und dort u. a. einen neuen Lieferanten für unser damaliges Unternehmen mit eingeführt. Dieser Dienstleister hatte einen exzellenten Ruf für seine Qualität und Verfügbarkeit, also Schnelligkeit in der Versorgung von Ersatzteilen für Flurförderfahrzeuge. Unser Lagerist richtete mit ihm ein Ersatzteillager auf unserem Gelände ein und ich war sehr zufrieden, einen guten Dienst für unser Unternehmen geleistet zu haben.

Einige Tage später bekamen wir eine neue Lieferung von dem Lieferanten und ich wollte mir persönlich den Ablauf anschauen. Hierbei passierte dann etwas Unerwartetes für mich. Nach der Begrüßung befand sich in meiner rechten Hand ein Bündel Geldscheine. Obwohl mir bekannt war, dass in der Montanindustrie zum damaligen Zeitpunkt weitere Gelder für Aufträge geflossen sind, hatte ich persönlich damit bisher keine Erfahrungen gemacht.

In einem Bruchteil von einer Sekunde gingen mir gefühlt tausend Gedanken durch den Kopf. Was ist mein Wert für Bestechung? Möchte ich mich kaufen lassen? Habe ich mich bei diesem Dienstleister vertan? Was passiert, wenn mein Chef von diesem Lieferanten erfährt? Wie werde ich das Geld schnell wieder los? Ich habe unserem neuen Lieferanten dann innerhalb von zwei Sekunden das Geld zurückgegeben und ihm verdeutlicht, dass er Partner ist, weil er eine gute Dienstleistung erbringt. Ich weiß nicht, ob diese Worte bei ihm etwas bewirkt haben oder ob er sein Verhalten jemals angepasst hat. Dies war letztlich auch unerheblich für mich, da Unbestechlichkeit auch früher schon ein unantastbarer Wert bei mir war, auch wenn ich ihn zu dieser Zeit noch nicht so benannt hatte.

Fragen Sie sich:
- Welche Eigenschaften gehören in Ihren Kreis der Würde?
- Wo wollen und werden Sie keinen Pakt mit dem Teufel eingehen?

Laut Ralf Dobelli (2017) ist der Kreis der Würde ein kleiner unantastbarer Bereich, der klar abgegrenzt und absolut notwendig ist für ein gutes Leben. Hierbei ist es sogar zwingend erforderlich, dass die Punkte innerhalb des Kreises nicht vernünftig begründbar sind. Denn gäbe es feste Abgrenzungen, würden unterschiedliche Argumente ständig an Ihren Prinzipien und Werten rütteln. Wie kommen Sie nun zu Ihrem eigenen Kreis der Würde? Ist dies ein festes Konstrukt nach unserer Erziehung oder entwickelt er sich über die Jahre heraus? Letztlich ist es ein Prozess der Reife, der sich über Jahre und Jahrzehnte in Zusammenhang mit der Persönlichkeit entwickelt und damit herauskristallisiert. Hierbei wirken Ihre Erfahrungen wie Enttäuschungen, Rückschläge und Erfolge mit. Entscheiden Sie sich, diesen Kreis nicht zu definieren, bleiben Sie im Außen immer verwundbar für falsche Prinzipien und schlechte Moralvorstellungen, da Sie auf kein eigenes Fundament zurückgreifen können. Halten Sie diesen Kreis eng, d.h., überladen Sie ihn nicht mit zu vielen und ggf. konkurrierenden Prinzipien. Hierdurch können Sie dann sehr eindeutig für diese wenigen Punkte einstehen und sie auch verteidigen. Dadurch stärkt sich aus meiner Sicht die eigene Persönlichkeit erheblich, da Sie etwas Eigenes und Unbezahlbares für sich selbst definiert haben.[108]

9.4 Die beste Version des Selbst

Um die beste Version des Selbst zu fördern, können Sie mit kleinen, aber konstanten Veränderungen arbeiten. Diese helfen schrittweise, ihre aktuelle Ausgangslage mit wenig Zusatzaufwand zu verbessern.

Beispiel

Um dies zu verdeutlichen, stellen Sie sich bitte folgende fiktive Geschichte vor. Es gab drei Verkäufer Tom, Tim und Ted und alle hatten ungefähr die gleichen Voraussetzungen und Möglichkeiten in ihrem Beruf. Sie waren alle drei 25 Jahre alt,

108 Vgl. Dobelli (2017)

relativ erfolgreich in ihrem Bereich und das ganze Leben lag noch vor ihnen. Im täglichen Berufsleben führte jeder von ihnen genau die zwanzig vorgeschriebenen Kundengespräche, aß jeden Tag 2000 kcal und trank 1,5 Liter Wasser.

Aufgrund von persönlichen Einflussfaktoren änderten sich nun teilweise die Gewohnheiten der drei Verkäufer. Tom wurde fleißiger und erbrachte jeden Tag zwei zusätzliche Kundengespräche, er trank jeden Tag nun zwei Liter Wasser, legte ausreichend Schritte zurück und aß sehr bewusst.

Tim behielt seine Gewohnheiten bei und führte genau die gleiche vorgeschriebene Menge an Kundengesprächen und blieb auch beim Essen und Trinken konstant.

Teds Verhalten war diametral entgegengesetzt zu Toms, d. h., er führte zwei Kundengespräche weniger am Tag, trank weniger Wasser, bewegte sich etwas weniger. Dafür aß Ted etwas mehr als vorher.

Nach einer Woche sah man keine Veränderung bei den drei Kollegen, nach einem Monat ebenfalls nicht, nach einem Jahr hatte Tom zusätzliche Prämien erhalten und wurde stellvertretender Vertriebsleiter, war vitaler und hatte 10 Kilo abgenommen. Tim war nahezu unverändert geblieben und Ted ging es zunehmend schlechter. Seine Prämien blieben aus, er sah schlecht aus und hatte 10 Kilo zugenommen.

Die scheinbar unwesentlichen Änderungen erzeugen über eine längere Zeit große Effekte. Sie können die beschriebene Methode, sofern Sie sich einige wenige reduzierende Merkmale ausgesucht haben, kombinieren mit den bereits beschriebenen Ansätzen des bewussten und unterbewussten Teils des Gehirns (vgl. Kapitel 3.1).

Wichtig bei diesem Ansatz ist das, was Sie denken, denn Vorstellungskraft erzeugt Wirklichkeit. Das bedeutet, wenn Sie überzeugt sind, dass Sie sich mit Ihrem Mini-Programm über die Zeit positiv verändern werden, den Wandel spüren und es bildlich sehen, dann wird die Transformation gelingen, da Sie kontinuierlich an sich arbeiten werden.

Fazit

Bleiben Sie kontinuierlich und in spielerischer Weise an Ihrer Weiterentwicklung. Entwickeln Sie dabei immer wieder neue Rituale, die Sie mit Freude angehen. Versuchen Sie gerne auch einzelne Thematiken über kürzere Zeiträume aus, wie z. B. 10 Tage zuckerfrei, sechs Sporteinheiten in einer Woche, kaltes Duschen oder nur zwei Mahlzeiten am Tag. Sofern einzelne Einschränkungen oder Ereignisse sich im kurzen Zeitraum gut anfühlen, können Sie die Zeiten entsprechend ausbauen und sie letztlich als neue Gewohnheit dauerhaft einführen.

9.5 Die Macht geht immer von mir aus

Unterscheiden Sie bei allen Verhandlungen immer zwei Klassen. Situationen, die bekannt sind und im Vorfeld von Ihnen vorbereitet werden können, und Ereignisse, die Sie spontan treffen, die also für Sie scheinbar nicht vorhersehbar waren. Im weitesten Sinne handelt es sich auf einer abstrakteren Ebene in beiden Fällen um Debatten, die sich in einer gewissen Regelmäßigkeit wiederholen. Sofern Sie einige Grundregeln anwenden und beherrschen, bestimmen Sie in nahezu jeder Situation, wie viel Macht eine andere Person auf Sie ausübt. Die wichtigste erste Regel für beide Vorgänge heißt, nicht sofort zu reagieren, wenn Sie spüren, dass Sie emotional geladen sind. Dies kann passieren, wenn der andere Spieler besser vorbereitet ist oder ein Partner etwas Vereinbartes nicht einhält und Sie damit sachlich und emotional in die Enge treibt.

Hierbei ist der größte Gegner nicht das sachliche Argument des anderen, sondern Ihre eigene hohe Emotion, die in Ihrem Inneren startet. Hier fühlen Sie sich vielleicht hintergangen, verraten, ungerecht behandelt und nicht gehört. Dies mag inhaltlich richtig sein, hilft Ihnen aber in der Situation nicht weiter. Versuchen Sie in dieser hohen Gefühlsphase etwas Zeit zu gewinnen, indem Sie signalisieren, dass Sie darüber nachdenken müssen. Sie können eine Pause einfordern, aufstehen, auf die Toilette gehen oder innerlich bis 30 zählen.

Sofern Sie Ihre Emotion kurzfristig nicht in den Griff bekommen, sollten Sie versuchen zu vertagen. Dies ist besser, als hochgeladen positiv oder negativ eine unvernünftige Entscheidung zu treffen (siehe auch die Hinweise zum Inner Game im Kapitel 5.4). Bekommen Sie hingegen Ihre eigene Emotion schnell in den Griff, bleibt der Geist frei und Sie können das Ganze als Spiel ansehen und entsprechend mitpokern.

Das gleiche Muster sollten Sie auch bei stark emotionalen E-Mails anwenden, mit dem riesigen Vorteil hier, dass Sie den Zeitpunkt der Antwort selbst bestimmen können. Nutzen Sie unbedingt diesen Vorteil und bestimmen Sie den Augenblick der Antwort selbst. Am besten wäre es, erst nach Stunden oder am nächsten Tag zu antworten.

Die zweite Regel ist, sich einen prall gefüllten Werkzeugkoffer mit unterschiedlichen Techniken anzueignen und diesen auch regelmäßig anzuwenden. Hierfür können Seminare, Fachbücher oder Kurz-Videos auf Internetplattformen hilfreich sein.

Eine sehr wirkungsvolle Technik ist, wie beim Verhandeln, das Ankern. Hierbei geht es tatsächlich darum, selbst vor dem Verhandlungspartner einen ersten Verhandlungswert zu setzen oder schnell gegenzuankern, wenn das Gegenüber seinen Wert früher genannt hat. Dieser Wert sollte dann gut überlegt sein, also nicht unverschämt, sehr wohl aber, je nach Situation, an der oberen oder unteren Grenze des Machbaren liegen. Zusätzlich sollte der Wert eher krumm sein, was suggeriert, dass Sie sich ernsthaft Gedanken dazu gemacht haben. Das Ankern und Gegenankern können Sie neben Preisverhandlungen also auch in anderen Geschäftsbeziehungen anwenden.

Beispiel

Ein Kunde möchte Ihr Unternehmen eine Woche lang einem Systemaudit unterziehen. Da Sie wissen, dass dies enorme Ressourcen bei Ihnen bindet, bieten Sie einen Zeitraum von maximal 1,5 Tagen an, sehr knapp für ein Systemaudit, aber auch nicht völlig unmöglich. Inhaltlich wird man sich dann vielleicht auf 2 Tage einigen.

Die dritte Regel ist zu verstehen, dass die Quelle der Macht immer ich selber bin. Was bedeutet dies genau? Die andere Person ist darauf angewiesen, dass ihre Machtausübung bei Ihnen wirkt, d. h., dass Sie eingeschüchtert sind. Zeigen Sie sich nach außen unberührt, unabhängig von Ihrem wirklichen inneren Zustand, hat Ihr Gegner keine Macht über Sie, da auch er angewiesen ist, dass seine Machtausübung wirkt.

Sie denken, dass dies nicht funktioniert? Das berühmteste Beispiel überhaupt ist wohl das Ereignis von James Bond Stockdale. Er war US-amerikanischer Pilot im Vietnamkrieg und wurde als ranghöchster Offizier von den Vietcong abgeschossen und geriet damit in Kriegsgefangenschaft. Eines Abends teilten die Vietcong ihm in seiner Zelle mit, dass sie mit ihm am nächsten Tage einen Propagandafilm gegen die USA drehen wollten. Sitzend auf seinem Schemel in seiner kleinen Zelle, überlegte Stockdale in der Nacht, welche Möglichkeiten ihm blieben. Hatte er hier noch irgendeine Macht gegen den Vietcong?

Kurzentschlossen nahm er den Schemel in die Hand und zerschlug sich damit sein Gesicht, sodass der Film nicht gedreht werden konnte und auch niemals gedreht wurde. Er kam nach acht Jahren grausamer Gefangenschaft wieder frei und seine Erfahrungen wurden als Stockdale-Paradoxon bekannt. Durch massive innere Stärke zu akzeptieren, dass es noch lange dauern kann und dennoch tagtäglich das Beste aus der Lage zu machen, ist die Strategie, die am Ende gewinnt.[109]

Fazit

Egal wie stark Sie persönlich im Berufsleben verbal angegriffen werden, das Gegenüber ist immer darauf angewiesen, dass seine Vorstöße eine Wirkung bei Ihnen zeigen. Denn ohne das Gegenspiel verpuffen sämtliche Themen wieder sehr schnell. Entscheiden Sie daher selbst, über welche Punkte Sie sich aufregen wollen und über welche eben nicht.

109 Vgl. Mangold (2020)

9.6 Dünger für das Gehirn

In einigen wenigen Regionen auf unserem Planeten leben Menschen durchschnittlich wesentlich länger und vitaler. Dazu ist der Anteil der über 100-jährigen Einwohner dort überproportional hoch. Diese Gebiete werden als blaue Zonen bezeichnet. Ursächlich wirken hier einerseits die Faktoren gute Ernährung, Bewegung und positive Umweltbedingungen. Als weitere Größen finden sich der Zusammenhalt der Familie, die Lebensfreude und insbesondere der Lebenssinn. Besonders bemerkenswert ist es, dass in diesen blauen Zonen Zivilisationskrankheiten stark reduziert oder nahezu unbekannt sind. Hierzu zählen auch Krebs und Demenz. Ebenfalls werden Arbeitsleistungen bis ins hohe Alter verrichtet. In allen blauen Zonen ist dabei die soziale Einbindung von älteren Personen gegeben. Sie können damit ihre Erfahrungen und Weisheiten an die Gruppe weitergeben. Dadurch ergibt sich für sie auch im hohen Alter noch eine Sinnhaftigkeit.[110]

Auch im Berufsleben stellt sich immer mehr die Sinnfrage: Steuere ich mit meiner Arbeit einen wichtigen Teil zur Gesellschaft bei? Nur wenn die Sinnhaftigkeit gegeben ist, werden die emotionalen Bereiche im Gehirn stark aktiviert und wir bleiben offen für neues und schnelles Lernen. Man spricht hier auch vom sogenannten Dünger für das Gehirn, also der Treibstoff, der uns jeden Tag aufs Neue anschiebt. Die Warum oder Sinn-Frage gibt uns daher den Rahmen für all unser Handeln. Manche spirituellen Lehren gehen sogar davon aus, dass jeder Mensch eine bestimmte Lebensaufgabe zugewiesen bekommen hat. Was könnte Ihre eigene Lebensvision sein? Wahrscheinlich hat diese weniger mit dem Erreichen und Sammeln von Gütern zu tun, sondern fokussiert sich eher auf dem zwischenmenschlichen Bereich. Natürlich darf und soll man ein Leben in Fülle genießen, die Stabilität hierfür ergibt sich dennoch aus einem tiefergehenden Sinn. Den eigenen Lebenssinn zu finden ist eine wesentliche Aufgabe, die sich über die Zeit auch entwickeln darf. Hierbei geht es weniger um tatsächliche konkrete Ziele im Leben, sondern um Werte und Visionen, die einen dauerhaft tragen.

In Japan wurde dazu das Modell Ikigai erfunden, mit dem man seinen Lebenssinn finden kann. Über vier unterschiedliche Bereiche nämlich Freude, Können, Einkommen und die Welt, soll eine geeignete Schnittmenge gefunden werden. Es gilt, etwas zu eruieren, was man gut kann und was zusätzlich Spaß macht. Es hilft, etwas zu entdecken, womit man sein Geld verdienen kann und gleichzeitig etwas Vernünftiges für den Planeten zu bewirken.

Denn das, was wir wollen, was wir gut beherrschen, was wir als wichtig empfinden, und das, was bezahlt wird, ist nicht zwangsläufig deckungsgleich. Mit dem Modell Ikigai (vgl. Abbildung 49) kann man über die relevanten Schnittmengen ein erfülltes Leben finden.[111]

110 Vgl. Buettner (2023)
111 Vgl. Roebel (2023)

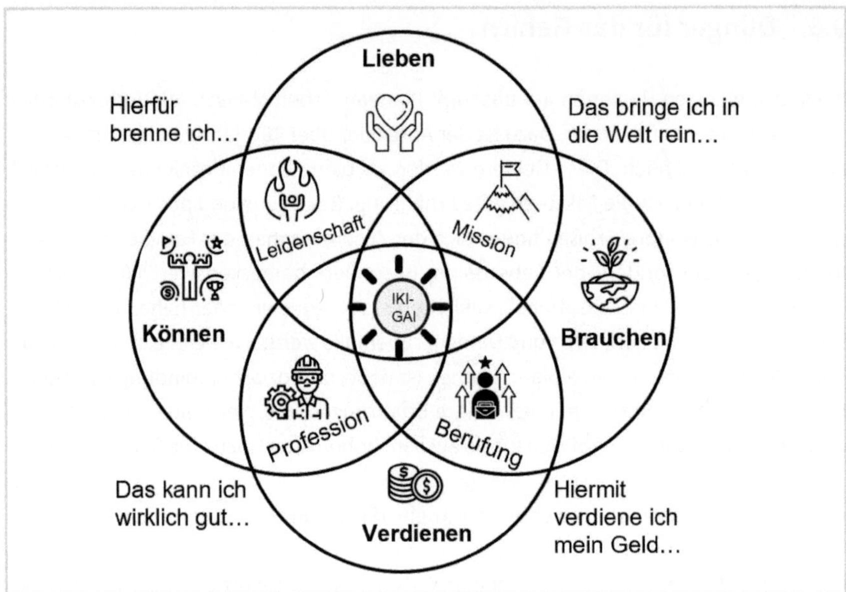

Abbildung 49: Das Modell Ikigai[112]

Arbeiten Sie sich bei dem Modell von außen nach innen und fragen Sie sich,

1. was Sie gut können,
2. was Sie gerne machen,
3. womit Sie Ihr Geld verdienen / verdienen können,
4. was Sie glauben, was die Welt braucht.

Welche Überschneidungen gibt es zwischen den vier Ansichten? Lassen Sie Ihre Gedanken ein bisschen frei kreisen. Füllen Sie nach und nach die differenzierten Felder aus. Sie müssen nicht sofort die Antwort für die Mitte finden. Manchmal dauert es auch eine ganze Weile, bis man zu einer Erkenntnis gelangt. Hierbei darf das Modell gerne für eine Woche zur Seite gelegt werden, um sich anderen Themen zu widmen. Gute Ideen sind wie ein guter Wein, manchmal dürfen sie eben noch reifen.

> **Fazit**
> Finden Sie einige Punkte in Ihrem Leben, wofür die Sie wirklich brennen und die Ihnen echte Freude und besonders Sinnhaftigkeit geben. Diese Punkte sind meist für einen selbst nicht anstrengend, da man sich überwiegend in einem Flowzustand befindet. Gelingt es Ihnen dann noch, damit Ihren Lebensunterhalt zu verdienen, werden Sie ein erfülltes Leben führen.

112 Vgl. Roebel (2023)

9.7 Erfüllung durch Helfen

Es kann sich eine starke innere Erfüllung einstellen, wenn wir im privaten oder beruflichen Sektor andere Menschen unterstützen. Diese Beihilfe kann in vielen Varianten angeboten werden, dabei sind aber einige wichtige Grundvoraussetzungen zu beachten. Die Hilfe darf grundsätzlich nur uneigennützig erfolgen, d.h., es gibt keine Vorteile für die Person, von der die Unterstützung ausgeht. Weiterhin sollte der Unterstützende das Energieniveau mitbringen, auch Hilfe anbieten zu können. Menschen, die selbst mit sich nicht im Reinen sind, tun gut daran, ihre eigenen Themen zuerst zu lösen, bevor sie andere beratschlagen. Bei Unterstützung oder Ratschlägen ist der zu Beratende immer in den Vordergrund zu stellen, besonders in Hinsicht auf seine Persönlichkeit und Möglichkeiten. Handlungen, die bei einem selbst funktioniert haben, müssen nicht automatisch günstig für andere Menschen sein. Übernahme von Verantwortung und Handlung sollte durch den Helfenden in der Regel nicht erfolgen, wenige Ausnahmen abgesehen.

Die Verantwortung bleibt also beim Hilfesuchenden. Oft reicht es schon aus, intensiv zuzuhören und ehrliches Mitgefühl zum Ausdruck zu bringen. Der beste Weg ist die Hilfe zur Selbsthilfe, also Optionen anzubieten, die den anderen weiterbringen können. Hierzu helfen einfache Fragestellungen, um eine andere Perspektive oder Visionen abzubilden. Auch der Zeitpunkt, wann unterstützt wird, sollte zufällig und aus der aktuellen Situation erfolgen. Sofern der Unterstützer eine Begabung hat, wird er eine Dysbalance spüren und nachfragen. Bei Öffnung des Gesprächspartners sind Zuhören, Mitgefühl, Wertschätzung und wirkliches Interesse die notwendigen Faktoren, die eine Basis für ein gutes Gespräch bilden. Die Unterhaltung kann einmalig sein oder auf Wunsch oder je nach Situation wiederholt werden.

Im positiven Verlauf können sich unter den genannten Rahmenbedingungen gute energetische Gespräche entwickeln, die Lösungsansätze aufzeigen oder Perspektiven anbieten. Hieraus zeigen sich dann idealerweise für beide Seiten eine emotionale Stärkung, also auch für den Helfenden, der mit dem positiven Gefühl der Unterstützung, der Hilfestellung aus dem Gespräch zurückkommen kann. Bitte bedenken Sie: Bei gravierenden Problemstellungen, wie Depression, Traumata oder Süchten, sind ausschließlich Experten gefragt und nach dem Verweis auf Experten ist die Hilfe zu beenden.

Fazit

Klären Sie zuerst Ihr eigenes Energieniveau, bevor Sie anderen helfen. Nur wenn Sie eindeutige Energieüberschüsse aufweisen und bereit sind, uneigennützig zu helfen, kann sich eine innere Erfüllung vollumfänglich einstellen.

9.8 Vergangenheit betrachten?

Nicht jeder Mensch ist dazu in der Lage, sich in der Tiefe mit sich selbst zu beschäftigen, vergangene traumatische Erfahrungen, etwa aus der Kindheit, die noch nicht bearbeitet wurden, können dabei auftauchen. Wann bedarf es aber einer Aufschlüsselung der eigenen Geschichte, um ein glückliches Leben zu führen? Diese Frage ist schwer zu beantworten, weil der Weg dorthin steinig und mühsam ist und letztlich auch von den Konditionen jeder einzelnen Person abhängt. Es gibt Menschen, die trotz einer emotional schweren Vergangenheit durchaus ein glückliches Leben führen, da sie eine starke Willenskraft bzw. eine sehr positive Lebenseinstellung mitbringen. Wenn Sie allerdings dabei sind, sich oder andere durch extreme Verhaltensweisen, Depressionen oder radikale Exzesse zu zerstören, dann sollten Sie handeln. Suchen Sie hier ausschließlich mit professioneller Unterstützung nach den Ursachen und gleichzeitig nach Handlungsweisen, wie Sie den Symptomen entgegenwirken können.

Welche Möglichkeiten bieten sich an, um ungünstige Verhaltensweisen aufzulösen? Zuerst einmal haben wir als Deutsche zwei Weltkriege zu verarbeiten. Die Auswirkungen hiervon werden uns noch einige Generationen begleiten, sofern sie in der jeweiligen Familie nicht aufgebrochen werden. Wie stark ist Ihre Verwandtschaft und sind Sie selbst davon betroffen? Das Thema »German Angst«, mit dem uns grundlegende Schwarzmalerei und eine existenzielle Zukunftsangst bescheinigt wird, ist bis heute ein fester Begriff, der sich auch in unserem Verhalten zeigt. Sofern Sie noch lebende Vorfahren oder Aufzeichnungen besitzen, können Sie selbst ein Genogramm erstellen, wo Sie die Ereignisse in den vorigen Generationen abbilden. Hierbei werden höchstwahrscheinlich körperliche und seelische Verletzungen auftauchen, die eine große Trauer ausgelöst und Verschiebungen innerhalb der Familienstruktur erzeugt haben.

Ist z.B. ein Großvater im Krieg umgekommen, so sind die Großmütter zwangsläufig in eine andere Rolle gedrängt worden. Das bedeutet, dass sie zusätzlich ebenfalls die männliche Rolle miteingenommen und damit ihre weibliche Seite nahezu eingebüßt haben. Hierdurch gab es dann unterschiedliche Verschiebungen innerhalb der Familienstruktur. Um zu überleben, wurde sehr viel gearbeitet und dafür wenig über Gefühle gesprochen. Diese wurden dann hauptsächlich bei den männlichen Nachkommen häufig mit Alkohol betäubt.

Hinzu kam dann analog zu den im Krieg gebliebenen Großvätern das Verschwinden der Väter, sei es durch die Flucht in die Arbeit, andere Beziehungen oder extreme Aktivitäten. Diese Verschiebungen haben sich schrittweise in die dritte und vierte Generation getragen, sofern sie nicht mit psychologischer Hilfe aufgebrochen wurden.

Was kann man mit den Erkenntnissen der transgenerationalen Traumata heutzutage als Führungskraft anfangen?

Zuerst finde ich es wichtig zu verstehen, dass es durch die beiden Kriege massive Verschiebungen in den Familienstrukturen gab und dass viele Menschen ein hartes Schicksal hatten. Hierbei gibt es dann keine Schuldigen mehr, sondern nur noch Opfer und viel Traurigkeit. Methodisch können eigene Belastungen hier mit einer Transaktionsanalyse oder einer nachgestellten Familienaufstellung aufgebrochen werden. Dadurch kann das Schicksal der eigenen Eltern und Großeltern anerkannt werden. Dabei heißt Anerkennen verstehen und nachvollziehen, aber keinesfalls übernehmen. Es ist aus meiner Sicht sehr wichtig, das weitergegebene Trauma trotz aller Traurigkeit nicht auf sich zu übertragen und keinesfalls weiterzuleben. Natürlich haben wir davon Anteile in der Erziehung mitbekommen, von denen wir uns aber wieder lösen dürfen, weil sie nicht zu uns gehören. Hier können negative Eigenschaften durch Rituale wieder zurückgegeben werden.

Fazit

Versuchen Sie Ihre eigene Disposition zu entdecken, Ihre eigenen Bedürfnisse, Wünsche und Sichtweisen. Hierbei ist es nie zu spät, damit zu beginnen. Seien Sie dabei geduldig mit sich selbst, zeigen Sie viel Mitgefühl und behandeln Sie sich wie einen guten Freund, der Ihre Unterstützung braucht. Finden Sie zusätzlich den Frieden und die Freude in Ihrer Persönlichkeit und versuchen Sie, auch den eigenen Eltern real oder virtuell zu vergeben, was vielleicht innerhalb der Familienstruktur nicht gut gelaufen ist. Dies wird Sie als Mensch und als exzellente Führungskraft weiter stärken und noch nahbarer und menschlicher machen.

10 Eigene Energiequellen

Die Führungskraft von heute braucht aufgrund der immensen und hochfrequenten Anforderungen ein höheres Energieniveau als noch vor ein oder zwei Jahrzehnten. Deshalb sollten verstärkt belebende Aspekte berücksichtigt und in das tägliche Leben integriert werden, welche Ihnen als Führungskraft weitere Energien zufließen lassen. Nur hierdurch können Sie einen dauerhaften Energieüberschuss gewährleisten, der Sie auch mal eine Zeitlang durch eine Überlastungssituation trägt.

10.1 Meditation als Feuerpause

Unser Gehirn ist neben den bisher beschriebenen symbolischen Anteilen von Unterbewusstsein und Bewusstsein natürlich wesentlich komplexer aufgebaut. Bei der Meditation stehen dabei zwei Bereiche des Gehirns im direkten Wettkampf.

Die Amygdala, auch Mandelkern genannt, ist eine paarig angelegte Struktur des limbischen Systems. Sie ist an emotionalen Reaktionen sowie an der Speicherung von relevanten Gedächtnisinhalten beteiligt. Hierbei spielt sie eine bedeutende Rolle bei emotionalen Bewertungen und Wiedererkennungen von Situationen sowie der Analyse potenzieller Gefahren. Sie kann allerdings nicht unterscheiden, ob diese Gefahren real oder nur emotional/verbal aufgetreten sind.[113]

Ihr Gegenspieler ist der präfrontale Kortex, eine anatomische Region des Frontallappens. Er ist durch zahlreiche Blutgefäße sehr stark vernetzt und steht für Aspekte der Persönlichkeit, der Motivation und höherer kognitiver Leistungen. Zudem ist er an Gedächtnisfunktionen, der Regulation von Emotionen und der gerichteten Aufmerksamkeit beteiligt. In belastenden Zeiten kommen viele Impulse aus dem Bereich der Amygdala, da der Mensch stärker die Emotionen von Angst, Unruhe und Unsicherheit empfindet. Meditationsübungen stärken dagegen die regulatorische Funktion des präfrontalen Kortex, wodurch Entspannung im Hier und Jetzt eintritt.

Da ein paralleles Aktivieren von Mandelkern und präfrontalem Kortex nicht möglich ist, wird bei wirksamem Meditieren also nur der präfrontale Kortex trainiert und der Bereich des Mandelkerns kann sich entspannen.[114]

Werden die Übungen kontinuierlich durchgeführt, werden neue Erfahrungen abgespeichert und das Gehirn beruhigt sich schrittweise von allein und kommt damit auf

113 Vgl. Wikipedia: Amygdala
114 Vgl. Rheinländer (2023)

ein neues entspannteres Niveau. Voraussetzung hierbei ist es, dass man die seriell aufkommenden Gedanken während der Meditation an sich vorbeiziehen lässt, ohne sie inhaltlich aufzunehmen oder zu bewerten. Folgt man den andrängenden Gedanken, nimmt man diese wahr, jedoch ohne sie zu bewerten, lässt sie los und macht mit dem Meditieren weiter. Einen wesentlichen Anteil an der Mediation macht dabei der Atem aus, auf dessen Rhythmus man sich konzentriert. Wichtig für die Wirksamkeit von Meditation ist, sie ständig zu üben und zu praktizieren.

Es gibt für die Meditationspraxis zahlreiche Varianten. Welche Mediationsmethode für Sie am geeignetsten ist, werden Sie am besten herausfinden, indem Sie einige ausprobieren. Für Einsteiger geeignet ist das Taschenbuch »Achtsamkeit leicht gemacht« von Akio Fischer (2021), das einfach beschriebene Anregungen enthält. Empfehlenswert sind auch die geführten Mediationen von Anika Henkelmann[115] oder die Atemübungen von Wim Hof[116].

Beide erzielen nach meiner Erfahrung direkte positive Ergebnisse. Versuchen Sie sich zu Beginn der Meditation an einen ruhigen ungestörten Ort zurückzuziehen. Eine weitere Steigerung können Sie dann durch die Vorstellung von weiteren Imaginationen erzielen, die Sie zu Beginn direkt in eine positive Stimmung bringen. Dadurch kann die Mediation noch besser angenommen und aufgenommen werden.

Tadeln Sie sich nicht, wenn erste Anläufe scheitern, wechseln Sie lieber einmal die Methode, ich bin sicher, dass es für jeden Mensch ein geeignetes Verfahren gibt.

10.2 Dankbarkeit

Dankbarkeit kann gut in die eigene Mediation mit eingebaut werden. Suchen Sie morgens beim Meditieren fünf bis zehn Punkte, die am Vortag für Sie positiv waren. Rufen Sie jeden Punkt einzeln ab, versuchen Sie alle kurz gedanklich nachzustellen, spüren Sie die Emotion und bedanken Sie sich dafür. Das morgendliche gedankliche Sammeln und Aufzählen ist eine Übungssache, beginnen können Sie auch zunächst mit zwei oder drei Ereignissen. Diese dürfen einfach und klein, aber für Sie wertvoll gewesen sein.

Sie sind oft nur kurze Erinnerungen an ein Lächeln, ein Lob, einen Kuss, eine gelungene Arbeit, ein gutes Essen, ein Spaziergang oder ein Gespräch mit einem geliebten Menschen. Versuchen Sie, das Anspruchsniveau hierbei bewusst gering zu halten, und bedanken Sie sich für kleine Dinge, wie eine Blume, eine gefundene Münze, Sonnen-

115 Henkelmann (o. J.): Sofort zur Ruhe kommen
116 Hof, W. (o. J.): Method Breathing Exercise

strahlen im November, Regen im heißen Juli und ein leckeres Eis bei Ihrem Lieblingsitaliener. Zusammengefasst also viele positive Kleinigkeiten, die in der Akkumulierung den Tag sehr wertvoll gestaltet haben.

Natürlich dürfen und sollen Sie sich auch für besondere Ereignisse in der Meditation bedanken, wie die gewünschte Arbeitsstelle oder eine bestandene Prüfung. Klammern Sie aber bitte nicht die kleinen und kontinuierlichen Punkte aus. Große Ereignisse passieren nicht so häufig und wenn Sie nur diese beachten, werden Sie schnell frustriert und erschöpft sein. Die kleinen Themen begleiten Sie nahezu in jedem Moment und können wesentlich schneller abgerufen werden.

Dankbarkeit ist eine Königsdisziplin im Spiel mit dem Glück, denn Dankbarkeit ist eine Liebeserklärung an den Augenblick, gefüllt mit emotionalen Ereignissen, weniger mit Sachwerten oder finanziellen Größen. Bei richtiger und regelmäßiger Anwendung öffnet sie uns die Augen für die schönen Dinge des Lebens bzw. lässt uns das Schöne im Leben mehr schätzen.

Die Folgen sind positive Effekte wie besserer Schlaf, weniger Depressionen oder Angstzustände sowie weniger Entzündungsmarker im Blut. Immer mehr Versuche zeigen, dass Dankbarkeit nicht bloß das Ergebnis besserer Lebensumstände ist, sondern vielmehr auf der inneren Haltung den Facetten des Lebens gegenüber, die uns zufrieden machen und zu Wohlergehen beitragen.

10.3 Bewegung

Regelmäßige Bewegung ist nicht zuletzt Gewohnheits- und Übungssache. Da wir körperlich im Arbeitsalltag oft viel sitzen und uns wenig bewegen, degeneriert der Körper automatisch im Lauf der Zeit. Auch die geistige Leistung nimmt ohne Bewegung und Zufuhr von Sauerstoff schneller ab. In jüngeren Jahren bis zu einem Alter von ca. 30–40 Jahren sind die meisten Symptome noch relativ gut zu kompensieren, doch danach fangen je nach Typus erste körperliche Beschwerden an. Daher sollte ein gewisses Maß an Bewegung möglichst früh in den täglichen Ablauf integriert werden. Hierbei reden wir nicht von Leistungssport, sondern von einfachen und regelmäßigen Bewegungsabläufen, die eine gesunde Fitness und Beweglichkeit bis ins hohe Alter gewährleisten. Stressen Sie sich also nicht mit extremen sportlichen Anforderungen, sondern mehr durch einfache und regelmäßige Abläufe, die in das tägliche Leben eingebaut werden können.

Welche Möglichkeiten bieten sich?

- Versuchen Sie, einen Teil der Arbeit am Schreibtisch zu stehen. Sie können zu Beginn mit zehn Minuten starten und die Dauer schrittweise ausbauen, bis es gelingt, durchschnittlich zwei Stunden am Tag zu stehen.
- Nutzen Sie lange Meetings, indem Sie einfach mal aufstehen und sich hinter Ihren Stuhl stellen.
- Unternehmen Sie täglich nach dem Mittagessen einen kleinen Spaziergang von 15–20 Minuten, hierdurch ergeben sich unterschiedliche positive Aspekte, z.B. eine gute Verdauung.
- Machen Sie zwischen den Meetings kurze Pausen, wo sie einzelne Gymnastikübungen für Schulter und Rücken durchführen.
- Führen Sie den ersten Teil eines Mitarbeitergespräches draußen beim Spazierengehen durch. Die frische Luft und die Bewegung helfen Ihnen beiden, gute Ideen zu entwickeln.
- Nutzen Sie Treppen und verzichten Sie grundsätzlich auf Aufzüge.
- Wählen Sie im Betrieb eine weiter entfernte Toilette, um einige Schritte zusätzlich zu laufen.
- Erhöhen Sie Ihre Beweglichkeit, indem Sie zwei- bis dreimal die Woche ein geeignetes Gymnastikprogramm für die Gesamtbeweglichkeit durchführen.
- Gönnen Sie sich ein bis zweimal im Monat eine Massage.
- Laufen Sie morgens zum Bäcker und bringen Sie die Kinder, wenn möglich, zu Fuß in die Schule.
- Halten Sie einen Regenschirm und gute Kleidung im Büro bereit, sodass Sie auch bei schlechtem Wetter Ihren Spaziergang durchführen können.
- Nutzen Sie mögliche Angebote zur Bürogymnastik, am besten mit Ihren Kollegen und Mitarbeitenden.

Um Ihren Körper zu pflegen, ist eine gewisse tägliche Kontinuität notwendig, einzelne Kraftakte bringen dagegen weniger, sondern bedeuten im schlechtesten Fall nur zusätzlichen Stress. Achten Sie deshalb darauf, dass tägliche Einheiten zeitlich terminiert werden, nur wenn Sie körperlichen Bewegungen Priorität einräumen, werden diese eingehalten. Oft vernachlässigt man ja die eigenen Belange, irgendetwas ist immer wichtiger. Betrachten Sie deshalb alle körperlichen Aktivitäten als dringend und notwendig, um Ihre Leistungsfähigkeit für sich selbst und für das Unternehmen langfristig erhalten zu können. Ziel sollte es sein, ein körperliches Wohlgefühl in den Alltag zu integrieren.

10.4 Ernährung

Man ist, was man isst. Ich konnte mich über die Jahre immer wieder selbst von aufkommenden Unverträglichkeiten wie Allergien, Reizdarm und Rückenproblemen befreien bzw. diese stark abmildern. Hierbei sind die Punkte, die mir geholfen haben, nicht automatisch für jeden Menschen sinnvoll. Hören Sie also zuerst auf Ihre eigene Intuition und fragen Sie im Zweifel Ihren Arzt oder machen Sie entsprechende Verträglichkeitstests.

Es gilt m. E. für die meisten Menschen das Gleiche wie beim Sport. Bis zu einem Alter von 30–40 Jahren kann man nahezu alles in Maßen essen und trinken, ohne dass es zu größeren Beeinträchtigungen führt. Mit zunehmendem Alter bewirken jedoch je nach Disposition verschiedene Lebens- und Genussmittel auf Dauer unterschiedliche Störungen des Körpers. Damit sind weniger Allergien, Neurodermitis oder starke Unverträglichkeiten gemeint. Diese können durch spezifische Tests direkt ermittelt werden, um dann die ursächlichen Lebensmittel wie z. B. Getreide und Milch zu vermeiden. Wichtig bei Unverträglichkeiten ist es, sich selbst zu beobachten und zu dokumentieren, wie man auf einzelne Lebensmittel reagiert. Hierzu sollte ein kleines Tagesbuch geführt werden, um Zusammenhänge besser erkennen zu können.

Die Basis für körperliches Wohlbefinden bleibt allerdings eine dauerhafte Versorgung mit allen notwendigen Vitaminen und Vitalstoffen. Achten Sie auf eine ausgewogene Ernährung und lassen Sie dem Körper zwischen den Mahlzeiten immer wieder längere Pausen. Intervallfasten, d h. beispielsweise 10 Stunden am Tag zu essen und dann 14 Stunden keine Nahrung zu sich zu nehmen, hat sich bewährt, um den Darm zu entlasten.

Eine andere Methode, die man für sich testen kann, empfiehlt, gemäß der Disposition der eigenen Blutgruppe zu essen, da sie möglicherweise mit entscheidend ist, welche Nahrungsmittel Sie besser vertragen. In Tabelle 3 werden alle Blutgruppen und Ernährungshinweise dazu aufgeführt.

Alkoholgenuss sollte auf Feiern oder gesellschaftliche Ereignisse beschränkt werden. Der regelmäßige Konsum von Alkohol oder anderer Drogen ist für den Körper belastend und kann auf Dauer zu physischen und psychischen Problemen führen. Tatsächlich ist Alkohol in Deutschland und auch auf der Welt noch immer die (legale) Hauptdroge Nummer 1. Wenn der Verzicht auf Alkohol über einen längeren Zeitraum nicht mehr möglich ist, sollte eine Suchtproblematik in Betracht gezogen und professionelle Hilfe in Anspruch genommen werden.

Blutgruppe	Essen nach Blutgruppe	Erlaubte Lebensmittel	Zu vermeidende Lebensmittel	Lebensmittel zur Gewichtsabnahme
Gruppe A	vegetarisch	Bohnen, Früchte, Hülsenfrüchte, Tofu, Getreide, Gemüse, Meeresfrüchte	Milchprodukte, Kidneybohnen, Fleisch, Weizen	Ananas, Soja, Gemüse
Gruppe B	ausgewogene Ernährung	Bohnen, Milchprodukte, Getreide, Hülsenfrüchte, Fleisch (kein Huhn), Gemüse	Buchweizen, Mais, Linsen, Samen, Sesam, Weizen	Eier, Blattgemüse, Lakritze, Leber, Tee, Wild
Gruppe AB	gemischte Ernährung	Bohnen, Milchprodukte, Getreide, Hülsenfrüchte, Fleisch, Meeresfrüchte, Tofu, Gemüse	Buchweizen, Mais, Kidneybohnen, Samen, rotes Fleisch	Milchprodukte, Blattgemüse, Algen, Ananas, Meeresfrüchte, Tofu
Gruppe 0	hoher Proteingehalt	Fisch, Früchte, Fleisch (kein Schwein), Gemüse	Rosenkohl, Kraut, Mais, Kopfsalat, Weizen, Kuhmilch, Sprossen	Brokkoli, Grünkohl, Salz, rotes Fleisch

Tabelle 3: Ernährung nach Blutgruppe[117]

Die negativen Auswirkungen des Rauchens sind hinlänglich bekannt. Das Rauchen kann die Lebenserwartung um viele Jahre verkürzen oder im späteren Alter zumindest zu massiven Gesundheitseinschränkungen führen. Um die damit verbundenen gesundheitlichen Risiken zu vermeiden, sollte man gar nicht erst damit anfangen oder andernfalls über ein Raucherentwöhnungsprogramm nachdenken.

Zucker ist aufgrund der angeborenen Vorliebe für den süßen Geschmack (süße Muttermilch) besonders gefährlich. Für viele Fachleute gilt es als erwiesen, dass süßer Geschmack das Belohnungszentrum des Gehirns aktiviert und dadurch mehr Dopamin ausgeschüttet wird. Aus diesem Grund liegt die Vermutung nahe, dass der ständige und übermäßige Genuss von Zucker süchtig machen kann.[118]

Der Richtwert der WHO für die maximale Menge an Zucker pro Tag liegt bei 50 Gramm. Besonders die verdeckten bzw. indirekten Zuckermengen in Softdrinks, Ketchup, Saucen, Fertiggerichten und viele anderen Lebensmittel sind hierbei eine Gefahr. Lebenslanger hoher Zuckerkonsum kann u. a. zu Diabetes mellitus Typ II und anderen Stoffwechsel- und Organerkrankungen führen.

117 Vgl. Christien (2020)
118 Vgl. AOK Gesundheitsmagazin (2022)

10.5 Zeit für sich

Um den Anforderungen als Führungskraft gerecht zu werden, ist es hilfreich einmal zu bewerten, welche Faktoren den eigenen Energiespeicher aufladen und welche ihn entladen. Seien Sie in einer ersten Bewertung sehr kreativ und sammeln Sie dazu alle Punkte, die Ihnen einfallen – sowohl auf der positiven als auch auf der negativen Seite. Zählen Sie auch diejenigen auf, die unveränderbar erscheinen, um den eigenen Energiehaushalt einigermaßen objektiv bewerten zu können. Die einzelnen Größen können Sie zusätzlich in stark und schwach unterteilen, also mit Koeffizienten von 1 bis 3 versehen. Als Ergebnis sollten Sie im Durchschnitt immer einen Batterieüberschuss im Verhältnis von 3:1 besitzen, den Sie dann im täglichen Leben aufbrauchen dürfen (vgl. Abbildung 50). Sollten Sie unter dem Bruchstrich einen geringeren Wert verzeichnen, ist es sinnvoll, einzelne Faktoren anzupassen und Energieräuber wegzulassen oder zumindest zu reduzieren. Bedenken Sie, dass eine dauerhafte Überlastung körperliche und psychische Auswirkungen haben wird. Ein hoher positiver Energiehaushalt hingegen zeichnet sich in erster Linie durch eine gute Gesundheit und Lebensfreude aus.

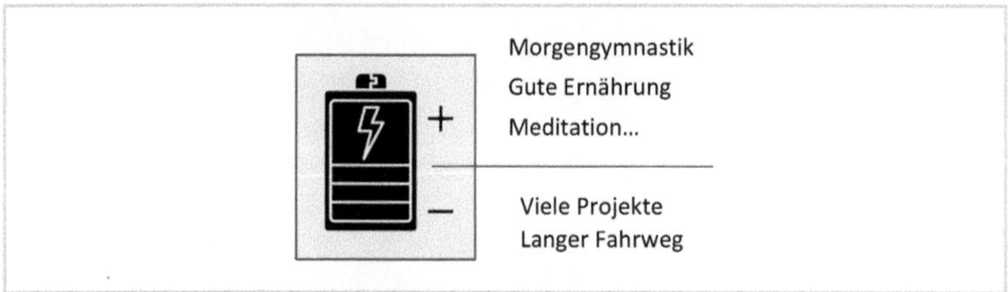

Abbildung 50: Die Batterie aufladen: Was lädt, was zieht?

Welche Punkte laden nun nachweislich den Energiespeicher auf?

Neben den bereits in den obigen Abschnitten genannten Energiequellen wie Meditationsübungen und regelmäßige Bewegung gehört auch dazu, sich regelmäßig Zeit für sich selbst zu nehmen. Das können Wanderungen sein, die Sie alleine und nur Ihren Bedürfnissen gemäß unternehmen. Auch jede andere Unternehmung, die Ihnen Spaß macht und die Sie ganz für sich genießen können – oder einfach einmal das Nichtstun – helfen Ihnen, sich um sich selbst und um Ihr Wohlergehen zu kümmern. Wenn solche Me-Time-Momente fest in Ihrem Leben integriert sind, können dies ungeheure Energiespender werden.

Fazit

Nutzen Sie viele Ihnen zugewandte Möglichkeiten, um Ihren Energiespeicher auf ein dauerhaft hohes Niveau zu bringen. Hierzu müssen letztlich alle Elemente des Work-Life-Balance-Modells gut bedient werden und ausgeglichen vorhanden sein. Damit sind Sie dann als Führungskraft gut ausgerüstet, um sich ausgeglichen und kraftvoll den anstehenden Herausforderungen zu stellen.

11 Ausblick auf das Führen von morgen

11.1 Organisationsformen

Grundsätzlich ist eine Hierarchie ein allgemeines Ordnungsprinzip einer Organisation. Hierarchische Systeme entstanden mit dem Beginn der Ansiedelung des Menschen. Der Übergang vom Nomadentum zur Sesshaftigkeit ging dabei mit der Entstehung von ersten Ordnungsstrukturen einher. In den ersten Jahrtausenden der Ansiedlung blieb es bei unzähligen kleinen und relativ autonomen Siedlungen, die keiner übergeordneten zentralen Macht unterworfen waren. Mit zunehmendem Bevölkerungswachstum kamen zusätzliche institutionelle Organisationsformen wie Kooperationen, Administrationen, Militär und Kirchen hinzu. Diese weiteren Systeme beruhen ausschließlich auf der Über- und Unterordnung von Positionen im System und einem Weisungsrecht von oben nach unten. Hohe Stellen stehen in diesem System bezüglich der Aufgaben, des Weisungsrechts und der Entlohnung über den niedrigeren. Diese Anordnungen bauen primär auf Instruktion und Gehorsam auf. Die strengsten Hierarchien bestehen bei Militär und öffentlicher Verwaltung, sie sind sogar durch eigene Gesetze fixiert. Machtausübung erfolgt dabei nicht selten durch Androhung von Sanktionen bei Nichtgehorsam. Entsprechend spielt Furcht in hierarchischen Institutionen und Organisationen notwendigerweise eine große Rolle.

Eine hierarchische Ordnung kann aber auch Vorteile haben. In der heutigen Arbeitswelt gibt es die auf Hierarchie beruhende vertikale Arbeitsteilung. Eine hierarchische Organisationsstruktur beinhaltet eine Entscheidungsmacht von oben nach unten. Vorteile sind verhältnismäßig schnelle Entscheidungen durch einzelne Personen, die relativ zügig in die Organisation einfließen können.[119]

Weitere Vorteile sind vor allem klare Aufgabenverteilungen und effektivere Entscheidungsfindungen durch die jeweiligen Ebenen. Als Umsetzungsmodelle stehen hier die funktionale Linienorganisationen (klassisch) und die Matrixorganisation zur Verfügung. Hinsichtlich der Anforderungen von Märkten, Kunden, Mitarbeitenden und gesetzlichen Forderungen an die moderne Arbeitswelt erweisen sich klassische Organisationsformen jedoch nur als noch begrenzt geeignet.

Daher sollte man die Bedingungen, unter denen das eigene Unternehmen arbeitet, sorgfältig betrachten. Feste geregelte Abläufe, die speziell in Militär, Verwaltung oder auch noch in relativ monotonen Produktionsabläufen funktionieren, sind weniger geeignet in Bereichen wie z. B. in der Softwareentwicklung und dem Projektmanagement, wo hohe Kreativität und Agilität gefordert sind.

119 Vgl. Wikipedia: Hierarchie

Die Menschen streben heute mehr und mehr nach Sinnhaftigkeit und Mitgestaltung und haben auch für einzelne monotone Arbeiten meist nicht mehr die nötige Geduld. Daher sind stupide Arbeiten in den westlichen Industrienationen weniger beliebt und werden größtenteils auch von ausländischen Mitarbeitenden durchgeführt. Hinzu kommt, das einfache wiederholende Tätigkeiten schrittweise von Maschinen, Robotern und KI-Programmen übernommen werden. Dieser Trend wird sich fortsetzen, sodass mehr und mehr Menschen für höherwertige intelligente Aufgaben gesucht werden. Um nun neue technikaffine Mitarbeitende zu gewinnen, wird man die Generation Z und zukünftig die Generation Alpha benötigen. Hierzu wird schon ein verbindender und mitbestimmender Führungsstil mit flacher Hierarchie notwendig sein, um diese jungen freiheitsliebenden Menschen integrieren zu können.

Ein weiterer Faktor, der gegen eine stark hierarchische Struktur in Deutschland spricht, ist die Wettbewerbsfähigkeit gegenüber den Märkten in Asien und ggf. Afrika. Für China steigt der Wohlstand gemessen am BIP kontinuierlich (10,5 Billionen in 2014 auf erwartete 18,5 Billionen in 2024) und erzeugt damit auch höhere Lebensstandards und Lohnkosten. Doch die bestehenden Systeme in China und Indien sind heute kulturell sehr stark hierarchisch geprägt und benötigen enorme kostenintensive Abstimmungen. Der aktuelle Wettbewerbsvorteil wird aber heute u.a. noch durch die geringeren Lohnkosten erzielt. Bei weiter steigendem Wohlstand und Lohnkosten in China können hierarchiereduzierte und kostengünstigere Organisationen in Europa wieder wirtschaftlich stärker mithalten.

Im folgenden Kapitel werden wir uns hierzu entsprechende alternative Formen zur Linien- und Matrixorganisation anschauen.

11.1.1 Hierarchiearme Führungsmodelle

Auffälliges Merkmal von flachen Hierarchien ist die geringe Anzahl oder das Fehlen von Hierarchiestufen. Diese Struktur beinhaltet nur noch verbundene Führungsstile, bei dem die verbleibenden Hierarchieebenen weniger eng definiert sind und alle beteiligten Mitarbeitenden in Entscheidungen eingebunden sind. Deshalb wird in solchen Unternehmen meist eine Du-Kultur gepflegt und gefördert, was eine vertraute Atmosphäre und ein verbundenes Miteinander fördert. Mitarbeitende können sich so mehr auf Sicht begegnen und sich offen austauschen, da mit der Du-Kultur eine höhere psychische Sicherheit im Unternehmen vorhanden ist.

Weiterhin sind Mitbestimmung und kollektive Entscheidungsgewalt der Mitarbeitenden wichtige Merkmale einer flachen Hierarchie. Die Mitarbeitenden haben mehr Einflussmöglichkeiten und können aktiv Entscheidungen mit beeinflussen. Dadurch wird das Gefühl der Zusammengehörigkeit und das Engagement für gemeinsame Projekte und Ziele gefördert und gesteigert. Das Konkurrenzdenken nimmt ab, das kollektive Arbeiten rückt mehr in den Vordergrund, wodurch bessere Ergebnisse erzielt werden können.

Durch die flachen Hierarchien entstehen für Mitarbeitende automatisch mehr Kontakte zu Schnittstellenabteilungen. Das baut Hemmnisse ab und fördert das abteilungsübergreifende Arbeiten und Entwickeln. Die gesamte Verständigung in Unternehmen mit flacher Rangfolge ist meist schnell und offen, oft auch über Fachbereichsgrenzen hinweg. Es wird viel Wert auf eine transparente und geradlinige Kommunikation gelegt, um den Informationsfluss zu fördern und Missverständnisse zu minimieren. Dies erzeugt noch schnellere Entscheidungsfindungen als in der hierarchischen Linienorganisation, da es weniger Ebenen gibt und alle Beteiligten unmittelbar involviert und integriert werden können.

Zusammengefasst haben flache Hierarchien folgende Vorteile gegenüber herkömmlichen Aufbauorganisationen:

- Kürzere Entscheidungswege und schnellere Entscheidungen
- Weniger Hierarchiestufen
- Schnellerer Informationsfluss
- Mehr Flexibilität und ansteigende Agilität
- Höhere Bereitschaft zum kritischen Mitdenken
- Bessere Kommunikation
- Erhöhter Anteil von Ideen und Innovationen
- Geringere Personalkosten
- Förderung der Selbstorganisation
- Entlastung der verbleibenden Führungskräfte
- Höhere Mitarbeiterzufriedenheit durch Integration
- Höhere Identifikation mit dem Arbeitgeber und dadurch eine stärkere Bindung[120]

Die Umstellung auf eine flache Hierarchie bringt allerdings unterschiedliche Herausforderungen für ein Unternehmen mit sich. Nicht jede Führungskraft kann und will mit den anstehenden Veränderungen mitgehen. Zum einen werden einige Führungskräfte durch den Abbau der Ebenen zurück in die Linie geführt und verbleibende Manager müssen mehr Mitarbeitende übernehmen. Speziell das Aufnehmen von weiteren Personen und die Veränderung des Führens an sich sind zwei immense Herausforderungen, die nur mit einem erfahrenden Change-Manager angegangen und umgesetzt werden sollten.

Hierbei wird eine Transformation von der Rolle Führungskraft zum Coach bzw. internen Berater notwendig, der seine Teams zur Lösungsfindung animiert, anstelle selbst

120 Vgl. Studyflix (o. J.): Flache Hierarchien

singuläre Entscheidungen zu treffen. Weiterhin müssen von der Führungskraft bewusst Kontrollschritte reduziert oder eliminiert werden. Die Basis dafür ist der Aufbau von Vertrauen und Anerkennung. Bestehende hochmotivierte Mitarbeitende können dann nicht mehr auf die klassische Karriereleiter bauen, hier sollte das Unternehmen alternative Möglichkeiten anbieten, wie Positionen für gut bezahlte Fachexperten.

Eine weitere Gefahr ist das Wegfallen von ungeliebten, aber dringenden Aufgaben, die bei der Neuverteilung bewusst oder unbewusst übersehen werden. Durch die aufgezählten anstehenden Herausforderungen wird sich die neue Organisation erst einmal neu finden müssen. Doch Tagesgeschäft und Kunden werden in der Umstellung dafür erstmal wenig Verständnis aufbringen.

Um dies auszuschließen, sollten alle Kernprozesse im Vorfeld auf die neue Organisation abgestimmt werden und sich einem Stresstest (Simulation) unterziehen. Zu den Kernprozessen gehören primär alle Supply-Chain-Prozesse, die für die Abwicklung von Produkten und Dienstleistungen zum Kunden verantwortlich sind. Durch diese Prävention in der Vorplanung können Umsatz- und Gewinneinbrüche vermieden werden.

Für wen eignen sich nun hierarchiearme Organisationsformen besonders? Günstigere Voraussetzungen haben kleinere Einheiten bis 500 Mitarbeitende, Firmen also mit einem hohen Anteil an qualifizierten Personen sowie Unternehmen mit komplexen Aufgabenstellungen, bei denen hohe Kreativität und Agilität gefordert wird. Bildlich vorstellen kann man sich große Entwicklungsabteilungen oder Softwaresystemhäuser, aber auch kleinere Start-ups, Ingenieurbüros, Architekten, große Arztpraxen sowie kleine und mittlere familiengeführte Unternehmen.

Trotz dieser ersten Selektion kann prinzipiell jedes Unternehmen mit entsprechendem Mehraufwand partiell oder mehrstufig in eine hierarchiearme Organisation überführt werden. Hierbei sind bei größeren Unternehmen oft Pilotprojekte hilfreich, mit denen erste Erfahrungen gesammelt werden können, bevor stufenweise die Umstellungen im gesamten Unternehmen erfolgen. Massive Veränderungen dieser Art und Weise sollten als Change-Projekt von erfahrenen externen Change-Managern mit der Geschäftsführung geplant und geführt werden. Welche Organisationsdesigns stehen nun gezielt zur Auswahl? Abbildung 51 zeigt eine Einstufung von unterschiedlichen Organisationsformen bezüglich Anpassungsfähigkeit und Leistungsfähigkeit.

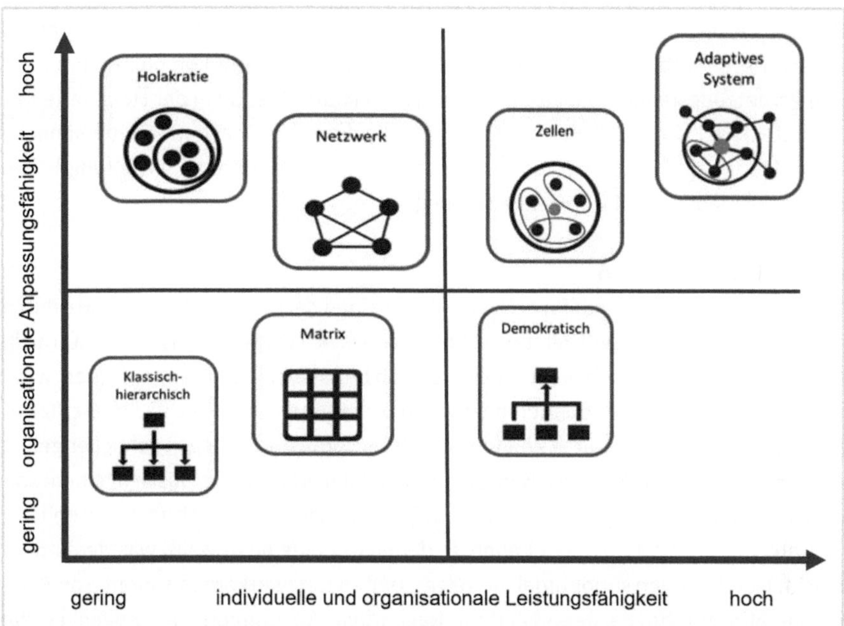

Abbildung 51: Klassifizierung von Organisationsdesigns nach Anpassungs- und Leistungsfähigkeit[121]

Neben den klassischen Strukturen (klassisch hierarchisch und Matrix) gibt es also weitere Organisationdesigns, die individuelle Möglichkeiten zur Wandlung anbieten.

Demokratisches Modell

Das demokratische Modell setzt stark auf Mitbestimmung. Mitarbeitende können Führungskräfte erwirken, die als Vertreter agieren und Prozesse, Produkte und Strategien mitgestalten. Hierdurch werden Mitarbeitende anteilig im Topmanagement gehört. Finale Ergebnisse erfordern intensive Entscheidungsprozesse und Aussprachen, in denen dann oft eine Kompromisslösung erreicht wird. Dieser Kompromiss ist nicht immer die beste Lösung. Ein weiteres Problem zeigt sich durch die geringe direkte Einbindung der Mitarbeitenden selbst, die sich primär nur über einen Vertreter einbringen können.

Holakratisches Modell

Die Holakratie bietet Mitarbeitenden eine Entscheidungsautonomie und damit eine wesentlich höhere Eigenverantwortung. Hierdurch wird unternehmerisches Denken gefördert und es entstehen mehr Innovationen. Projekte können durch den Wegfall von Ebenen effizienter vorangetrieben werden und Flexibilität und Agilität sind deutliche Merkmale dieser Organisationsform. Mitarbeitende wird es hier voraussichtlich Mühe kosten, ihre eigenen Möglichkeiten zu entfalten, da sie oft in neue operative

121 Kallenbach (2017)

Rollen schlüpfen müssen. Hierbei können sie sich dann nicht immer auf ihre Stärken konzentrieren und müssen zusätzlich die Kontrolle über die komplexen Prozesse und Vernetzungspunkte behalten. Ferner haben Mitarbeitende in der Holakratie keine mittelbare Führungskraft mehr zur Seite, die ihnen als Coach für die persönliche Entwicklung und Entfaltung zur Verfügung steht. Eigene Potenzialentfaltung hat in diesem Betriebssystem weniger Bedeutung.

Netzwerkorganisationen

Netzwerkorganisationen definieren sich durch einen dezentralen Ansatz sowie durch erhebliche Interaktion und Verständigung. Die massive Vernetzung ist das Leitprinzip dieses Modells. Alle Mitarbeitenden können sich bequem und zeitnah verbinden, wirksam partnerschaftlich kooperieren sowie Informationen und Erkenntnisse effizient miteinander teilen. Hierdurch können komplexe Herausforderungen schneller gelöst werden. Entscheidend sind die Koordination und der Wissensaustausch in einem solchen Netzwerk. Es besteht die Gefahr, dass Redundanzen durch Mehrfachbearbeitung auftreten, also Situationen entstehen, in denen der eine nicht weiß, was der andere macht. Ist das Design suboptimal ausgelegt, büßen Netzwerkorganisationen an Agilität und Effizienz ein, da sie viel Zeit mit Nacharbeit, Abstimmung und Rollenklärung aufbringen müssen.[122]

Zellenorganisation

Bei der Zellenorganisation sind die Zellen im inneren sowie im äußeren System direkt miteinander verbunden. Sie lernen und sprechen miteinander und sind wie in natürlichen ökologischen Zellsystemen voneinander abhängig. Dabei wachsen und agieren sie dennoch unabhängig voneinander. Durch diese Struktur sind wesentliche Grundlagen für eine wirklich lebende Organisation definiert. Mehrere Zellen bilden dabei eine Einheit, sogenannte Pods, im Prinzip freischaffende, interfunktionale, eigenverantwortliche und -operative Einheiten, die eine Suborganisation in der Gesamtorganisation darstellen. Sie können daher völlig selbstständig arbeiten, eigene Prozesse generieren und autark entscheiden (vgl. Abbildung 52).

Im äußeren System arbeiten die Pods in Richtung Markt und Kunde. Im inneren System befindet sich zusätzlich eine zentrale Plattform, die unterstützende Dienstleistungen tätigt, Standards und allgemeine Grundsätze definiert, welche die Zusammenarbeit innerhalb der Organisation reguliert. Sofern es gelingt, das Augenmerk auf effiziente Kollaboration und Kommunikation zwischen den einzelnen Pods zu legen, bietet das Modell eine hohe Agilität und ermöglicht es kreativen Mitarbeitenden und Teams, verhältnismäßig eigenständig zu arbeiten, sich auf ihre Stärken zu fokussieren und ihre Potenziale zu entfalten.[123]

---

122 Vgl. Kallenbach (2017)
123 Vgl. Kallenbach (2017)

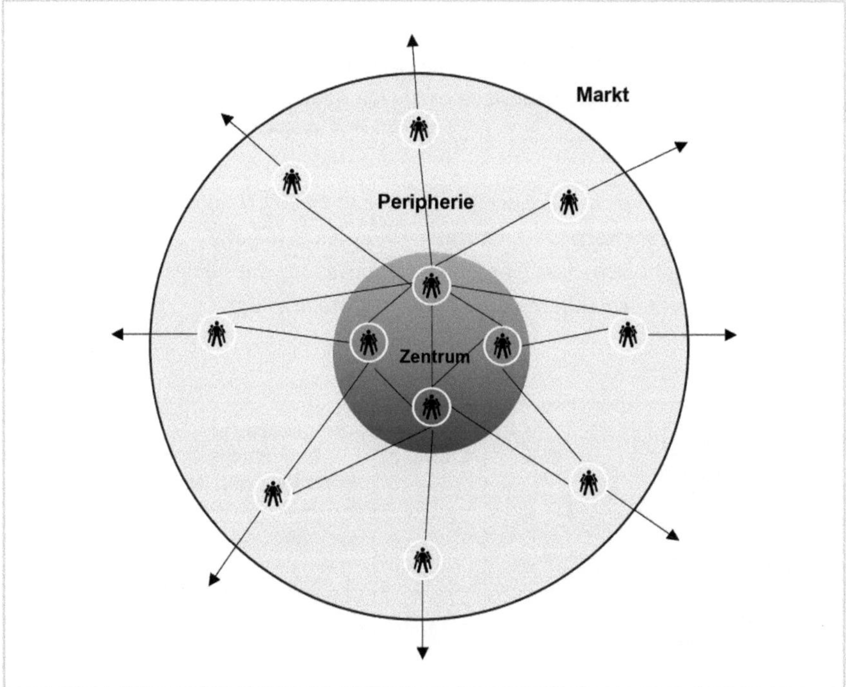

Abbildung 52: Zellenorganisation

11.1.2 Adaptives System

Das adaptive System ist eine Weiterentwicklung bestehender Systeme, welches die Vorteile der Zellorganisation und der Holakratie verbindet. Hierbei ist in der Peripherie ein noch stärkerer Kundenkontakt definiert, periphere Teams arbeiten daher in Kundennähe agil und flexibel. Die zentrale innere Plattform liefert die notwendigen Standards und die wesentlichsten normativen und verfahrenstechnischen Grundlagen für eine schnelle und vernetzte Kooperation im System. Zusätzlich werden adaptive Systeme hinzugefügt, um Einheiten, in denen es mehr Sinn macht, sich klassischer zu organisieren, effizient zu integrieren. Dies können z.B. Produktionsbereiche oder Logistikeinheiten sein. Hierdurch werden Agilität in der Hauptstruktur und Effizienz in den klassischen Einheiten miteinander verbunden, also adaptiert. Tatsächlich sind die praktischen Erfahrungen mit adaptiven Systemen gering, von daher ist bei der professionellen Einführung besonders auf die Systemstruktur und Kommunikation zu achten.

Fazit

Welches System bietet nun den höchsten Nutzen? In Abbildung 53 werden dazu alle Organisationsdesigns bezüglich Agilität, Effizienz und Potenzialentfaltung in Kennwerten betrachtet. Hierbei ergeben sich folgende Klassen je Kennwert:

- 1,5 = stark positiv, 1 = positiv, 0,5 = leicht positiv, 0 = neutral
- –1,5 = stark negativ, –1 = negativ, –0,5 = leicht negativ

Daraus ergibt sich, dass eine Hybridorganisation, wie sie das adaptive System darstellt, in der Summe die meisten Vorteile bringt.

Organisations-design	Agilität	Effizienz	Chance auf individuelle Potenzialentfaltung	Summe
Klassisch hierarchisch	–1,5	1,5	–1,5	**–1,5**
Matrix-Organisation	–1	1	–1	**–1**
Demokratisches Unternehmen	–1	0,5	0,5	**0**
Netzwerk-organisation	0,5	–1,5	0	**–1**
Holakratie	1,5	–1	0	**0,5**
Zellen-organisation	1	0	0,5	**1,5**
Adaptives System	1,5	0,5	1,5	**3,5**

Abbildung 53: Bewertung verschiedener Organisationsdesigns nach Agilität, Effizienz und Potenzialentfaltung[124]

11.2 Transformation Führungskraft in Richtung Coach

Durch die immensen neuen Anforderungen an Führungskräfte hat sich deren Aufgabengebiet bereits massiv verändert. Das alleinige Entscheiden von strategischen und operativen Aspekten ist obsolet und auch inhaltlich risikobehaftet. Daher sollen operative und fachliche Führungsaufgaben weiter verteilt und delegiert werden. Dieser

124 Vgl. Kallenbach (2017)

Punkt stellt viele Manager vor eine massive Herausforderung, da sie Entscheidungen bisher weitestgehend allein getroffen haben.

Die so entstehenden neuen Anforderungen können nicht mehr von einzelnen Personen geleistet und die sich daraus ergebenden Aufgaben nicht mehr von einer Führungskraft als Einzelkämpfer übernommen werden. Die folgende Liste führt solche Anforderungen an Führungskräfte auf, die bei einer Transformation hin zu einem modernen Führungsstil umgesetzt werden müssen:

- Stabilität und psychische Sicherheit ausstrahlen
- Wertschätzendes Kommunikationsmanagement aufbauen
- Exzellente Mitarbeiterführung realisieren
- Strategieplanung in Verbindung mit agilen Veränderungen beherrschen
- Ausgezeichnete Prozesse und Strukturen erzielen
- Risikomanagement für den Bereich einführen und professionell anwenden
- Umsetzung von Digitalstrategien im Fachbereich und an der Schnittstelle
- Erfüllung aller Compliance-Thematiken im Fachbereich

Wichtig ist die Erkenntnis, dass die neuen Anforderungen eine modifizierte Rolle der Führung erfordern. Erst wenn diese Aussage verstanden ist, kann mit einer gedanklichen Umstrukturierung gezielt und systematisch begonnen werden. Aktuell ist bei vielen Führungskräften noch ihr bisheriges Verhalten im Vordergrund und die neuen Aufgaben werden irgendwie zusätzlich mit bearbeitet. Dies führt einerseits zur Überlastung des Menschen und anderseits zur unzureichenden Erfüllung der Anforderungen, also auch zu einer Gefährdung der aktuellen Managementposition im Unternehmen. Wie kann nun eine schrittweise und strukturierte Transformation gelingen?

Benennen und qualifizieren Sie zu Beginn geeignete Mitarbeitende für zusätzliche Teilaufgaben. Diese Zusatzaufgaben können bis zu einem gewissen Umfang in Personalunion mit durchgeführt werden.

Es können beispielsweise Fachbereichskoordinatoren für Compliance, Risiko und Digitalstrategie ernannt werden, die diese Zusatzaufgaben mit abdecken und als Ansprechpartner für Zentralbereiche dienen. Definieren Sie weiterhin ein kleines Lenkungsteam in Ihrem Bereich und treffen Sie relevante Entscheidungen von nun an gemeinsam. Geben Sie hierbei schrittweise Aufgaben und auch Führung ab und nutzen Sie mehr und mehr die Schwarmintelligenz der neuen Gruppe. Bauen Sie sich ein Kommunikationssystem auf, mit dem alle Mitarbeitenden im Fachbereich erreicht werden. Konzentrieren Sie sich auf optimale Prozessabläufe, und hinterfragen Sie permanent bestehende Strukturen. Veränderungen sollten in der Organisation schrittweise der Normalzustand werden, versuchen Sie, diese Botschaft bei Ihren Mitarbeitenden zu implementieren.

Prüfen Sie, ob die richtigen Menschen an den richtigen Positionen platziert sind, ob die richtigen Kennzahlen ausgewertet werden und Innovationen schnell verfügbar sind. Eine gemeinsam erarbeitete Kultur- und Führungsleitlinie sollte als Basis Ihrer Arbeit dienen und allen Mitarbeitenden vertraut sein. Leben Sie die Einhaltung der Leitlinien vor und ändern Sie diese, wenn sich die Realität verändert hat. Nur dann sind Sie in der Lage, diese Elemente auch vorzuleben. Fördern Sie wertschätzende Kommunikation und Diskussionen sowie anschließende Entscheidungen auf allen Ebenen. Achten Sie darauf, dass Mitarbeitende gefördert und gefordert werden. Verpassen Sie keine Technologiesprünge und fehlende Systemveränderungen.

Am wichtigsten aber: Verbreiten Sie Freude und Menschlichkeit im Unternehmen als Bestandteil der Kultur. Klären Sie die Sinnfrage im eigenen Bereich/Unternehmen, damit der Wert der Arbeit vermittelt werden kann. Finden Sie die richtige Organisationsform im Unternehmen, und geben Sie den Menschen einen Vertrauensvorschuss bei dem, was sie tun. Alle diese Elemente dürfen sich entwickeln und benötigen etwas Zeit. Von daher sind erste Rückschläge als Möglichkeit zu betrachten, daraus zu lernen, und Erfolge zu feiern. Holen Sie sich dabei regelmäßiges Feedback von Ihren Mitarbeitenden, um zu erkennen, dass Sie sich auf dem richtigen Weg befinden. Da der Weg vom hierarchisch geprägten Vorgesetzten hin zum unterstützenden Coach auch für Sie neu ist, ist eine Unterstützung durch externe Consultants meist sinnvoll und zielführend.

12 Schlusswort

Dieses Buch wurde stark inspiriert und gefördert von allen Menschen, die Ansätze von Leadership leben und, ähnlich wie ich, mit dieser Methode eine exzellente Führung in den Unternehmen einbringen wollen. Ein weiterer enormer Dank geht an die Mitarbeitenden des Haufe Verlages, die ebenfalls an die Idee des Buches geglaubt haben und mich bei der Auswahl, Erstellung und Korrektur intensiv und sehr professionell unterstützt haben. Und letztendlich ein riesiges Dankeschön an meine Familie und Freunde, die mir die Zeit eingeräumt haben und mich vereinzelt inhaltlich unterstützt haben, dieses Werk neben meinen beruflichen Aktivitäten zu erstellen.

In einer Zeit, wo Veränderungen und Unsicherheiten an der Tagesordnung sind, ist es zwingend notwendig, im inneren Selbst einen stabilen Zustand zu erreichen. Nur hiermit können wir als exzellente Führungskraft die enormen und rhythmischen Herausforderungen dauerhaft meistern. Denn der wahre Weg des Triumphs führt uns erst einmal nicht nach oben, er navigiert uns nach innen.

Risiken und Chancen ergeben sich zu jeder Zeit im gleichen Verhältnis. Lernen Sie intensiv aus jeder Krise und gehen Sie gestärkt wieder aus ihr hervor. Hierbei wird es möglicherweise notwendig sein, Hilfe anzunehmen, um schneller für sich zu lernen, und auch schmerzhafte Erfahrungen zu durchleben und hinter sich zu lassen. Lebenslanges Lernen ist eine gute Sache und wird Sie permanent weiterentwickeln. Doch vergessen Sie dabei nicht, das Leben an sich zu genießen und in seiner Schönheit auszukosten. Halten Sie ein enges familiäres Netzwerk aufrecht, denn Blut ist dicker als Wasser. Wenn es hart auf hart kommt, werden in letzter Konsequenz nur die Familie und einige wenige echte Freunde zu Ihnen halten.

Differenzieren Sie zwischen Flow und Stress, denn Unterforderung wie Überforderungen erzeugen ungünstige Zustände. Ein Flow-Zustand dagegen stellt sich nur ein, wenn Sie eine Herzenssache bearbeiten. Nehmen Sie alle Themen mit etwas Humor, Leichtigkeit und als Möglichkeit, daraus zu lernen und das positive Element in ihnen zu sehen. Halten Sie die potenzielle Schuld im Zweifel bei sich, denn wer die Schuld hat, hat die Macht. Veränderungen können Sie dort gut durchführen, wo Sie als Mensch und Führungskraft einen hohen Einfluss haben, d.h. in Ihrem ganz persönlichen Einflussbereich, der stetig wachsen darf.

Fühlen Sie, dass das Glück im Leben von den guten Gedanken in uns selbst abhängig ist und dass wir uns in letzter Konsequenz nur selbst die notwendige Bedeutung geben können. Sehr gerne können Sie mir über die angegebene Mailadresse auf der Seite

»Der Autor« Anregungen, Kritik, Lob und Verbesserungen zukommen lassen. Hierüber würde ich mich sehr freuen.

Ihr
Jörg Schröder

Literaturverzeichnis

Aktienwelt 360 (o. J.): Die 25 besten Zitate von Warren Buffet, https://www.aktienwelt360.de/2014/10/17/die-25-besten-zitate-von-warren-buffett. Abrufdatum 01.04.2024.

AOK Gesundheitsmagazin (2022): Macht Zucker süchtig? https://www.aok.de/pk/magazin/ernaehrung/lebensmittel/gibt-es-eine-zuckersucht. Abrufdatum 06.04.2024.

Asana (2024): Parkinsonsches Gesetz. https://asana.com/de/resources/parkinsons-law. Abrufdatum 22.03.2024.

Astro144.ch (o. J.): Die neuzeitliche Astrologie mit 144 Zeichen. https://www.astro144.ch/duo/index.htm. Abrufdatum: 22.03.2024.

Bathen, D. (2018): Delegation Poker: Ein Kartenspiel für bessere Entscheidungen im Team. Komfortzonen. https://komfortzonen.de/delegation-poker-bessere-entscheidungen-im-team. Abrufdatum: 22.03.2024.

Berzbach, F. (2017): Die Kunst ein kreatives Leben zu führen. 7. Aufl. Mainz.

Big Five Persönlichkeitstest (o. J.): https://www.lw.uni-leipzig.de/wilhelm-wundt-institut-fuer-psychologie/arbeitsgruppen/persoenlichkeitspsychologie-und-psychologische-diagnostik/persoenlichkeitstest. Abrufdatum: 02.07.2024.

Bitkom (2023): Digitalisierte Unternehmen ziehen im Wettbewerb davon. https://www.bitkom.org/Presse/Presseinformation/Digitalisierte-Unternehmen-ziehen-im-Wettbewerb-davon. Abrufdatum: 02.07.2024.

Buettner, D. (2023): Wie wird man 100 Jahre alt? Netflix. https://www.google.com/search?q=die+blauen+zonen+netflix&oq=die+blauen+zone&gs_lcrp=EgZjaHJvbWUqBwgCEAAYgAQyBwgAEAAYgAQyBggBEEUYOTIHCAIQABiABDIHCAMQABiABDIHCAQQABiABDIHCAUQABiABDIICAYQABgWGB4yCAgHEAAYFhgeMggICBAAGBYYHtIBCDU3NzVqMGo0qAIAsAIB&sourceid=chrome&ie=UTF-8. Abrufdatum 05.04.2024.

Bund-Länder, Demografie Portal (2024): Altersstruktur der Bevölkerung 1950–2070, https://www.demografie-portal.de/DE/Fakten/bevoelkerung-altersstruktur.html Abrufdatum 22.03.2024.

Brüggemeier, B. (2011): Wertschätzende Kommunikation im Business. 2. Aufl. Paderborn.

Cerasoli, C. P./Nicklin, J. M./Ford, M. T. (2014): Intrinsic motivation and extrinsic incentives jointly predict performance: A 40-year meta-analysis. In: Psychological Bulletin, 140(4), 980–1008. https://doi.org/10.1037/a0035661. Abrufdatum 11.06.2024.

Christien, W. (2020): IHS, Blood Type Diets. https://integratedhealthsolution.co.za/blood-type-diets. Abrufdatum 06.04.2024.

clarewgraves.com (o. J.): Life, Research and Thinking of Clare W. Graves, Clare Graves Website: Dedicated to the Work of Dr. Clare W. Graves and his ECLET Point of View. https://www.clarewgraves.com. Abrufdatum: 05.04.2024.

Hargreaves, B. (o. J.): Cliff Young. Youtube. https://www.youtube.com/watch?v=uGFA2N0oS1Q. Abrufdatum: 01.04.2024.

Dahlke, R. (2010): Das Schattenprinzip. 11. Aufl. München.

Dahlke, R. (2013): Angstfrei leben. 2. Aufl. München.

Daniel, M. S. (o. J.): Inner Game Management. https://www.marcstephandaniel.com/igm-seminare. Abrufdatum: 17.04.2024.

DIW Berlin (2020): Mehrheit der Geflüchteten hat höhere Bildung im Vergleich zur Herkunftsgesellschaft. Abrufdatum: 11.06.2024.

Der Prozessmanager (2020): Pareto Prinzip. https://der-prozessmanager.de/aktuell/wissensdatenbank/pareto-prinzip. Abrufdatum: 31.03.2024.

Deutsche Shell Holding GmbH (Hrsg.) (2019): Shell Jugendstudie 2019. https://www.shell.de/ueber-uns/initiativen/shell-jugendstudie/ueber-die-shell-jugendstudie.html. Abrufdatum: 22.03.2024.

DeSelfie (o. J.): Ein Porträt über Steve de Shazer. https://www.deselfie.de/portraet-ueber-steve-de-shazer. Abrufdatum: 01.07.2024.

Dobelli, R. (2015): Die Kunst des klaren Denkens. 13. Aufl. München.

Dobelli, R. (2017): Die Kunst des guten Lebens. 4. Aufl. München.

Dweck, C. (2020): Selbstbild – Wie unser Denken Erfolge und Niederlagen bewirkt. 4. Aufl. München.

EFG Bretten (o. J.): Hoffnung hält uns über Wasser, https://www.efg-bretten.de/hoffnung-haelt-uns-ueber-wasser/#:~:text=DerProzent20PsychologieProzent2DProfessorProzent20CurtProzent20Richter,schonProzent20nachProzent20wenigenProzent20MinutenProzent20sinken. Abrufdatum 23.03.2024.

Fischer, A. (2021): Achtsamkeit leicht gemacht. 1 Aufl. München.

Förster, A. (2023):7 Superkräfte, Gestalten, Leben und Sein in einer chaotischen Welt. Berlin.

Förster, A./Kreuz, P. (2016): Nein – Was vier mutige Buchstaben im Leben bewirken können. 2. Aufl. München.

Förster, A./Kreuz, P. (2020): Vergeude keine Krise. Heidelberg.

Frei, F. (2021): Travelnews – Sich souverän abgrenzen. https://www.travelnews.ch/karriere/19254-sich-souveraen-abgrenzen.html. Abrufdatum: 23.03.2024

Gallup Deutschland (2024): Bericht zum Engagement Index 2023. https://www.gallup.com/de/472028/bericht-zum-engagement-index-deutschland-2023.aspx. Abrufdatum: 22.03.2024.

Geropp, B. (2021) Der Anstrengende – Schwierige Mitarbeiter, Teil 1, Youtube. https://www.youtube.com/watch?v=nsrscYIJN7Q. Abrufdatum: 05.04.2024.

Gigerenzer, G. (2014): Risiko – Wie man die richtigen Entscheidungen trifft. 6. Aufl. München.

Gino, F. (2020): Wieso, weshalb, warum? Havard Business manager. https://www.manager-magazin.de/harvard/selbstmanagement/neugier-foerdern-was-manager-besser-machen-koennen-a-00000000-0002-0001-0000-000160770715. Abrufdatum 01.04.2024

Goalcast.com (2018): Simon T. Bailey – How to be the best parent. https://www.goalcast.com/simon-t-bailey. Abrufdatum: 02.07.2024.

Harley Davidson (o. J.): Building the next generations of riders. https://www.harley-davidson.com/content/dam/h-d/documents/about-us/news/2018/letter-to-shareholders-2016/article-hd-strategy-overview.pdf. Abrufdatum: 31.03.2024.

Hartmann, A. (2015): Mit dem Elefanten durch die Wand – Wie wir unser Unterbewusstsein auf Erfolgskurs bringen. 7. Aufl. München.

Henkelmann, A. (o. J.): Sofort zur Ruhe kommen, YouTube. https://www.youtube.com/watch?v=aA3tdukP1nE. Abrufdatum: 11.06.2024.

Hof, W. (o. J.): Method Breathing Exercise. YouTube. https://www.youtube.com/watch?v=BckqffhrF1 M. Abrufdatum: 11.06.2024.

Honda, K. (2021): Happy Money – Der entspannte Weg zu Wohlstand und Glück. 3. Aufl. München.

Kahnemann, D. (2011): Schnelles Denken, langsames Denken. 12. Aufl. München.

Kallenbach, I. (2017): Agile Organisationsdesigns in Unternehmen. Reflect Beratung. https://blog.reflect-beratung.de/agile-organisationsdesigns. Abrufdatum: 06.04.2024.

Kallenbach, I. (2019): X, Y… Generation Z – Kulturwandel im Unternehmen. Reflect Beratung. https://blog.reflect-beratung.de/change-management-generation-z. Abrufdatum: 22.03.2024.

Karriere Bibel (2024): Impostor Syndrome: Test, Ursachen + Wie überwinden? https://karrierebibel.de/impostor-syndrom. Abrufdatum 22.03.2024.

Kirchner, S. (2021): Die mentale Revolution. Offenbach.

Knapp, N. (2013): Kompass neues Denken. 3. Aufl. Hamburg.

Leicher, C. (2020): Die verborgenen Kräfte unsere Ahnen, Unheilsame Muster aus der Familie aufspüren und lösen. München.

LifeCoach (2018): Das Unterbewusstsein. https://lifecoach.de/unterbewusstsein/#:~:text=ExpertenProzent20schProzentC3ProzentA4tzenProzent2CProzent20dassProzent20dasProzent20VerhProzentC3ProzentA4ltnis,dasProzent20UnterbewusstseinProzent2011Prozent2C5Prozent20 km. Abrufdatum: 22.03.2024.

Mangold, T. (2020): Stockdale-Paradoxon – ein Schlüsselkonzept, um Krisen zu überstehen. https://selbst-management.biz/stockdale-paradoxon-krisen-ueberstehen. Abrufdatum: 05.04.2024.

Marcus, U./Stellbrink, H.-J. (2013): Neue Leitlinie zur Postexpositionsprophylaxe. HIV & more Online. https://www.hivandmore.de/archiv/2013-3/neue-leitlinie-zur-postexpositionsprophylaxe.shtml. Abrufdatum: 01.04.2024.

Marti, S. (2018): Das IBP-Persönlichkeitsmodell. https://www.st-marti.ch/pdf/DasProzent20IBP-Persoenlichkeitsmodell.pdf. Abrufdatum: 22.03.2024.

Mediendienst Integration (2023): Zuzüge und Fortzüge von deutschen Staatsbürger*innen. https://mediendienst-integration.de/migration/wer-kommt-wer-geht.html. Abrufdatum: 22.03.2024.

meinestadt.de (2019): Wunsch und Wirklichkeit bei Führungskräften. https://de.statista.com/infografik/20637/umfrage-wunsch-und-wirklichkeit-bei-fuehrungskraeften. Abrufdatum: 22.03.2024.

Merkle, R. (2023): Eigenlob: Sich selbst loben und stolz auf sich sein ist wichtig. Pal Psychotipps. https://www.psychotipps.com/eigenlob.html. Abrufdatum 30.03.2024.

Mutaree (o. J.): Change-Fitness-Studie 2020/2021. https://mutaree.com/services/change-fitness-studie-2020-2021. Abrufdatum: 01.04.2024.

Nasher, J. (o. J.): Vermeide DAS beim Verhandeln. https://www.youtube.com/watch?v=KcyyKLSn5jQ&t=820s. Abrufdatum: 31.03.2024.

Nink, M. (o. J.): Rote Karte für schlechte Führung: emotionale Bindung deutscher Beschäftigter auf Talfahrt. Gallup Deutschland. https://www.gallup.com/de/505997/rote-karte-schlechte-f%C3%BChrung-emotionale-bindung-deutscher-besch%C3%A4ftigter-talfahrt.aspx#:~:text=Unsere%20Analysen%20zeigen%2C%20dass%20Gallup,einen%20Wert%20von%2060%20Prozent. Abrufdatum: 11.06.2024.

Nutrimmun (o. J.): Foodmap Diät bei Reizdarm. https://nutrimmun.de/anwendungsbereiche/reizdarm/fodmap. Abrufdatum: 06.04.2024.

Orlowski, J. (2020): Das Dilemma mit den sozialen Medien. Dokumentation. Netflix. https://www.netflix.com/de/title/81254224. Abrufdatum: 06.05.2024.

Palkowitsch-Kühl, J./Heilmann, S. (2021): Digitalisierung in der kirchlichen Jugendarbeit. https://www.reli.ch/fachliteratur/fachbeitraege/blog-posts/digitalisierung-in-der-kirchlichen-jugendarbeit. Abrufdatum: 06.05.2024.

Parkyn, C. (2017): Human Design – Entdecke die Person, die du wirklich bist. 3. Aufl. Bielefeld.

Patel, N. (o. J.): How Apple change the world. https://neilpatel.com/blog/how-apple-changed-the-world. Abrufdatum: 22.03.2024.

Peseschkian, N. (o. J.): Balance Modell. https://peseschkian-stiftung.de. Abrufdatum: 23.03.2024.

Rheinländer, A. (2023): Präfrontaler Kortex. KENHUB (veröffentlicht 30.10.2023). https://www.kenhub.com/de/library/anatomie/prafrontaler-kortex. Abrufdatum: 06.04.2023.

Richter, M. (o. J.): Data-driven Change Management. Strategie Spektren, https://strategie-spektren.de/change-management/data-driven-change-management/. Abrufdatum: 02.07.2024.

Roebel, T. (2023): Ikigai – Wie du deinen Lebenssinn findest. https://www.tbd.community/de/a/ikigai-wie-du-deinen-lebenssinn-findest. Abrufdatum: 05.04.2024

Roland Berger (o. J.): Trend Compendium 2050: Sechs Megatrends prägen die nächsten Jahrzehnte. https://www.rolandberger.com/de/Insights/Global-Topics/Trend-Compendium. Abrufdatum: 22.03.2024.

Romeike, F./Hager, P.(2013): Erfolgsfaktor Risikomanagement 3.0. 3. Aufl. Wiesbaden.

Romeike, F./ Spitzner, J.(2013): Von Szenarioanalyse bis Wargaming. Weinheim.

Scherer, J./Fruth, K. (Hrsg.) (2018): Integriertes Qualitätsmanagement und Leistungserbringungsmanagement mit Governance, Risk und Compliance (GRC). Deggendorf.

Sinek, S. (2009): Start with why – How great Leaders inspire everyone to take action. London.

Spielmann, R. (o. J.): Zitate mehr oder weniger bekannter Persönlichkeiten, die mir gut gefallen. https://ralfspielmann.de/zitate.htm. Abrufdatum: 30.03.2024.

Stahl, S./Alt, M. (2013): So bin ich eben! Erkenne dich selbst und andere. 9. Aufl. Hamburg.

Statista.de (02.01.2024): Scheidungsquote in Deutschland. https://de.statista.com/statistik/daten/studie/76211/umfrage/scheidungsquote-von-1960-bis-2008. Abrufdatum: 22.03.2024.

Studyflix (o. J.): Flache Hierarchien. https://studyflix.de/jobs/karriere-tipps/flache-hierarchie-6835. Abrufdatum: 06.04.2024.

T2informatik.de (o. J.): BANI – den Wandel begreifbar machen. https://t2informatik.de/wissen-kompakt/bani. Abrufdatum: 13.04.2024.

Thiele, A. (2019): Argumentieren unter Stress – Wie man unfaire Angriffe erfolgreich abwehrt. 16. Aufl. Frankfurt am Main.

ThinkBastien (2021): Decoding Nike's Brand Strategy using Simon Sinek's Golden Circle. https://www.facebook.com/watch/?v=364215478710279. Abrufdatum: 01.07.2024.

Uhlenkamp, I. (2023): Warum du andere enttäuschen musst (23.05.2023). https://insauhlenkamp.com/warum-du-andere-enttaeuschen-musst. Abrufdatum: 20.04.2024.

Vahs, D. (2023): Organisation – Ein Lehr- und Managementbuch. 11. Aufl. Stuttgart.

Wanner, R. (2013): Risikomanagement für Projekte. 2. Aufl. Leipzig.

Küstenmacher, Werner Tiki (o. J.):, Mehr als Steine klopfen: Vision – Schwerpunkte – Ziele. https://www.google.com/url?sa=t&source=web&rct=j&opi=89978449&url=https://ehrenamt-foerdern.bistum-wuerzburg.de/fileadmin_isiweb/105474_Fortbildung_und_Begleitung_fuer_Pfarrgemeinderaete/2018/2018-04-09__a4c443d2___Ideen___Materialien_2018_37_Vision_Schwerpunkte_Ziele.pdf&ved=2ahUKEwi27bHtm4iHAxWtBtsEHYsECQkQFnoECBQQAQ&usg=AOvVaw35sphQ466sLCHPitEa7vph. Abruf 02.07.2024

Wichtel Akademie (o. J.): Kinder mögen Rituale. https://www.wichtel-muenchen.com/lexikon/rituale. Abrufdatum: 30.03.2024.

Wikipedia (Stand 25.10.2023): Peter Prinzip. https://de.wikipedia.org/wiki/Peter-Prinzip. Abrufdatum: 22.03.2024.

Wikipedia (Stand 19.08.2023): Amygdala. https://de.wikipedia.org/wiki/Amygdala. Abrufdatum: 06.04.2024.

Wikipedia (Stand 09.03.2024): Big Five (Psychologie). https://de.wikipedia.org/wiki/Big_Five_(Psychologie). Abrufdatum: 22.03.2024.

Wikipedia (Stand 12.03.2024): Dunning-Kruger-Effekt. https://de.wikipedia.org/wiki/Dunning-Kruger-Effekt. Abrufdatum: 22.03.2024.

Wikipedia (Stand 29.11.2023): Hierarchie. https://de.wikipedia.org/wiki?curid=12649. Abrufdatum: 06.04.2024.

Wikipedia (Stand 14.01.2024): Quantum of the Seas. https://de.wikipedia.org/wiki/Quantum_of_the_Seas, Abrufdatum: 02.07.2024.

Wikipedia (Stand 28.03.2024): Peter-Prinzip. https://de.wikipedia.org/wiki/Peter-Prinzip. Abrufdatum: 02.07.2024.

Wikipedia (Stand 17.11.2023): VUCA. https://de.wikipedia.org/wiki/VUCA. Abrufdatum: 23.03.2024.

Wikipedia (Stand 03.09.2023): Zwei-Faktoren-Theorie (Herzberg). https://de.wikipedia.org/wiki/Zwei-Faktoren-Theorie_(Herzberg). Abrufdatum: 22.03.2024.

Wolf, G. (2013): Mitarbeiterbindung, Strategie und Umsetzung im Unternehmen. Freiburg.

WPGS (2024): Intrinsische Motivation und extrinsische Motivation. https://wpgs.de/fachtexte/motivation/intrinsische-motivation-und-extrinsische-motivation. Abrufdatum: 11.06.2024.

Xing (2023): Toxische Führungsebenen – Wie man sich vor Macht-Idioten schützt (18.07.2023). https://bewerbung.com/toxische-personen-fuehrungsebene/?xing_share=news. Abrufdatum: 05.04.2024.

Zeit Online (2016): Zwei Drittel der Arbeitnehmer halten ihre Chefs für inkompetent (26.04.2016). https://www.zeit.de/karriere/beruf/2016-04/fuehrung-arbeitnehmer-unzufrieden-umfrage. Abrufdatum: 22.03.2024.

Zitate berühmter Personen (o. J.): Einstein, A. Die Definition von Wahnsinn, https://beruhmte-zitate.de/zitate/1958100-albert-einstein-die-definition-von-wahnsinn-das-gleiche-immer-und. Abrufdatum: 31.03.2024.

Stichwortverzeichnis

Der Autor

Jörg Schröder, aktuell (Stand April 2024) als Direktor Quality Management und Experte für Managementsysteme in einem mittelständischen Unternehmen im Südwesten von Deutschland aktiv. Er besitzt jahrzehntelange Berufs- und Führungserfahrung in den Bereichen Handwerk, Industriedienstleistung, Automobilzulieferer, Verpackungsindustrie, Sensortechnik und Maschinenbau.

Der Absolvent eines Bachelor- (Business Administration) und Masterstudiengangs (Risiko- und Compliance) hat zusätzlich die St. Gallener Managementseminare absolviert und besitzt eine erste Berufsausbildung im Handwerk und einen staatlich geprüften Technikerabschluss in Elektrotechnik. Weiterhin hat er den Titel EOQ Quality Professional erlangt, die eine intensive Ausbildung für Statistik und Qualitätsmanagementsysteme nachweist. Hinzu kommen regelmäßige Seminare sowie autodidaktische Weiterbildungen für Mentoring, Führung und Psychologie.

Jörg Schröder lebt mit seiner Familie im Drei-Länder-Eck Deutschland, Frankreich und Schweiz und genießt die Vorzüge dieser Region.

Kontakt: joerg.thomas.schroeder@gmail.com